数学の
二つの心

Nagaoka Ryosuke
長岡亮介

日本評論社

はしがき
―― 「数学の二つの心」とはなにか

　足腰の粘りも基礎体力もできていない「野球少年」が，ひたすらバッティング・センターに通い，「ひたむきに」超豪速球に挑む「実践的な打撃練習」を繰り返していたなら，野球経験の豊かなコーチは，「その前にやるべきことがたくさんある」といって，基礎力充実のためのしっかりした練習メニューをアドバイスするに違いない．最近，若い学生諸君からそれぞれの数学の学習体験を聞くと，数学についての基礎的な理解＝最小限の理論的な理解を欠いたまま，ひたすら「試験に出そうな問題」を解くという「実践的な数学の勉強」にほとんどの勉強時間を費やしているという人が少なくない．大変深刻なことに，このような正しい勉強の方法を知らないまま頑張ろうとしてしまう若者に，真に効率的なメニューを作ってくれるはずの肝腎の「コーチ」自身が，基礎を軽視して「実践的な練習」を推奨している，という寒々としたわが国の教育の実情が最近になって分かってきた．

　《基礎 (foundation)》が重視されないのは，それを《初歩 (elementary introduction)》と取り違えるという「初歩的な誤り」があるからであろう．数学における基礎とは，計算や式変形といった技術を支える理論的な理解のことである．数学を理解するには，数学における《基礎の威力》と《基礎の魅力》に触れるのが一番の道である．良き師，良き書，良き友に出会い，この数学の二つの力を感ずることを通じて，若者の中に眠っていた《数学的精神》が覚醒される．

　従来は，大学が，学校数学の背景にある現代数学の広くて深い世界を，講義，演習，ゼミ，そして，自発的な輪講を通じて体験させることによって，学校数学の優秀な指導者を世に輩出してきたものであるが，自ら学習する学習力を鍛えられることなく大人になってしまった幼稚な学生と，彼らに卒業資格を与えることに

存在理由を見い出す，**教育力のない大学の爆発的増大，圧倒的増殖**という社会現象を通じて，いまの学校現場は，「大学の数学と受験数学は別」と割り切り(?!)，数学の概念的な理解，理論的な理解を無視して，ひたすら「過去問」と呼ばれる練習問題を奨励するような「指導者」に溢れていると聞く．

　おそらくは，未知の問題を思索を通じて解く，という数学的経験がない「指導者」が多いのだろう．たしかに，どんな難問もその解法を知っていれば，それを解くことができる[1]という主張は間違ってはいない．しかし，これは，数学における問題解法の意味をまったく誤解しているものといわなければならない．数学における問題解法は，基礎がしっかり分かっていれば，少し考え，少し試行錯誤することを通じて，それまで暗闇であった未知の世界が突然明るく見える，という感動的な体験の舞台のはずであるが，「解ける人と同じような数理世界を洞察する能力をもっている」ように他人の目に映るべく努力することは，この舞台を擬装して切り抜けることに他ならない．数学の問題を解けたかどうかで「成績を判定」するという，**人間社会の必要悪的な制度と習慣**が，学習の目的と目標を，「成績」さえ良ければという，教育としてはあまりに安易で，青春の過ごし方としてはあまりに惨めな，矮小で貧困な《結果主義》に誘導している．

　幸い，そんな学理と程遠い反知性的な指導だけで合格者が増えるほど難関大学の数学入試は単純ではないし，嬉しいことに，そんな趨勢から超然としている真に優秀な指導者も存在する．前者については筆者が出してきた拙著群を通じて十分に "証明" できていると思うし，後者に関しては，筆者自身の個人的知己の範囲からも深い確信をもっている．したがって，全部が全部ということはありえないが，昔と比べて状況が悪化していると指摘されると，同意せざるを得ない．概して，教育が今日のように，競争的な環境下での大衆的サービスになってしまうと，教わる側も教える側も，知性豊かな教養人を目指すという教育の根本的視点が失われ，なんとか「他者を蹴落としてでも」「結果を出す」ということのほうにばかり目が行くようになってしまうものである．そうなると，奥深い基礎に迫ること

---

1)　正しくは，解けた人と同じような結果を書いて自分で解けたと錯覚することができる，というべきである．

の意義は見失われ，初歩的な知識の表層を「手早く」終わらせて，応用的，実践的な問題をいかに早く経験するかが，効率的な勉強の要であると思い込んでしまうのかも知れない．このような大衆文化の圧倒的な洪水の中では，どんなに才能に溢れた若者も，流されないのは容易でないだろう．たしかに，大学入試や医師国家試験よりはるかに難しい司法試験や外交官試験などの受験生も，このような趨勢と無縁でないと聞く．

しかし，数学教育の場合には，日本社会の大きな構造的変化に伴う原因の他に，**数学とその教育に由来する内的な原因**があることに，筆者はこの歳になってようやく気づいてきた．

昔から明らかだったことは，一般の善意の人々の間で，数学とは「数」を計算して，「問題」の「答え」を出す世界だという命題が，強く信じられてきたことである．受験競争の大衆化を通じて，数学に対する「理解」が普及するにつれ，**この誤解が，歪んだ信仰へ，最近では狂信というべきレベルにまで悪化してきた**．日本の若者に対してしばしば指摘される，あまりに素朴な《正解主義》，《マニュアル信仰》の起源も，筆者は，学校数学の教育にあるのではないかと疑っているほどである．**数学は，「計算」して「正解を出す」ものではない**，という当たり前のことがなかなか分かってもらえない．

以前に別の場所で「告白」していることであるが，「一桁の九九」ですらときどき危ないほど計算が苦手な筆者は，暗算の間違いを指摘されてしばしば慌てふためく．しかし，その筆者も，位取り記数法の原理や自然数についての演算規則

$$a + b = b + a, \qquad (a + b) + c = a + (b + c)$$
$$a \times b = b \times a, \qquad (a \times b) \times c = a \times (b \times c)$$
$$a \times (b + c) = a \times b + a \times c, \qquad (a + b) \times c = a \times c + b \times c$$

などについては，きちんと理解しているつもりである．したがって慌てなければ，いくら複雑な計算でも，少々時間がかかるかも知れないが，正しい計算を遂行する自信はある！(ホント!?)

たしかに，「九九」のような知識は能率的な計算のために不可欠であるが，機械的な暗記は，理論的な理解と無縁であるという点もまた重要である．コンピュー

タが「正しく計算できる」のは，正しい計算が，機械的な処理にすぎないことの証である．人間にしかできないのは，計算の根拠を深く理解すること，そして，負け惜しみのようで恐縮であるが，ときに間違えることである．(知的な能力をもたないコンピュータは間違えることができない．コンピュータが暴走＝フリーズしてしまうのは，人間の書いたプログラムが不完全だからである！)

数学教育で難しいことの一つは，この例でいえば，学習者が，正しい計算方法を修得すること(その結果として複雑な計算を正確に素早くこなせるようになること)という，誰の目にも分かりやすい教育目標の裏に，計算という作業を通じて，計算を支えている数理世界の秩序をより深く理解していくという，より知的で，より重要な教育目標が存在するという，**目標の二重性**である．ここで厄介なことは，より重要な後者が一般の人には前者より見えにくいという，**目標の構造的複雑さ**である．またもう一つ，第二の目標がまったく達成されていなくても第一の目標だけが達成されることがありうるという，**目標の相対的独立性**である．特に，初等的なレベルでは，理論的な理解はなくても，練習に継ぐ練習という鍛練で，「難しい算数の問題」[2] に正解を見つける「力」がつくという，不可思議な現象が現実に起こりうる．これが，**初等教育・中等教育が反学理的に「充実」すればするほど高等教育が貧困化する**という，わが国の皮肉な現象の原因の一つとなっているに違いない．

そこで，これからは，昨今の風潮に翻弄されかねない状況にいる知的な青年(そしてまた，知的な教員，知的な保護者の皆さん)のために，《数学における基礎の大切さに一歩迫る》という趣旨の新しい随想を書くことにした．

もう少し具体的にいえば，錚々たる著者陣が誠実に書いた検定教科書のような**学校数学の規範的典拠**は，

- 現代数学の知見とそれに至る数学の歴史を背景とした《数学の厳正な学理》，
- 身体的な成長，精神的な発達の両面から見て発展途上にある青少年に対する《暖かい教育的慈愛》

---

2) わが国では小学校の数学を算数と呼んで数学と区別する奇妙な慣習が定着している．

という，容易には相容れない矛盾した理想の調和の実現を目指して書かれるものであるが，その結果として，**いかに多くの妥協の産物**にならざるを得ないものであるということは，あまり知られていないように思う．さらにわが国の検定教科書の場合には，

- 全国の同一学年の子供に対して斉一的＝画一的に目標達成を保証しようとする《教育行政の強引な理想主義》，
- 小学校から大学まで学校を中心に存在する，教育を糧とする《巨大な社会勢力のもつ慣性力》，
- 学理の奥行きを知らないまま，個人的な経験を「よりよい数学教育」の実現へと安直に一般化する「教育学の専門家」の《新しい教育への楽天主義》

といった厄介な要因も働くため，規範的な教材を「理解」したつもりで安易に提供される現場の教育数学が，**いかに多くの学問的な虚偽**にまみれやすいか，結果として，ときにいかに**教育的な不正に陥りやすい**かを，数学の具体的な題材のなかで明らかにすることを通じて，逆に，教材の裏に潜んでいる理論的な理解の魅力を発見できる場を提供できれば，と考えているわけである．

　そのための手法として，最近しきりになされていると聞く，基礎の威力を知らずに先を急ぐお手軽な「前倒しカリキュラム」や《先取り教育》と，本当の数学的基礎の理解へと誘う《本格的な基盤的教育》とを対照的に紹介していこうと思う．読者の理解の利便を計るために，前者については，フレンドリな会話調で《熱血授業》風に，後者については，学生の理解の有無は気にせず坦々と進む，大学で一般的な《魅力に欠けた冷たい一方的講義》調の文体で，区別することにし，前者を《表の心》，後者を《裏の心》と名付けた．もちろん，《表の心》でも，できる限り知的な若者の心に訴えるポイントは外さないようにするが，いくら頑張ってもニセモノにはニセモノの限界があるということを理解してもらい，ホンモノへと向かう気持ちをもっていただくのが《裏の心》の解説の目標である．

　アインシュタインの "Education is what remains after one has forgotten everything he learned in school."[3] という有名な言葉は，表面的な知識の伝達を超え

3）　念のための拙訳：「教育とは，学校で学んだ一切を忘れてしまった後になって残るもので

た，教育の真の意義を語る，天才物理学者らしいスパイスの効いたアフォリズムである．数学の公式や解法のテクニックなどの「知識」がすべて忘れ去られたとしても心に明確に残るもの，それは数学的な認識との出会いという発見の感動体験であろう．このような感動体験と無関係な数学しか知らない人をもし産み出しているとしたなら，誠にそういう数学教育は罪作りだといわなければなるまい．数学の学習の中にこのような体験の機会がたくさん眠っていることをできるだけ多くの人に気づいていただけるように，との希望をもって書き始めたい．

長岡亮介

ある.」

目次

はしがき 「数学の二つの心」とはなにか   i

第 0 回 分かりやすいことより大切なこと   1

I 数について

第 1 回 分数と負数をめぐって   10

第 2 回 無理数と実数をめぐって   16

第 3 回 虚数と複素数をめぐって   22

II 式について

第 1 回 「式」という奇妙な数学用語   28

第 2 回 代数的記号法の核心   33

第 3 回 代数的記号法の隠された前提   38

第 4 回 式の変形のいろいろな意味   43

第 5 回 方程式と恒等式をめぐって   48

III 関数の基本概念について

第1回　比例と反比例をめぐって　　　　　　　　　　54

第2回　変数の概念をめぐって　　　　　　　　　　　60

第3回　関数記号をめぐって　　　　　　　　　　　　65

IV　集合と論理について

第1回　集合をめぐって (1)　　　　　　　　　　　72

第2回　集合をめぐって (2)　　　　　　　　　　　82

第3回　論理をめぐって　　　　　　　　　　　　　89

コラム　数学教育の現代化について　　　　　　　　97

V　確率について

第1回　場合の数をめぐって　　　　　　　　　　　104

第2回　組合せをめぐって　　　　　　　　　　　　116

第3回　確率をめぐって　　　　　　　　　　　　　124

第4回　統計をめぐって ―― データの分析　　　　134

コラム　《思索ノススメ》　　　　　　　　　　　　142

VI　幾何について

第1回　初等幾何をめぐって　　　　　　　　　　　146

第2回　解析幾何をめぐって　　　　　　　　　　　155

コラム	学校幾何の狭さを克服する可能性	163

VII 指数・対数について

第1回	指数概念の拡張をめぐって	170
第2回	対数の考え方をめぐって	176
第3回	対数法則をめぐって	182
第4回	対数方程式と対数不等式をめぐって	187

VIII 三角関数について

第1回	出発点となる三角比をめぐって	194
第2回	三角比と三角関数の違いをめぐって	200
第3回	加法定理をめぐって	206

IX 数列について

第1回	等差数列と等比数列を中心に	212
第2回	シグマ記号 $\sum$ をめぐって	217
第3回	漸化式の考え方をめぐって	225
第4回	漸化式の「解法」をめぐって	230
第5回	数学的帰納法をめぐって	235

X 微積分について

第1回　無限をめぐって　　　　　　　　　　　　　　242

第2回　微分法をめぐって　　　　　　　　　　　　251

第3回　積分法をめぐって　　　　　　　　　　　　259

XI　大学数学への第一歩

第1回　大学微積分でなぜつまずくか　　　　　　268

第2回　大学線型代数でなぜつまずくか　　　　　277

本書を書き終えて　　　　　　　　　　　　　　　287

第0回
分かりやすいことより大切なこと

子曰, 学而時習之不亦説乎, 有朋自遠方来不亦楽乎, 人不知而不慍不亦君子乎

20年以上も前に書いた拙文であるが, 本書の契機ともなったものであるので, 第0回として挿入する.

「数学をマスターするには, どうしたらいいんですか?」——こう質問されて困ることがある. 手短にいえば, 「しっかり考えることだね」ということなのだが, 質問者はこんな返事では満足してくれない. もっと技術的なこと, たとえば一日に何時間勉強するとか, 予習・復習の時間の配分とか, 参考書や塾の選び方とか……を聞きたがるのだ. 最近では, 子どもの頃からの習慣か, もっと具体的に「何を」「どれだけ」「すべきだ」という「アドバイス」を聞きたがる高校生が増えてきた. 要するに《自由》が恐くて縛られたがっているのである. いい若者が縛られたがる世の中は気持ち悪いが, 大人たちは, ここまで子どもを追い詰めてしまったかと反省しなければならない.

当たり前のことだが, 万人に有効な勉強法などあるはずもないのだから, そんなことを思い悩んでいる暇があったら, きちんとした勉強の体験を試行錯誤的にすべきである. テニスが得意になりたければ, ラケットを持って球をコントロールする練習を毎日すること, ピアノが上手になりたければ, ピアノに向かって課題を毎日毎日, 何回も何回も練習することが不可欠である. そのような垢抜けない努力を通して人は何かをいつのまにか摑んでいくのである. 数学せずに数学が得意になることはあり得ない. ここで筆者が使った《数学する》とは, 「自分の頭を使ってウンウン苦しみながら (= 楽しみながら) 数学の世界を探検する」という意味の特別の動詞である.

「苦しみながら」と「楽しみながら」が等号 (=) でつながれていることが納得できない, という人のために, 筆者が四十代半ばにある今日でさえ鮮明に憶えている, 筆者の因数分解の体験談をしよう.

2

　因数分解には，パズル解きの難しさと楽しさがあるので，好き嫌いがはっきり分かれるのだが，元来，遊び好きの筆者は，この素材が大好きで，寝食を忘れるほど熱中した．その中で，一番苦労したのが

$$a^4 + b^4 + c^4 - 2b^2c^2 - 2c^2a^2 - 2a^2b^2$$

という問題である．文字の種類が多く，しかも次数が高い，という二つの厚い壁にさえぎられて，どうしても成功しなかった．この問題一つに 1 週間以上手こずっていたが，ふと目にした高校生向けの本に

$$(a+b+c)^2 = a^2 + b^2 + c^2 + 2bc + 2ca + 2ab$$

という公式を見つけ，これを利用できるに違いないと確信した．

$$(a^2 + b^2 + c^2)^2 = a^4 + b^4 + c^4 + 2b^2c^2 + 2c^2a^2 + 2a^2b^2$$

となるからである．ところが，a^2, b^2, c^2 のうち一つの符号を変えても，

$$(a^2 + b^2 - c^2)^2 = a^4 + b^4 + c^4 - 2b^2c^2 - 2c^2a^2 + 2a^2b^2$$

となってうまくいかない．二つ変えても，やはり，

$$(a^2 - b^2 - c^2)^2 = a^4 + b^4 + c^4 + 2b^2c^2 - 2c^2a^2 - 2a^2b^2$$

となってうまくいかない（$(a^2 - b^2 - c^2)^2$ は $(-a^2 + b^2 + c^2)^2$ に等しいのであるから，符号を一つ変えた場合と変わるはずがない！）．三つとも変えてもだめである（再び，あたり前！）．

　このような実らない努力をどれほど繰り返したことか．あるとき，与えられた式の中に，

$$a^4 + b^4 + c^4 - 2b^2c^2 - 2c^2a^2 + 2a^2b^2$$

という，因数分解できる形を強引に作ってみようと考えた．すると，

$$\begin{aligned}
&a^4 + b^4 + c^4 - 2b^2c^2 - 2c^2b^2 - 2a^2b^2 \\
&= (a^4 + b^4 + c^4 - 2b^2c^2 - 2c^2a^2 + 2a^2b^2) - 4a^2b^2 \\
&= (a^2 + b^2 - c^2)^2 - 4a^2b^2
\end{aligned}$$

となるではないか！「和と差の積」の因数分解の公式を使えば，これは難なく因数分解できる．のみならず，この次にもう一つ因数分解が待っていて，それをやりきると，なんともいえない良い形の答が得られる (ぜひ，体験せよ！)．

この因数分解が得られた喜びを伝えたくて，翌日会うことになっている友人にわざわざ電話したほど，この小さな発見は，うれしいものであった．

しかし，今になって考えてみると，筆者の解法は到底ベストとはいえない．因数分解を教える立場でいまこれを取り上げるとしたら，おそらく以下に述べるようにするだろう．

ところで，最近は「解き方を分かりやすく教えること／教わることが何より大切だ」と誰もが信じて疑わないようなので，この風潮に沿って，「分かりやすい講義」調でやってみよう．「分かりやすい講義」にセットされている，下品な馴れなれしさと無教養な衒学主義，そして似非カリスマの常套手段である脅しとすかしまで，できるだけリアルに (?!) 再現してみたい．

『いいか，文字が a, b, c って三つも出てきているけど，このような複雑な形の式を因数分解する際に大切なのは，

どれか一つの文字に注目して整理

することなんだ．どの文字に注目するかで，その後のやり方が変わることもあるが，我々の問題では，a, b, c どの文字に注目しても同じだね．だって対称式だからだ．

だから，今は a について整理しよう．a について降べきの順，つまり次数の高いほうから順に整理すると，

$$a^4 - 2(b^2 + c^2)a^2 + (b^4 + c^4 - 2b^2 c^2) \quad \cdots\cdots (*)$$

となる．ここで，a^2 を X とおく．すると，

$$X^2 - 2(b^2 + c^2)X + (b^4 + c^4 - 2b^2 c^2) \quad \cdots\cdots (**)$$

という 2 次式の因数分解にすぎない．このように与えられた問題を，

できるだけ単純化してみる

ことで，解法は見えてくる．

ところで，上のような X の 2 次式の因数分解は，どうやってするんだっけ？　分からなくなったら，

具体化して考える，似た問題を思い出す

この発想法が大切だ．たとえば，

$$b = 2, \quad c = 1$$

とすると，

$$X^2 - 10X + 9$$

という式になる．この場合 "掛けて 9，足して -10" になる 2 数を見つければよかったんだね．

同じように，$(**)$ では，"掛けて $b^4 + c^4 - 2b^2c^2$，足して $-2(b^2 + c^2)$" となる 2 式を見つければいいんだ．ところで，

$$
\begin{aligned}
b^4 + c^4 - 2b^2c^2 &= (b^2 - c^2)^2 \\
&= \{(b+c)(b-c)\}^2 \\
&= (b+c)^2(b-c)^2
\end{aligned}
$$

となり，しかも

$$
\begin{aligned}
(b+c)^2 + (b-c)^2 &= (b^2 + 2bc + c^2) + (b^2 - 2bc + c^2) \\
&= 2(b^2 + c^2)
\end{aligned}
$$

であるから，求めようとしていた 2 式は

$$-(b+c)^2 \quad と \quad -(b-c)^2$$

だ！　したがって $(**)$ は，

$$\{X - (b+c)^2\}\{X - (b-c)^2\}$$

と因数分解できる．この X を a^2 に書き直せば，

$$\{a^2 - (b+c)^2\}\{a^2 - (b-c)^2\} \quad \cdots\cdots (***)$$

となる．これで (*) の因数分解が一応できたわけだ．

　さて，これで安心してしまったらあまりに easy だぞ！　因数分解の問題を解くときには油断は禁物！　"これ以上，因数分解することができない"というところまでもっていかなくては perfect とはいえないということは知っているんだろうな．(***) ではまだ途中にすぎない．(***) の二つの因数がともに

$$(\quad)^2 - (\quad)^2$$

という形をしていることに注目して，もう 1 回ずつ因数分解するんだ！

　因数分解では

基本公式をしっかり憶える

ことも大切だが，日頃から問題を解くときに，

出題者の用意している落し穴を見破る

という心構えが大切だ．入試の合否は 1 点差で決まるんだから，落し穴に落ちたら文字通り fatal なんだぞ．

　それにしてもどうだい？　難しそうに見えた問題でも，僕の教えた解法の principle や method に従っていけば，案外，簡単，確実に解けるだろう！　キミが知らなかった公式なんて使っていない．大切なのはそういう知識を活用するための知恵，言い換えれば，問題を解くための正しい strategy を身につけることなんだな．キミはこれを知らなかったから今まで苦労してきたんだ．俺のいうことをしっかり守っていけば，水が高きから低きに向かって流れるように，力は自然についてくる．数学はもはや恐るるに足らず，だ．……, etc.』

　どうも最近の若い人たちには，こんな調子の「名講義」に「感動」し，自分の頭でウンウン考える「無駄な努力の時間を節約」して，代わりに下線で強調されたような「解法を発見するための基本原理」を憶えれば，数学の力が能率的に身につけられる，という「夢」(正確には幻覚) を見ているような傾向が感じられて仕方がない．

たしかに上で述べられた「原理」のうちで最初のものは役に立つ．大学の立場から見れば多変数関数論の基本原理ともいうべきこの原理に基づいた解法は，筆者が初めに発見した解法に比べて，変形が体系的な分だけスムーズで自然である．筆者がこの方針のよさを納得できたのは，自分の発見した解法の ad hoc な変形の欠点を体験していたからである．

しかし，もしそのような経験なしにこの解法と出会ったとしたら，そのよさを理解できるであろうか？　受動的な学習で摑むものは能動的研究の努力に到底及ばないという厳然たる事実から目を逸らすために，執拗に塗りたくられた「名講義」の厚化粧がますます高校生を真理への接近の機会から遠ざける．実際，上に述べられた「原理」「原則」のうち，最初のものを除けば，残りは，具体的な場面においてこそ尤もらしく見えるものの，単独に取り出されたらほとんど意味をもたない．その証拠に，たとえば最初の「単純化原理」を与えられた初めの式に包括的に適用し，

$$a^2 = x, \quad b^2 = y, \quad c^2 = z$$

とおいてみよ．途端に $x^2 + y^2 + z^2 - 2yz - 2zx - 2xy$ という因数分解不可能な式が出てきてしまうのである！

数学教育の著書で特に著名な数学者ポリア受け売りの類比原理にしても，この原理は適用の工夫が決定的なのであって，原理そのものを一般化してもほとんど意味をもたない．実際，もし b, c ではなく X を $X = 3$ などと具体化してしまったら

$$9 - 6(b^2 + c^2) + (b^4 + c^4 - 2b^2 c^2) = b^4 + c^4 - 2b^2 c^2 - 6b^2 - 6c^2 + 9$$

となって，かえって展望を失わせかねないではないか．

「基本公式の利用」にしても，子どもにとって最も大きな躓きとなるであろう

$$\begin{aligned}
b^4 + c^4 - 2b^2 c^2 &= (b^2 - c^2)^2 \\
&= \{(b+c)(b-c)\}^2 \\
&= (b+c)^2 (b-c)^2
\end{aligned}$$

という変形部分をパッと見せてさりげなく飛ばしてしまうから，簡単そうに見え

るだけで，この難所を直線的に進むことのできるたしかな理解をもっている高校生が一体どれくらいいるだろう．文字式での「たすき掛け」の理解は単なる基本公式の暗記のレベルとかなり違うように筆者には思える．教育の真の能率を考えるなら，難しさを簡単そうに見せかけられてわかったつもりになるより，難しさにとことんつき合ってそれを克服するほうがはるかに能率的なのではないのか．

「落し穴」に至っては，いうべき言葉をもたない．入学試験の出題者は誰しも意地悪な落し穴を掘ってはいない．仮にそのような落し穴が掘られているとしても，上で強調されているような「心がけ」だけで見破れるようなら，到底落し穴といえる代物ではないのではないか．既約性の厳密な判定能力をもたない高校レベルの数学でこれを過度に強調することは，既約性の判定が立派な問題であるという重要な数学的事実から高校生の目を遠ざけてしまうことになりかねない．それよりも重大なのは，教育を通して，大人の顔色を伺う態度を強制していることである．「できる限り因数分解を進めるものだ」といえば済むことを針小棒大に原理や格言にまで格上げするのは，権威主義的イジメに過ぎないと思うのだが，……．

マニュアルに成功した人はいないのに，この手のものが若者に流行るのは，額に汗する生き方を軽んじ「バブル」に踊る大人たちの姿を若者が見ているせいであろうか？

しかし，残念ながら，学問の世界は金儲けほど好運だけでは進まない．つまらない「解き方」「考え方」「発想法」をいくら憶えても，実力ある人には到底かなわないのである．さらに重大なことは，その実力は，誰でも，自分でウンウン考える(＝楽しむ)経験を積み重ねることによって培っていけるということである．よい問題にぶつかって格闘する——これが数学の勉強で大切なことのすべてである．数学を楽に修得する「うまい話」を探す無駄な努力をしている暇に，しっかり《数学する》べきである．

I

数について

第1回
分数と負数をめぐって

表の心

　日本語では "数学" すなわち "数の学" というくらいだから，数は，数学の基本中の基本だ．でも，数にはいろいろな種類があるぞ．最初は，1, 2, 3, ⋯ など，ものの個数を数えるのに使われる数だな．中学以上では**自然数**と呼ぶのが一般的だよ．0 は自然数ではないので，注意したほうがいいぞ．自然数の中から勝手に 2 個を選ぶと，それらの和 (+) と積 (×) が決まるんだね．和と積の発展として，差 (−) と商 (÷) を考えることは特に大切だ．しかし，自然数の範囲では，$3-5$，$3 \div 5$ のように，計算できるとは限らないことが起きる．そこで，**数の集合を拡大**するんだ．

　まずは，**分数**（fraction [英]）から行こうか．上のような除法の商ができるようにするために，分子と分母に整数をもつ**分数**という**新しい数**を考えるんだよ！分数は正式には**有理数**とも呼ばれるんだぞ．分数の和や差の計算は簡単だね．分数の積は，**分子どうしの積，分母どうしの積を計算すればいいんだ！　分数の割り算では，割る数の分子と分母を引っくり返して積を作ればいいんだ**．この計算規則をしっかり憶えよう！　たとえば，

$$\frac{6}{5} \div \frac{2}{7} = \frac{6}{5} \times \frac{7}{2} = \frac{42}{10} = \frac{21}{5}$$

という具合いだ．ただし，こういうとき，**約分を忘れると減点される**から要注意！こういう風に，分数の世界では $3 \div 5 = \dfrac{3}{5}$ のような計算ができるだけでなく，分数どうしの四則（和，差，積，商）も計算できるんだ．

第1回　分数と負数をめぐって　　11

　分数がすんだら，次の段階としてもう一つ，"0 よりも小さい数" として**負の数**を考えるんだ．負の数は，とても便利なものだけれど，その際，多くの人が理解に躓くのは

(負の数) × (負の数) = (正の数)

という計算法則だ．でも，これは次のように考えれば当然のことで，法則というほどのものでもないんだ！　実際，「東または西いずれかの方向に $2\,\mathrm{m}$ 進む」という動作をそれぞれ，$+2, -2$ と表し，「未来または過去に向かって 3 回繰り返す」という動作の反復をそれぞれ，$+3, -3$ と表すとすれば

$$(+2) \times (+3) = +6, \qquad (-2) \times (+3) = -6,$$
$$(+2) \times (-3) = -6, \qquad (-2) \times (-3) = +6$$

という計算規則は，簡単に納得できるんだよ．

$$(+2) \times (+3) = +6$$

は，「東方向に $2\,\mathrm{m}$ 進む」ことを「未来に向かって 3 回繰り返す」ことだから東方向に $6\,\mathrm{m}$ 前進，他方，「西方向に $2\,\mathrm{m}$ 進む」ことを 3 回繰り返したら，西方向に $6\,\mathrm{m}$，つまり東方向に $-6\,\mathrm{m}$ 進むわけだから，

$$(-2) \times 3 = -6$$

となるね．同様に，過去に向かって 3 回繰り返したら，

$$(-2) \times (-3) = +6$$

というわけだ！

　加法，乗法について**交換法則**や**分配法則**，また**結合法則**と呼ばれる

$$a \times b = b \times a, \quad a \times (b+c) = a \times b + a \times c, \quad (a \times b) \times c = a \times (b \times c)$$

などの法則が成り立つことは，諸君にとっても常識だね．重要な法則だから，しっかり憶えておかなくちゃだめだぞ！　でも単に暗記するだけだと忘れやすいね．これらの法則については，**長方形の面積**，**直方体の体積**を頭に描けば，当然すぎて憶えるまでもないことが分かるだろ．一応納得したら，分数や負の数のような

簡単な単元は，細かい基本事項はさっさと済ませ，後は演習問題を通じて体に染み付くまで徹底的に練習をする——これが将来，数学で泣かないための勉強の極意なのさ．それをやり抜ける人が人生の勝者になるんだぞ！

裏の心

「数」は素人には簡単そうに見えるが，じつはかなり厄介な数学的概念である．数学の長い歴史の中で，数はずっと素朴な理解に止まっており，その基礎づけの重要さが本格的に意識されてから，意外にもごく最近，より正確にいえば 1 世紀半ほどしか経っていないことを思えば，学校数学における数の扱いは，かなりのデリカシーを必要とするといわなければならない．このような主題が検定教科書では，伝統的な素朴な健全さを超えた現代数学的な立場を背景におきながら，学校数学の冒頭部分で，したがって結果的には論理的に決定的に不十分なレベルで叙述されるのは，何通りもの意味で「教える側の都合」に過ぎず，本来は，もう少し後になって，たとえば微積分法が一段落した高校 3 年生ぐらいになった「数理のエリート」に向けてもう少しきちんとした扱いをやるのがいいように思う．旧制中学，旧制高校的な教養主義に対する懐古趣味といわれそうであるが，《純粋数学》の立場からの本当に厳密な扱いは大学でも数学科でないと，一般には学ぶ機会すらないほどの難しい主題だからである．

そもそも，数を，ものの個数を数えるための数，すなわち，有限集合の要素の数 (基数(きすう) cardinal number) として捉えるという小学生のときの最初の出発点の立場[1]を遵守すれば，負の数や分数で表現される有理数[2]を考えることがそもそも

---

1) この立場に立てば，空集合の要素の個数として 0 も自然数に入れるのが自然である．実際，大学以上では，自然数は 0 から始めるほうが一般的である．

2) 整数を分子・分母にもつ分数の分子・分母に同じ整数を掛けたり割ったりして得られる分数どうしを同一視したものを有理数というのであって，数の表現方法の一つを意味する分数と分数を用いて表される数としての有理数はまったく異なる概念である．そもそも $\frac{2}{4}$ と $\frac{1}{2}$ は分数

できない．実際，-2 個とか $\frac{2}{3}$ 個の要素をもつ集合は想像もできまい！　言い換えると，素朴な意味での自然数と，負の数まで入れた整数やさらに広く有理数までを，いきなり "同じ数" として同列に考えることができないのである．学校数学では，しばしば「数の集合の拡大」という気楽な表現を使い，「従来の数の制約を破って新しい数を考える」という言い回しで子どもたちを納得に導くのであるが，冷静に考えてみると，「いままでにない新しい数を考える」ことがそもそも論理的に不可能である．ちょうど，3角形，4角形，……しか知らない我々が，「あらたに，-2角形とか $\frac{2}{3}$角形，……を考えよう」といわれても，不可能であることと同じである．

　自然数の定義から出発して，自然数のその演算についての諸性質を証明し，それをもとにして，負の整数を含む整数とその演算を，また，しばしば分数と混同されている有理数とその演算を《構成》することはここでは深入りを避けるが，そのホンのさわりだけを紹介しよう．

　負数を定義するには，"$-a$ とは $x+a=0$ となる x のことである" という風に記号 "$-$" を論理的に定義するというのが出発点である[3]．この基本的立場に立てば，"$-(-a)$ とは $x+(-a)=0$ となる x のこと" であり，したがって "$-(-a)=a$ が成り立つ" ことは証明するまでもなく自明である．「分数の掛け算」についても負数と同様である．"$\frac{1}{a}$ とは $x \times a = 1$ となる x のことであり，これを $1 \div a$ と書く" と定義すれば，"$\dfrac{1}{\frac{1}{a}}$ とは $x \times \frac{1}{a} = 1$ となる x のことである" ので，"$1 \div \frac{1}{a} = a$" も，自明の主張なのである．「自明」とは，「定義から直ちに明らか」ということ

としては異なる (そうでないなら，「約分しないと減点する」という「指導」が根拠を失なう！) が有理数としては等しい．また，$\frac{\sqrt{3}}{2}$ は分数だが有理数ではない．

3) うるさいことをいうと，このような x がただ一通りに存在することの証明がこれに先立たなければならない．またここで $-$ (マイナス) 記号は，とりあえず引き算の意味でないことにも留意する必要がある．

引き算 $a-b$ はマイナス記号が定義された後に，$a+(-b)$ によって定義するのが現代の一般的な流儀である．

であって，考えなくても分かるということでは必ずしもない．定義を理解していない人には，分かってもらえない自明な真理が数学にはたくさんある．

また，積に関する演算法則を，長方形の常識的な面積などを使って説得することなどは，論理的には，自然数 (せいぜい正の有理数) までが限界であって，$(-2) \times (-3) = +6$ などは，負の数まで含めたときにも分配法則が成り立つように，演算を定義するのである．そもそも，定義すらなされていない負数とその演算に対して，比喩や譬えによる説明が使えるはずもない．そのようなもので若者を説得し切るのは一種の "洗脳" である．(ただし，人間はしばしば洗脳に弱いものである！)

数の演算に関して，交換法則，分配法則，そしてまた，これらと比較にならないほど理論的にはるかに重要な結合法則が成り立つことは，自明とは程遠いことは重要な事実であるのだが，残念ながらその証明は高校レベルをはるかに超えてしまう．

このように，新しい数についての演算は，定義 (約束ごと) に過ぎないのであるから，それについて《なぜ》という問いを立てることには，冷たく断言してしまえば，そもそも意味がない．その意味で，積を面積と関連づけるのも，幼い小学生を数学の世界に誘うというコンテクストではともかく，論理的にはひどい筋違いといわなければならない．

数学にはこのように，《考えれば自明である》ことと，《考えることにもともと意味がない》ことが，極めて近いところに存在している．これが，数学に対する誤解がなかなかなくならないことの理由の一つであろうか．

数学の勉強の最大の魅力は，より深い本質へと認識が深まるという《悟りの体験》が，若者でも容易にもつことができるということではないかと筆者は考えている．困難な時代を生きるこれからの若者には特に，このような認識の深化の喜びという人生の宝に数学を通じて少しでも気づいてほしいと願う．数学においても練習はとても大切であるが，練習だけでは済まないのが数学の不思議で面白いところである．

因みに，数学を意味する西欧語 (たとえば英語の mathematics) は，その語源からすれば「必須教科」といった意味であって，その単語には「数」を連想させる

意味はまったく含まれていない.「数」は,「集合」,「関数」,「空間」と並んで数学で重要な基礎概念の一つであるが,数学の世界は,「数」よりもはるかに広い.「数学」という和訳が,「数学は数についての計算である」という誤解を生む原因になっているのではないだろうか.

第2回
無理数と実数をめぐって

表の心

　整数の範囲を負の数まで拡大すると，そのような2数の割り算で新しい数が生まれるんだ．つまり，$\dfrac{n}{m}$ という分数で表現される数，すなわち**有理数**を考えることができるんだ．もちろん，分母については $m \neq 0$ という条件が重要だ．任意の整数 n は $n = \dfrac{n}{1}$ であるので，整数は有理数の一種だね．言い換えると，整数全体の集合を拡大して有理数全体の集合が作られるということなんだよ．

　こういうわけで，有理数は，まず，整数か，整数以外か，に分類され，整数以外の有理数は，分子を分母でどんどん割り算していくことによって，いつか割り切れて割り算が終了するか，前に出てきたのと同じ商の割り算が現れて，その後は従来出てきたのと同じ計算が永遠に反復するか，のいずれかになるんだよ．前者を**有限小数**，後者を**循環小数**というんだ．$\dfrac{1}{2} = 0.5$, $\dfrac{1}{5} = 0.2$, $\cdots$ などの有限小数に対し，$\dfrac{1}{3} = 0.333\cdots$ は最も有名な循環小数だね．右辺は3が無限に続いているんだ．$\dfrac{1}{7} = 0.1428571428\cdots$ のように周期の長い循環小数や $\dfrac{39}{70} = 0.55714285714\cdots$ のように遅れて途中から循環が始まる循環小数もあるんだぞ．

　逆に，有限小数や無限循環小数で与えられた数は，適当な整数 m, n を用いて，分数 $\dfrac{n}{m}$ の形に表現しなおすことができるんだ．この計算は，教科書に書いてあるように，簡単にできるし，厳密な議論も，「数学III」で学習する**無限等比級数**と

してできるんだ.

一方で, 古代ギリシャの人はずいぶん悩んだそうだけど, 「2乗して2に等しくなる数」(いわゆる $\sqrt{2}$) というのを考えると, これが有理数であると仮定すると矛盾する, ということが簡単に証明できるんだ. このような数は今日**無理数**と呼ばれるんだ. 有限小数や循環小数で表現するのが**無理**だ, と憶えるといいね.

無理数を小数で表現しようとすると, 必ず**循環しない無限小数**になるんだよ. たとえば, $\sqrt{2} = 1.41421356237309504880161\cdots$ であり, この先どれほど続けていっても循環は決して起こらないんだな. 僕がコンピュータを使って調べてみたら, 最初の1から999桁までで計算すると, 0が108回, 1が99回, 2が108回, 3が82回, 4が100回, 5が104回, 6が90回, 7が104回, 8が113回, 9が92回登場するんだ. ということは, 0から9がかなり均一に混ざっているね. このように手を動かして数学を自主的に調べることを研究というんだよ. 研究するのは諸君でもできるぞ. 10,000桁, とか100,000桁のデータをつくってあげるから, やってみる人いないかな.

ところで, 0から9までたった10個の数が並んでいるのに, いくらやっても循環しないってすごいだろ! 循環しない無限小数としては, $\sqrt{2}$ の他に, 円周率 π も有名だね. π の小数展開

3.141592653589793238462643383279502884197169399375105820974944459\cdots

を憶える人も少なくないけれど, 循環しない数というだけの魅力なら π にこだわる意味がないね.

有理数と無理数を合わせて**実数** (real number) という. 実数を使うと, 重さや長さなどのいわゆる**連続量**が数として表現できるんだ. 理論的には, 連続的に流れる時間における時刻や, 連続的に拡がる空間や平面での位置を決めることができるので, 実数は, 現代の高度な科学文明を支える最も基本的な数であるといっていいんだぞ.

ところで, 無理数に関する計算は, 「平方根の規則」などを利用したものしか実行できない. 言い換えると,

$$\sqrt{8} + \sqrt{18} = 2\sqrt{2} + 3\sqrt{2} = 5\sqrt{2}, \qquad \frac{1}{\sqrt{3}} = \frac{\sqrt{3}}{3},$$

$$\frac{1}{\sqrt{3} + \sqrt{5}} = \frac{\sqrt{5} - \sqrt{3}}{2}, \qquad \sqrt{5 + 2\sqrt{6}} = \sqrt{2} + \sqrt{3}$$

などのような計算問題をしっかりとマスターする必要があるんだ.

裏の心

　古代ギリシャ人数学では，計量の基本となるものを**単位**といい，単位を集めたものを**アリトモス**と呼んだ[1]. これが数論を意味する arithmetic[2] という言葉の起源である. そして古代ギリシャ数学では，整数[3] と整数の比 (ratio) ですべての量の関係を表現しようとした. 整数と整数の比では，今日的にいえば有理数までしか表現できないので，ギリシャ数学には無理数に相当する概念が存在しなかったと誤解されることが多いが，19 世紀後半になってようやく確立される**現代数学的実数論**に匹敵する厳密な理論で，整数比では表現できない量の比を論理的に扱っていた[4]. ギリシャ数学の達成した高みは信じがたい.

　そもそも現代人は，長さや重さは連続量であると気楽にいうが，身長や体重の計測や記録を考えてみれば明らかなように，身長では 174.3 cm，体重では 65.9 kg のように小数第一位で終わる有理数しか考えていない. したがってより微細な単位を使えば，身長 1743 mm，体重 659 hg（ヘクトグラム）[5] のように整数だけです

---

1)　その意味で，細かいことをいえば，古代ギリシャ数学におけるアリトモスは 2 以上の整数のことであるということができる.

2)　わが国では小学校算数を連想させる「算術」と訳されることもあるが，そのために arithmetic についての誤解が生まれやすい.

3)　当時は当然正の数に限定されていた.

4)　有理数を意味する英語 rational number は，「比 ratio をもつ数」の意味である. 「合理的な数」という意味ではない. 同様に，irrational number とは「比をもたない数」を意味するのであって，決して合理的に考えることが無理な数というわけではない.

5)　hecto は 100 倍を表す接頭辞であるが，気圧を表現する際に伝統的に用いられてきたミリ

む．つまり科学時代の現代といっても，一般の人々の生活の中で使われるのは全部離散的な整数で済ますことができるのである．

　もちろん，これは卑近な実用の世界にすぎず，実用性を超える理論の世界では，整数はおろか，有理数でも足りない．近代科学にとって不可欠な微積分法においては，連続性を表現する実数の概念が不可欠なのだ．

　しかしながら，実数を厳密に扱うことは意外に難しい．学校数学では**数直線**を引き合いに出して若者の納得を誘導するのだが[6]，数直線の概念は実数のそれと同じであるから，これでは循環論法であって説明にならない．数の小数表現 (十進位取り記数法) を自明のものと見なす小中高生の立場なら，実数を定義するには，数直線の直観に訴えるより小数表現に訴えるのが自然ではないだろうか．整数や有限小数は，あるところから先がすべて 0 が並んでいる無限循環小数と見なすことにすれば，すべてが無限小数と見なすことができるから，「無限小数で表される数を実数と呼ぶ」と定義する，ということである．

　しかしながら，じつは，ここに数学的に深刻な問題が一つ隠されている．それは《無限》が登場することである．一般に，無限が絡むと，「尤もらしい嘘」，「信じがたい逆理」が登場するので，正しい論理の展開は突然面倒になる．誰もが知っている典型的な例は，$\frac{1}{3} = 0.333333\cdots$ の両辺を 3 倍すると $1 = 0.999999\cdots$ となる，という話であろう．これに対して，「これはおかしい」と思う立場と「これは成り立つに決まっている」と主張する立場がある．数学では，自分の意見を

バールを置き換えるために "やむをえず" 使われているヘクトパスカル (hPa) を除いては，一般には使われない．10^3 倍の単位を用いて，65.9 kg とか 101.3 kPa のように表現することで足りるからである．なお，日本の小学校で単位換算の学習素材として好んで扱われるヘクタール (ha) は，100 a，すなわち $10^4\,\mathrm{m}^2$ に過ぎないが，これも幼い児童に苦労を強いてまで学習させる価値が本当にあるとは思えない．

　6)　ときには，「有理数と無理数を合わせて実数という」というような説明をするが，本来は，有理数でない実数を無理数と定義するのであるから，実数の定義の前に無理数の定義があるのは論理的にはどう見ても不都合なのである．

他人に押し付ける議論[7] には意味がないので，読者にはこの問題を静かに考え続けていただきたいと思うが，後者が近代数学の実用的な立場である．

しかしながら，無限小数は，小学生ですら納得できる簡単な数学的手法であるが，神ならぬ人が無限をあまり気楽に扱うといろいろと論理的に厄介な問題が生ずる．$1.0000\cdots = 0.9999\cdots$ のように二通りの小数表現をもつものと，$0.33333\cdots$ のように一通りの小数表現しかもたないものとをいかに整合的に扱うか，という課題が生ずるということである．

この問題を解決するための最も明快な方法の一つは，実数の定義を次のように与えてしまうことである．これは，19 世紀後半に確立され，今日に続く現代数学の流儀である．

> "与えられた有理数列 $\{r_n\}$ において，どんなに小さな正の有理数 ε[8] をとってきても，それに応じて十分大きな自然数 N をとれば，N より大きな任意の自然数 m, n に対しては，必ず $|r_m - r_n| < \varepsilon$ となるとき，この数列 $\{r_n\}$ は一つの実数を定義する"

というのである．この言い回しは初めて見る人には奇怪とすら映るかもしれない．数学的には，さらに，このような性質を満たす有理数列 $\{r_n\}$, $\{r_n'\}$ が，

> "どんなに小さな有理数 ε に対しても，それに応じて十分大きな自然数 N をとれば，N より大きな任意の自然数 n に対しては，必ず $|r_n - r_n'| < \varepsilon$ となる"

とき，数列 $\{r_n\}$ と数列 $\{r_n'\}$ が同じ実数を定める，という同値類の考え方が重要であるのだが，この部分も 19 世紀以前にはあまり流通していない言い回しであるので，とりあえずは飛ばしてもよかろう．

このように複雑な議論が必要になるのは，数という《対象》をこのように無限

---

7) 最近，しばしば話題となる debate には，相手の意見を聞き，自分の主張の立脚点を検討するような知的な香りが幾分あるが，argument には，強引であってもなんでもともかく主張するといったニュアンスを筆者は感ずる．近頃の日本の英語教育が，debate という名で argument を教えているのではないかと筆者はしばしば心配になる．

8) ラテン・アルファベットの e に相当するギリシャ文字．発音は［epsilon］．数学者の間では英語式に「イプシロン」と発音する．小さな値を現すのに好んで用いられる．

小数という《表現》を通じて定義しようとすると，その定義が定義として正しいか，という問題が生まれるからである．いろいろな《表現》を通じて同一の《対象》が定義されるかどうか，言い換えれば，《表現》の仕方によらずに《対象》が定められるか，という問題である．残念ながら，ここでその議論に深入りすることはできないが，あえて一言でいえば，無限小数という《プロメーテウスの火》を使いこなすことで，人類は実数という重要な概念を入手したのである．

しかるに，学校数学では，実数を習っても，$\sqrt{2}$, $\sqrt{3}$ のような 2 次 (ということはこれ以上単純なものがない) 無理数の，それも $\sqrt{8} + \sqrt{18} = 2\sqrt{2} + 3\sqrt{2} = 5\sqrt{2}$ [9]のように，たまたまうまく行く計算例ばかりが取り上げられて強調される傾向があるが，無理数の計算でより重要なのは

$$\sqrt{2} + \sqrt{3} = 1.414213562373095048\cdots + 1.732050807568877293\cdots$$
$$= 3.1462643699419723\cdots$$

のような小数を使った計算[10] であり，そして，このような近似計算に見える計算を支えるのは，

$$1 < \sqrt{2} < 2, \ 1.4 < \sqrt{2} < 1.5, \ 1.41 < \sqrt{2} < 1.42, \ \cdots\cdots,$$
$$1.41421356 < \sqrt{2} < 1.41421357, \ \cdots\cdots$$

のような厳密に証明ができる《不等式の論理》である．

---

9) これは $2a + 3a = 5a$ という文字式の計算 (本質的には $2 + 3 = 5$ という小学生レベルの計算) にすぎない．

10) このように上の位から実行する計算では最後のほうの桁の数の決定には注意が必要である．実際，$3.146264369941972342\cdots$ であり，ぴったり 3.14626436994197234 に等しいわけではない．

第3回
虚数と複素数をめぐって

> ## 表の心

　実数の世界では，正の数は2乗すると正となり，負の数も2乗すると正となり，$0^2 = 0$ であるので，どんな実数の2乗も 0 以上だね．だから，$x^2 < 0$ となる実数 x は存在するはずもない．そこで，$x^2 = -1$ となる数 x を新たに考えることとするんだ．それを $\boldsymbol{x = i}$ とおき，**虚数単位**と呼ぶ．存在しないから新たに考えるんだ．

　じつは，$x^2 = -1$ となる数はもう一つあって，それは $x = -i$ だ．なぜかというとだね，$(-i)^2 = i^2 = -1$ となるからさ．というわけで

$$x^2 = -1 \iff x = \pm i$$

という基本の関係式が出てくる．これさえ分かれば後はなんでもない！　実際に重要なのは，二つの実数 a, b と虚数単位 i を用いて $a + bi$ と表される**複素数**だ．任意の実数 a に対して $a = a + 0i$ であるから，実数は複素数の特別の場合，逆に，複素数は実数の一般化なんだね．

　複素数どうしの四則は普通の計算と同じだ．唯一の違いは，「i^2 が現れたらそれを -1 に書き換える」ことだけだよ．たとえば，

$$(a + bi) \times (c + di) = ac + adi + bci + bdi^2$$
$$= (ac - bd) + (ad + bc)i$$

となることが簡単に分かるだろ.

　学習指導要領に準拠する学校では,こんな簡単なことを高2の「数学II」で教わるんだけど,分配法則の知識さえあれば中学校低学年レベルだね!　**数学の勉強は,このように基本をどんどん前倒しで他人より早くさっさと終えて,高2,高3になったら実戦的な受験勉強の体勢を整えるのが,入試で成功するための極意なんだよ!　分かったね!**

　ところで,どうして複素数を考えるのだろう.結論からいえば,このように複素数を考えることで,一般に,2次方程式 $ax^2 + bx + c = 0$ は,いつも,

$$x = \frac{-b \pm \sqrt{b^2 - 4ac}}{2a}$$

という解をもち,それが,判別式と呼ばれる $D = b^2 - 4ac$ の値が正,0,負のいずれになるかで,それぞれ,**2実数解,重解,2虚数解**と判別できるということなんだ.

　さて最後に,多くの諸君が苦手意識をもつ証明問題について注意しておこう.一般に,a, b, a', b' を実数として,複素数の間に $a + bi = a' + b'i$ という関係があるとすると,$a = a'$ かつ $b = b'$ であることの証明だ.仮定の $a + bi = a' + b'i$ を変形すると,$a - a' = (b' - b)i$ となり,ここで,$b \neq b'$ であると仮定すれば,先の両辺を $b' - b$ で割ることができて $\dfrac{a - a'}{b' - b} = i$ という等式が得られる.しかし,ここで a, b, a', b' は実数であるから,左辺は実数,右辺の i は虚数なので矛盾が生ずる.よって,最初の仮定が間違っていたということで,$b = b'$ でなければならず,このとき $a = a'$ となる,というわけだ.**背理法を使ったこの証明は試験で頻出だぞ!**

裏の心

　実数しか知らない人は,実数以外の数を想像することすらできない.言い換えると,実数しか知らない人が「$x^2 = -1$ となる数 x を考える」ことは論理的に不

可能である.

　しかし, 虚数単位 i を含め複素数を合理的に定義する数学的方法は, じつはいろいろある. 最も簡単なのは, 虚数単位 i は, 「i^2 が現れたらいつも -1 に置き換えることができるという規約に従う単なる文字である」というものである.

　このような流れで文字式として複素数が定義される場合には, 複素数に関する議論の出発点として, その相等性 (自己同一性) がまず定義されなければならない. つまり, 複素数 $a + bi$ と $a' + b'i$ について, それらが等しい $a + bi = a' + b'i$ とは, $a = a'$ かつ $b = b'$ となることである, という**定義**である. これは定義であるのだから, **証明することは決してできない**. そもそも相等性 (=) の定義がされていなければ,

$$(a + bi) \times (c + di) = (ac - bd) + (ad + bc)i$$
$$((-i)^2 = -1 \text{ もこの関係の特別の場合!})$$

という計算規則はおろか, 等式 $a + bi = a' + b'i$ を $a - a' = (b' - b)i$ と変形できるかどうかすら分からない!

　また, 複素数 $a + 0i$ と実数 a とはさしあたり別の概念 (とりあえずは, 前者は文字式, 後者は実数) であるが, 両者を**同一視**する, というのが, 学校数学ではあまり重視されていない関係式 $a = a + 0i$ の意味である. また, 複素数の相等性が最初に定義されて初めて, 四則演算も定義されるのである.

　上のように相等性が定義された複素数は,

$$a + bi = a' + b'i \iff a = a' \text{ かつ } b = b' \iff (a, b) = (a', b')$$

という意味で実数の順序対, すなわち平面上の点の座標と同じものであるから, **実数が数直線上の点に対応するなら, 複素数は数平面上の点**ということになる. その意味で, **複素数は 2 次元の実数**といってよい.

　2 次元の実数がなぜ数学的に重要であるかが本当に明確に理解されたのは, 19 世紀に入ってからのことであるから, ここで短く紹介することはできないが, これが伝統的な数学世界を大きく変えることになるのである. 18 世紀に発見されたより古典的な話題を引くならば, $-1 \leqq \sin x \leqq 1$, $2^x > 0$ のような実数に縛られた数学における不自然な制約が, 複素数の世界では簡単に解除することができる

というのはどうだろう．複素数の世界では $\sin x = 2$ とか $2^x = -1$ となる x も考えられるということである．

複素数に関して，高校生でも十分に理解してもらえる重要な話題として最も重要なのは，n を自然数とするとき，"一般に n 次方程式

$$a_0 x^n + a_1 x^{n-1} + \cdots + a_{n-1} x + a_n = 0, \quad a_0 \neq 0$$

は，複素数の世界に，重複度を考慮してちょうど n 個の解をもつ" という定理 (代数学の基本定理) であろう．ここで，方程式の係数 $a_0, a_1, \cdots, a_{n-1}, a_n$ は実数であると仮定してよいならば，複素数であると仮定してもよい，ということが簡単に (高校レベルでは技術的には少々難しい) 証明できるのが面白い点の一つである．こうして，しばしば (代数) 方程式の立場から説明される

$$\text{"自然数} \to \text{整数} \to \text{有理数} \to \text{実数} \to \text{複素数"}$$

という数の集合の拡大が，複素数で最終になるということになる．複素数は，そのように数学的に決定的に重要な数なのである．

とはいえ，複素数を用いて方程式の解の公式を簡単に述べることができるのは，1 次方程式と 2 次方程式の場合にすぎない．というのは，一般に複素数 z に対してその累乗根 $\sqrt[n]{z}$ を定義することに，深刻な困難があるからである．$n = 2$ という最も単純な場合においても，つまり $\sqrt{z}$ の定義にすら困難がある．$w = \sqrt{z}$ となる w は 2 次方程式 $w^2 = z$ を満たすもののはずであるが，$w^2 = z$ は一般に 2 つの解をもつべきであるのに，$\sqrt{z}$ でその 2 個のうちどちらを表すかを決めることができないからである．これは，z が正の実数であったときとの大きな違いである．実際，$z > 0$ であるなら $w^2 = z$ を満たす w は実数の範囲に 2 個存在し，一方が正，他方が負であるので，$\sqrt{z}$ はその正のほうを表すと約束することができたことを思い出そう．しかるにそうでないとき，たとえば，$z = i$ のときは，$w^2 = z$，すなわち，$w^2 = i$ を満たす w は，$\pm \dfrac{1 + i}{\sqrt{2}}$ と表される 2 個の複素数であるが，そのどちらが $\sqrt{i}$ の表すものであるかを決定することはできない．両者に，正，負のような簡単な区別がないからである．にもかかわらず，任意の一方を w とおけば，他方は $-w$ となるので，全体としては $\pm \sqrt{z}$ と表現できる．2 次

方程式 $ax^2 + bx + c = 0$ の場合は，解の公式に登場する平方根の前に複号 $\pm$ がついているので，$b^2 - 4ac$ が複素数になった場合であっても，$\sqrt{b^2 - 4ac}$ 自身が何を表しているかを明確に指定せずに，2 解を $x = \dfrac{-b \pm \sqrt{b^2 - 4ac}}{2a}$ と表すことができるというわけである．因みに，判別式 $b^2 - 4ac$ で，実数解，虚数解の判別ができるのは，すべての係数が実数の場合にすぎない．

　3 次方程式 $ax^3 + bx^2 + cx + d = 0$ (解法に関しては，一般性を失うことなく，$x^3 + px + q = 0$ の場合を考えるだけでよい) については，「タルタリア–カルダーノの公式」と呼ばれる簡単な解の公式があるのだが，残念ながら，実数係数の場合に限っても，これが三つの実数解をもつという最も基本的に見える場合には，そのままでは使えないという厄介な問題がある．これは複素数 z に対して $\sqrt[3]{z}$ が代数的な手法では手軽に定義できないことに関係している．**学校数学が，2 次方程式の周辺から離れられないことにはこのような理論的なわけがある．**

　ところで，複素数のことを，昔の人は，「不可能な数」とか「想像上の数」といっていた．それが，**力や電気をはじめ，多くの自然現象の説明に極めて有効である**ことは，高校範囲をちょっと越えればすぐに分かる．これは数学を使う現代の科学者・技術者にはほとんど常識である．「数学が何の役に立つか？」という問いは，少しでも「社会に出れば」，問うに値しない愚問である．

　他方，2 次元の実数がそんなに有効なら，3 次元の実数はもっとそうに違いないと思うのが人情である．じつは，**3 次元の実数はうまく行かないが 4 次元の実数ならそれなりにうまく行くこと，**ハミルトンの四元数 (quarternion) と呼ばれるこの 4 次元の実数を通じて 3 次元の運動がうまく表現できることが分かっている．

　そして，四元数はある意味では最終的な数なのであるが，別の意味ではさらにその先に続くものがある．数学の発見の旅には終わりがない．2 次元の実数である複素数は，そのような《数学的な高み》に向かっての重要な第一ステップでもある．

　先を急ぐばかりの人には見えない数学風景がある．

II

式について

第1回
「式」という奇妙な数学用語

表の心

　低学年のときには算数が好きだったという子どもたちの多くが躓くのは**応用問題**だね．文章を読解しなければいけないので**文章題**ともいうね．どうしてこういうのが苦手かというと，自分で文章を読解し，答を見つける正しい計算を発見するためにうまい工夫が必要になるからだと普通は思われているようだけれど，実際は，問題ごとにその解答を見つけるために必要な解法が頭に整理されて入っていないからだ．反対に，整理されて入っていさえすればなんでもないんだ．

　たとえば，「鶴と亀が合わせて24匹，足の総数は64本．さて鶴と亀はそれぞれ何匹？」という鶴亀算を解くとしよう．その場合には**面積図**という解き方をマスターしていればいいんだ．右のような図を描けば，図を見ているだけで亀の数が簡単に分かるね！　**長方形の面積公式**さえ知っていればいいのだから，この解法を知らないと損するぞ！　穴埋め式で出題されたなら，このやり方で答をさっと出せばいい．数学の問題では，**早さ**と**正確さ**が勝敗の鍵を握っているんだぞ．

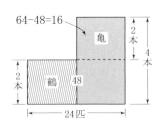

　しかし，ここで忘れていけないのは，もし問題文に「式も書きなさい」と書かれていたら，答を書くだけでなく，答を見つけるまでの**途中式**，上の鶴亀算の問題なら，

$$(64 - 24 \times 2) \div 2 = 8, \quad 24 - 8 = 16$$

のような計算式を，きちんと答案に残すことが重要だ．問題文で与えられた数 **64**，**24** からどうやって答の **8** や **16** が出てくるのかを説明するのが**式**だ．概して難関校入試では，最後の答が正しくても，途中式を書かないと減点されるから，そういう学校を受験する人は，対策として日ごろから式を書く習慣を身につけよう．

とはいっても，そんなに難しいことではないんだ．じつは，面積図の計算をそのまま追うだけなんだけれど，そういうことが苦手な人でも，憶えてしまえばなんでもない．大事なのは憶え方さ．というのは，

$$(64 - 24 \times 2) \div 2 = 8$$

という式は，問題で与えられた数 **24**, **64** から出てくるものにすぎない．算数の文章題は問題文で与えられている数に対して，足し算，引き算，掛け算，割り算という四つの計算——四則というんだ——をうまく施せば答になるんだ．上の式の場合は，24 と 64 に引き算，掛け算，割り算が使われている．このような四則の種類や順序を間違えて，$(64 - 24 \div 2) \div 2 = 26$ なんていう式を作ってしまったら間違いになってしまう．そこでその憶え方が重要なんだ．四則の記号を $*, \star, \circ$ のように抽象的に表すと，鶴亀算の場合は，

(足の合計数 $*$ 動物数 $\star$ 1 羽の鶴の足の数) $\circ$ (亀と鶴の足の数の差) = (亀の数)

という公式なのだけれど，ここで $*$ はひき算 $-$，$\star$ はかけ算 $\times$，$\circ$ はわり算 $\div$ であるわけだ！　だから「ひ・か・わで出るカメ」と憶えればいいね．これさえ憶えておけば，$(64 - 24 \times 2) \div 2 = 8$ なんて簡単だね！

問題ごとにこういう解法のテクニックをきちんと憶えれば，どんな人だって入試問題の 80% 以上の点数は確実に取れる．算数が苦手という人は，**今までの勉強法が間違**っていたからなのさ．僕が，このようにとっておきの秘術を伝授していくからしっかり憶えてね！

裏の心

　小学校中学年以下の子どもに対する数学教育は大変に難しいものだと思う．定義や証明という考え方すら知らない子どもたちに**数学の真理の普遍性を確信させる**ことができるのは，**数学教育の奇跡**ともいうべきもので，これを教育する者の技術 (skill) の議論に貶めることはできるはずもないし，仮に数学の理解に至らない子どもたちがいたとしても，その「能力不足」を大人の手練手管で誤魔化して分かった気にさせてしまうのは将来の可能性の芽を摘んでしまうようで，教育においてはあってはならないことだと思う．

　筆者自身は，小学生の 1 年生から 4 年生までの間，長野の田舎ですばらしい担任の先生に恵まれて，楽しい小学生生活を満喫したが，後になってそれが不思議な奇跡の時代であったことを確信した．それは，後に横浜に転校して，「受験勉強の精鋭」たちが，四則の種類を「失敗して」取り違える姿を見たからである．基本となる考え方さえ分かっていれば，乗法と除法を間違えることなどありえないはずであるのに，少し難しい文章問題，たとえば《速さ》とか《仕事》とか《食塩水》といった**比率**を話題とするちょっと複雑な問題になると，計算がでたらめになる様子を観察して，どうしてそういう間違いが起こるのか，子ども時代の筆者は理由が理解できなかった．かといって，自分がどのように理解して「正しく計算」しているのか，自分の解答を別の言葉で論理的にきちんと説明することもできなかった．これも今から考えてみれば当然である．もともと，厳密な言葉で教えられたものではなく，あるとき気づくと四則演算それぞれの**応用的な意味**が，自分の中に確立されていた，というだけであるからである．どうやって習ったのかも，どうやって理解したのかも，まったく分からない．アインシュタインの有名な言葉に，

　　"Education is what remains after one has forgotten what one has learned in school."

　　(教育とは，学校で習ったことをすっかり忘れた後に残っているもののことで

ある.)

があるが，筆者はまさに，そのようなすばらしい教育を小学4年生までに経験する幸運に恵まれたのであった.

たとえば，先述の鶴亀算を解くためには，

$$(64 - 24 \times 2) \div 2 = 8, \qquad 24 - 8 = 16$$

あるいは

$$(24 \times 4 - 64) \div 2 = 16, \qquad 24 - 16 = 8$$

のような「式」を立てて，亀8匹，鶴16匹と分かる[1]，ということであるが，上のような「式」はあまりに単純すぎて，「式」から，式の裏にある《意味》を読み取ることはかなり面倒である．裏の意味を理解していない人でも簡単そうに解ける解法がもてはやされるのはそのためだろう.

いうまでもないことであるが，上の「式」の背景は次のように説明できよう．「24匹が全部鶴だとすると，足の総数は $24 \times 2 = 48$ であるはずである．ところが実際の足の本数は64であり，このような差があるのは，全部が鶴ではなかったことの証拠である．24匹のうち，鶴と亀が1匹入れ替わるごとに，足の本数は $4 - 2 = 2$ (本) ずつ増えるので，先ほどの足の本数の差である16本を亀と鶴の足の本数の差2で割ったときの商8が，亀の総数である」というように，である．算数教育では，「正しい答」を導くことは強調されるが，このような《作文》を要求することはあまりないようだ．たしかに小学生には少し酷なのかもしれないが，このような作文力は，数学のルーチン・ワークの反復練習よりは，教育的意義があるのではないだろうか.

少なくとも，小学生段階で単なる数学的《式》を強調しすぎるのは，数学的にはあまりよい趣味とも思えない．実際，ともすれば忘れられがちなのは，鶴亀算の解法の根拠になっているのは，「どの鶴も足 (脚?) は2本，どの亀も足は4本」

---

1)　亀と鶴を同じ「匹」と数えていいか，という，正しい国語表現の問題以前に，「足の前後左右を区別しない」「鶴は必ず2本足で立っている」という前提や，さらに「鶴と亀，また，鶴の足と亀の足を区別しない」という日常的な感覚から遠く隔たった仮想世界の話題にすぎないという「哲学的」な問題がある.

という動物についての常識であり，これも含めてきちんと式を書くと

$$\{64 - 24 \times (4 - 2)\} \div 2 = 8$$

のようにしなければ完璧ではないことになる．小学生ならさらに［足の本数］，［個体数］，［足の本数／個体数］という次元の単位をもつ量の間の関係であることまで考えなければならない，という人もいるかもしれない．そもそも，「1 羽当たりの鶴の足の数」と「生き物の総数」という《異次元の量》を隣り合う 2 辺にもつ図形は，通常の長方形とはまったく違う応用数理的概念である．つまり，小学校数学のレベルでは，図形も式も所詮かなりいい加減なものにすぎないし，そうであっても構わないと筆者は思うのだ．

　小学校をはじめ，幼少期には，性急な成果を求めないじっくりした教育が大切だと思う．最近は，奇妙に難しい問題のための問題の練習がやたらに盛んになっているようであるが，それのおかしさに気づく人が少ないことを哀しく思う．同じく アインシュタインの言葉であるが，

"To me the worst thing seems to be a school principally to work with methods of fear, force and artificial authority. Such treatment destroys the sound sentiments, the sincerity and the self-confidence of pupils and produces a subservient subject."

(私にいわせると，最悪なのは，もっぱら［生徒に対して］不安や，無理強い，いかがわしい権威を使って教える学校である．そんなやり方は，生徒たちのまともな感性，誠実さ，そして自信を打ち壊し，媚び 諂 う人格を作り出すであろう.)

は，教育を考えるときいつも心しておきたい基本の戒めではないだろうか.

第2回
代数的記号法の核心

表の心

「式」という言葉は，小学校の算数でもやったはずだけれど，中学では，文字を使った「文字式」という新しい「式」が登場してくるんだね．数ばかりを相手に計算してきた小学校のときと違い，中学では，文字を相手に足し算をはじめとする四則 (加減乗除) を勉強するんだ．これが高校でも大切になるので，しっかりした基礎力を鍛えよう．

といっても，規則は

- 乗法では × を省く．たとえば $a \times b$ は ab と書く．
- ただし $1a$ は a，$-1a$ は $-a$ と書く．
- $a \div b$ は 分数を用いて $\dfrac{a}{b}$ と書く．
- 文字はアルファベット順，符号と数と文字が繋がるときは符号, 数, 文字の順に書く．

だけだ．簡単だろ！　後は練習あるのみだね．たとえば，

- $a + a + a$ は $3 \times a$ だから $3a$ と書かれる．
- $a \times b \div 2$ は $\dfrac{ab}{2}$ と書かれる．

という具合いだ．

文字式を使うと，小学校のとき，言葉で習ってきた公式が簡単に表現できるよ．

長方形の面積 S は，隣り合う 2 辺の長さを a, b として $S = ab$ と，三角形の面積 S は，底辺と高さをそれぞれ a, h として $S = \dfrac{ah}{2}$ と表される．三角形の面積といえば，高校になると学ぶものだけれど，三辺の長さ a, b, c が分かるだけで面積が分かるという「ヘロンの公式」と呼ばれるものがある．どうせ後でいつか必ず勉強するのだから，この際，教えてあげるね！

$$S = \sqrt{\frac{a+b+c}{2} \cdot \frac{-a+b+c}{2} \cdot \frac{a-b+c}{2} \cdot \frac{a+b-c}{2}}$$

だ．憶えておくと得だぞ．

　このように，文字式を使うと，有用な公式が次々と作られるという良さがある．公式を憶えて正しく使うのは，数学の勉強の中心だ．何回も反復練習して夢の中でも使えるように確実にマスターしたいね．

　文字式を使うもう一つのメリットは，方程式の考え方だ．「鶴と亀，合わせて 24 匹，足の総数は 64 本．さて鶴と亀はそれぞれ何匹？」という小学校で勉強する鶴亀算のような問題があったとしよう．ここで，鶴の数を x とおくと，「鶴と亀，合わせて 24 匹」という条件から，亀の数は $24 - x$ と表現できるね．だから鶴の足の総数，亀の足の総数はそれぞれ $2x, 4(24 - x)$ と表される．したがって鶴と亀全体の足の総数は $2x + 4(24 - x)$ 本であるから，「足の総数は 64 本」という条件は

$$2x + 4(24 - x) = 64$$

という「式」で表現できる．

　この x のように未知の値を表す文字のことを**未知数**というんだ．といっても，x という英語の文字を使うという点が決定的に重要というわけではない．文字を使うと分からなくなってしまう人は，小学生のときのように，□ などの図形で書いても同じだ．

$$2 \times \square + 4 \times (24 - \square) = 64$$

ということだよ．つまり重要なのは文字を使うことではなく，「求めたいものを何かの記号に置き換えて式を立てる」ということなんだね！　代数というと高級に聞こえるけれど，英文字で書くか □ ですますかの違いだけだね．ということは，

文字式なんて，小学生でも十分に使えるということだから，どうせなら，小学生のうちから先取りして勉強すればいいのにな．

　文字を 2 個以上使った連立方程式という考え方があって，それを学ぶと式を立てる作業は簡単になると思われているけれど，その後，結局，代入法と加減法とかいう方法を使って未知数を消去していくのだから，はじめから記号を減らしていたほうが簡単だね．

裏の心

　文字を数の代わりに用いる代数的な記号法が人々の間に普及するのは，人類史の中ではごく最近の近代になってからのことであるが，代数的記号法は表現方法に過ぎないので，「数学における新しい真理の発見」というよりは「表現技術の発明」といったほうがよい．

　もちろん，文字の発明が偉大であるように，《文字式の発明》は，《文字式の有用性の発見》ではある．実際，代数的記号法は人類の文化に大きな飛躍をもたらした．既知の数学的な関係が簡潔に表現できることは，文字式の効用の一つではあるが，文字式の決定的な優位性は，式それ自身の中に意味が表現されるということである．

　「足を a 本ずつもつ生物 A と足を b 本ずつもつ生物 B が合わせて n 匹，足の総数は m 本．さて A と B はそれぞれ何匹？　ただし $a < b$ とする」という「一般化された鶴亀算問題」は

$$\begin{cases} x + y = n \\ ax + by = m \end{cases}$$

と定式化され，この解は

$$\begin{cases} x = \dfrac{bn - m}{b - a} \\ y = \dfrac{m - an}{b - a} \end{cases}$$

となるが，これは，単なる，一般化された鶴亀算に対する解の公式 (言い換えれば，これを憶えていれば，この公式に数値を代入して，すべての鶴亀算の正解が直ちに導ける「便利な裏技」のような代物) というよりは，**与えられた条件** (a, b, m, n) **と解** x, y **の間に存在する数学的な関係を叙述している**という意味で重要なのである．さらに m, n は勝手に決めることができる数ではなく，

$$an < m < bn$$

であって，かつ

$$m - an, \ bn - m \ \text{が} \ b - a \ \text{の倍数}$$

であることが「**一般化された鶴亀算**」に対する正の整数解が存在するための必要十分条件であることも分かるのである．

　記号法の威力は，このように「昔は苦労していた問題がやすやすと解ける」ようになるだけでなく，「昔は考えることすらできなかった**新しい問題**を考えることができる」ようになるという，《思索の飛躍》を可能にすることである．標語風にいえば，代数的方法の最も重要な意義は，未知数を文字で表すという点ではなく，**既知数を文字で表す**，ということにあるのである．中学で学ぶ代数的記号法は，この飛躍に向かっての第一歩であるといえよう．

　なお，一般に，表現の簡便性は情報を伝達する上で極めて重要であるけれども，簡便な表現には，そのためにある種の犠牲を伴うということがしばしば忘れられている．実際，「乗法記号を省略する」という規約は式を短く書くために大変優れたアイデアであるが，「加法記号はそのまま残す」という，重要な，しかし一般にあまり強調されないバランスを欠いた規約が存在している．このことを考えれば，今日世界的に普及している代数的な記号法といえども，人工的な規約，つまりは，人のなせる技にすぎない．

　このことを理解するには，通常の規則に代わって，「加法記号を省き，乗法記号を残す」という新規則に取り替えてみるとよい．新規則では，従来 $a + bc$ と表現されてきた式は $ab \times c$ と表現されることになる．同様に，$a + a + a(= 3a)$ と表現されて来た関係式は $aaa(= a^3)$ と表現されることになるだろう．見慣れないとびっくりするだろうが，論理的にはこれでもまったく問題はないことに注意し

よう．そしてこの流れで行けば，$ma + na = (m + n)a$ と表現されてきた式は，$a^m a^n = a^{m+n}$ と表現されることになる．

　読者が感ずる違和感は，記号法を使いこなすには，その記号法の規約が自分の中で内面化されるまで，徹底的に慣れることが極めて重要であるということを示唆している．「手を動かしているうちにいつか自然に慣れる」というような drill & practice 型の勉強は，数学ではあまり推奨する気になれないが，こと記号法に関しては，文字や言葉と同じく，理論的に理解するだけでなく，徹底的に慣れることが不可欠なのである．

第3回
代数的記号法の隠された前提

$$\boxed{\textbf{表の心}}$$

　文字式で気をつけなければいけないポイントについて勉強しよう．それは多くの諸君が共通の弱点としている二大ポイントについてである．

1．括弧のはずし方

　まずは，括弧のはずし方についてだ．$3(a+b)$ は分配法則を使って $3a+3b$ とするだけでいいのだが，$-3(a-b)$ のように括弧の前にマイナス記号があるときは要注意だ．

$$-3(a-b) = -3a + 3b$$

という具合いに，括弧の中にあるものの符号を全部逆転させなければならない．$-8(-2a+3b-4c)$ のように，括弧の中の式が複雑になっている場合は，括弧の前の係数を，括弧の中のすべての式に分配するのが大切だ！　たとえば，

$$-8(-2a+3b-4c) = (-8) \times (-2a) + (-8) \times 3b - (-8) \times 4c$$
$$= 16a - 24b + 32c$$

のようにするんだ．こういう計算がマスターできないと，中学で数学から落ちこぼれてしまう！　しっかり練習しよう．

2. 整数の表現

次に大切なのは，数を表現するための式だ．たとえば，「10 の位の数が x, 1 の位の数が y である数を表せ」というよく出題される問題があるけれど，これを xy と答えてしまう人がじつに多いんだね！

出題者の落し穴にまんまと嵌ってしまってしまう素直すぎる答案だ．だから xy と書いたらだめだよね．だって xy っていうのは $x \times y$ のことだから，10 の位の数が 4, 1 の位の数が 2 である数 42 は $40 + 2$ であって $4 \times 2 = 8$ でないだろ！10 の位の数が x, 1 の位の数が y である数は

$$10x + y$$

と表すのさ．

同様に，ちょっと高級な応用だけど，小数点以下の 0.1 の位が z, 0.01 の位が w である数は

$$\frac{z}{10} + \frac{w}{100}$$

と表されるのさ．大切なポイントだぞ！

裏の心

文字式は，人間が理論的な概念を精密に描写し，正確に伝達する上で，人類史的な意義を担っているが，じつは学校数学のなかでは明確に理解されないまま，隠れた暗黙の前提 (tacit assumption) となっているものがある．

そもそも四則などの演算は，正確には**二項演算**というべきもので，2 数 a, b が決まったら，それに対して数 $a \circ b$ が決まる，というものである．$\circ$ という記号は，足し算の $+$，引き算の $-$，掛け算の $\times$，割り算の $\div$ を抽象化したものである．

では，二項演算とは何か，というと，これは，学習指導要領では高校以下では学ばないことになっている 2 変数関数 $z = f(x, y)$ として理解するのが一番適切だろう．

足し算は　$S(x, y) = x + y$，　　　　引き算は　$D(x, y) = x - y$

という2変数関数なのである．このように演算の二項性を強調したのは，小学校以来，$2 + 3 \times 4 - 5$ のように，三つ以上の数が演算で結ばれるという例がいくらでも登場するので，その重要性が忘れ去られがちだからである．

　　じつは，この問題に関しては，小学校数学では，一応きちんとした「回答」が用意されている，それは，

　　「左のほうから順に計算する」

　　「ただし，掛け算，割り算は，足し算，引き算より先に計算する」

という演算順序についての約束である．その結果，$2 + 3 \times 4 - 5$ は，演算の優先順位を指定する**括弧**という特別の記号を使ってていねいに表現すれば，$\{2 + (3 \times 4)\} - 5$ というように，二項演算の組合せにすぎないということなのだ．

　　ところが，学校数学では，トリッキーな問題，たとえば $87 + 98 + 2$，$123 \times 234 \times 0$ のように，規則をきちんと守ってやると損をするという「教育的経験」を通じて，加法，乗法に関しては演算順序の交換ができることが教育される．「加え合わせる」「掛け合わせる」という表現を通じて，高校以上の数学の表現を使えば

$$\sum_{k=1}^{n} a_k, \qquad \prod_{k=1}^{n} a_k$$

という計算が可能なことを納得させてしまうということなのであろうが，理論的にいうならば，このようなものが定義できるために，これに先立って，まず結合法則

$$(a + b) + c = a + (b + c), \quad (a \times b) \times c = a \times (b \times c)$$

が証明されていなければならない．この法則が，「加法や乗法の一性質」ではなく，《証明を要する定理》であることを理解するには，一般の人があまりに見慣れすぎている記号法をあえて捨てて，2変数関数の記号を用いて

$$S(S(a, b), c) = S(a, S(b, c))$$

と表現するのがよいのではないだろうか．学校数学では，分配法則を使って「括弧をはずす」ことばかりが強調されるようであるが，実際は，**括弧があるおかげで**

複雑な式が明確に定義されうるという，より重要な事実が隠されてしまっているのは残念だ．加法や乗法に関する結合法則は，括弧を省いて「加え合わせる」「掛け合わせる」ことができることを保証する定理である．

　括弧という記号は，おそらく数学においてあまりに普及しているために，そのあまりに大きな重要性に気づかれることが少ないようであるが，**括弧こそ，すべての記号の中で，最も重要な記号**というべきものなのである．それは括弧によって，記号 (文字，単語) の結合の順序が明確に指定できるからである．数学の例でいえば，「a 引く，b 足す c」では「$(a-b)+c$」と「$a-(b+c)$」を息継ぎの時間の違いで区別しようとしたら大変である．高校生の読者には少し高級過ぎるかも知れないが，大学の微積分学において最も有名で重要かつ深刻な例は，

　　「区間 I 内の任意の a と正の実数 ε に対して，適当な正の数 δ を取れば，
　　$0 < |x-a| < \delta$ を満たす任意の x に対して $|f(x)-f(a)| < \varepsilon$ となる」，
　　「正の実数 ε に対して，適当な正の数 δ を取れば，$0 < |x-a| < \delta$ を満たす
　　区間 I 内の任意の a と任意の x に対して $|f(x)-f(a)| < \varepsilon$ となる」

という文の違いである．これは括弧を使って以下のように表現すれば，違いは明白であるが，日常言語でその違いを的確に理解するのは，純粋数学を専攻する大学生にとっても至難の課題である．しかし，記号を使えば (使いこなせれば)

　　「$\forall a \in I, \forall \varepsilon > 0 \{(\exists \delta > 0, \forall x (0 < |x-a| < \delta \Longrightarrow |f(x)-f(a)| < \varepsilon)\}$」，
　　「$\forall \varepsilon > 0 \{\exists \delta > 0 (\forall a, \forall x \in I, (0 < |x-a| < \delta \Longrightarrow |f(x)-f(a)| < \varepsilon))\}$」

の違いにすぎない．

　括弧がいかに有効であるか，もう一つ例を引こう．筆者がその昔ひどく苦手であった『源氏物語』である．その有名な冒頭部分であるが，もし，

　　[(いづれの御時にか)｛((女御)(更衣) あまた) 候ひ給ひける｝ 中に]
　　[｛(((いと) やむごとなき際)にはあらぬが ｝((すぐれて) 時めき給ふ)] ありけり．

のようにふんだんに括弧を使ってくれれば，現代的な句読点を少々補うよりははるかに解読しやすくなるに違いないと，紫式部的世界に縁遠い筆者は不遜にも思う．もちろん，このようなうるさい括弧がつく文にしてしまってはせっかくの平

安文学の 雅 の世界が台無しになるという批判は当然予想されるが，括弧の有効性
を示すには良い例ではないだろうか．

　そして，じつは代数的記号法には，重大な例外規則がある．それは数を表現する際に一般的な**位取り記数法**である．p を 2 以上の整数，n を正の整数とするとき，

$$a_n a_{n-1} \cdots a_2 a_1,$$

　　　　ただし，ここで $a_k\,(k = 1, 2, \cdots, n)$ は 0 以上 p 未満の整数，

という連続する n 個の数の並びが，

$$\sum_{k=1}^{n} a_k \times p^{k-1}$$

を表現するという規則である．この規則が，代数的記号法の規則に優先する**上位規則**となっていることは，一般には意識されていない．p 進法という一般論がピンと来ない人は日常的にみんなが使っている十進法でもよい．中学数学や高校数学で一般的な $12xy$ や 23^{45w} のような表現では，実に不可思議にも，12 や 23 や 45 は位取り記数法としてのまとまりであり，それ以外が代数的記号法の規則で支配されるということである．$12xy$ や 23^{45w} のような表現は，じつに不可思議にも $abxy$ や ab^{cdw} という表現とはまったく違う意味をもっているのである．

　いまどきの学校教育では，「できない子どもを引っ張っていく」ことを謳い文句にした形ばかりの「手取り足取り」で，肝腎の学問的な心を欠いた「教育」が大手を振って罷りとおっているようであるが，「先生の指導にしたがって次々と課題をこなしていく子どもたち」の安易な納得の非学問性，非論理性や，反対に「指導から脱落するできない子どもたち」の中にひっそりと潜んでいるかもしれない知性の可能性を探し求める，真に知的で寛容な数学の指導者の活躍を心から願い，応援したい．

第4回
式の変形のいろいろな意味

> ## 表の心

　数学は科学の基礎であるから，すべての単元が大切といえばそうなのだけれど，中学・高校レベルの数学でいえば，一番の基礎となるのはまず**方程式**だ．中学・高校数学において，方程式の基本となるのは，

$$\frac{3x-1}{2} - \frac{2x+5}{3} = -\frac{1}{12}$$

のような，未知数についての1次式で表された，いわゆる**1次方程式**だね．この例でいえば，これを解くには，次のようにするんだ．

『まず，分数をなくして，計算しやすくするために両辺に 12 をかけて，

$$6(3x-1) - 4(2x+5) = -1$$

これから，$(18x-6) - (8x+20) = 10x - 26 = -1$

$$\therefore \quad 10x = 25 \quad \text{よって，} x = \frac{5}{2} \quad \cdots \text{(答)}$$』

　このように，1次方程式では，まず**係数が整数**となるように変形してから，できるだけ整理する．その際，**未知数は左辺**に，**それ以外は右辺**に移動するんだ．そうすると，最終的には

$$ax = b$$

という形になる．この形にするまでに，等号をはさんで反対の辺に項を移すと符

号が逆転する．この**移項**とよばれる操作を繰り返すのが 1 次方程式の基本だが，この形まできたら，$a \neq 0$ のときは両辺を a で割って未知数の値 $x = \dfrac{b}{a}$ が求められる．$3x = 6$ ならば $x = \dfrac{6}{3} = 2$ という具合いだ．最近は，$6x = 3$ の解を $x = 2$ と間違えてしまう人が多くいるんだが，「答が整数とは限らない！」ことも，要注意．こんなところで落とし穴にはまってはいけないぞ！ $\dfrac{b}{a}$ が整数となるのは，a が b の約数であるときだけなのだからね！

裏の心

中学で初めて代数を学ぶ若者にとって，最初に大きな障害となるのは，「式の変形」と「方程式の変形」が相次いで，しかも近頃の風潮ではいずれの主題にもあまり長い時間をかけずに「さらっと」教えられることではないだろうか．そもそも等式 $A = B$ は，小学生のときは "$5 + 7 = 12$" のように「左辺を計算すると右辺になる」ものとして導入されたはずであるのに，中学以降は，「A と B は完全に等しい」ことを表すもの，すなわち数学的には

"$A = A$" （反射律）

という自己同一性の他に，

"$A = B \Longrightarrow B = A$" （対称律），

"$A = B$ かつ $B = C \Longrightarrow A = C$" （推移律）

という性質をもつ関係[1] であることが，検定教科書ではじつにさらっと，おそらく多くの教室ではさらに簡略に紹介されるようである．しかし，理論的にはこれ

---

1) これらの性質をみたす関係を現代数学では同値関係 (equivalence relation) という．相等性は最も原始的な同値関係の一つである．なお，ここでいう同値関係は，高校数学でよく使われる「論理的に同値な関係」の意ではない！

こそがまさに**等式の基本** (数学的にはいわば**等式の公理**) である.

　ところで厄介なのは,この記述の直後に,

$$A = B \implies A + C = B + C, \qquad A = B \implies A \times C = B \times C$$

のような等式と,＋や×などの演算との関係が「**等式の基本性質**」のような似た名前で紹介されるために,学習者には,両者の理論的違いやそれぞれの意義が伝わりにくいのである.実際,相等性の本質を叙述する前者に対し,後者は二つの等式の間の理論的同値性:

$$A = B \iff A + C = B + C, \qquad C \neq 0 \text{ のとき}, A = B \iff AC = BC$$

の出発点となるものであり,こちらは**方程式の解法の数学的原理**となるものである.「x についての方程式を解く」とは,変項 x に関して等式で表された条件をこの原理に基づいて**同値変形**することであるからだ.

　具体的に述べよう.

$$12\left(\frac{3x-1}{2} - \frac{2x+5}{3}\right) = 6(3x-1) - 4(2x+5)$$
$$= (18x - 6) - (8x + 20) = 10x - 26$$

のように,等式の変形は,$A_1 = A_2 = \cdots = A_n$ のように表されているものの,$A_1 = A_2$ かつ $A_2 = A_3$ かつ……の省略表現である.そしてそれぞれは,実際上,左から右に向かって流れるものの,論理的には,この順序とは無関係に,どの二つについても未知数の値に無関係に成り立つ等式であり,それぞれは,"$A = A'$ かつ $B = B' \implies A + B = A' + B'$" のような**演算と等式との根本原理**に基づくものにすぎない.他方,$10x - 26 = -1$ から $10x = 25$ を,またこれから,$x = \dfrac{5}{2}$ を導く変形は,上とは根本的に異なる.これらの等式は,特定の x の値についてしか成り立たない,x についての条件であり,その条件が,別の表現をもつ条件に同値変形されているということである.後者に現れる等号は,**方程式としての相等性**を表す記号であるのに対し,上に述べた式の変形に現れる等号は,**式としての相等性**を意味する記号であって,まったく意味が異なる.

　x の 1 次方程式と呼ばれるものは,同値変形の結果

$$\alpha x + \beta = 0 \quad (\alpha, \beta : 定数)$$

という形になるもので，$\alpha \neq 0$ のときは，左辺が x の 1 次式の形になっているのがこの名称の由来である．上式は，その両辺に $-\beta$ (β の補数) を加えて得られる

$$(\alpha x + \beta) + (-\beta) = 0 + (-\beta) \quad すなわち \quad \alpha x = -\beta$$

と同値であり，これは，$\alpha \neq 0$ のときはこの両辺に $\dfrac{1}{\alpha}$ (α の逆数) をかけて得られる

$$\frac{1}{\alpha}(\alpha x) = \frac{1}{\alpha}(-\beta) \quad すなわち \quad x = -\frac{\beta}{\alpha}$$

と同値である．加法に関する "逆元"(補数)，乗法に関する "逆元"(逆数) と呼ばれる数を等式の両辺に作用させる点で，本質的に同じことであるのに，前者の変形だけに**移項**という呼称が与えられ，後者の変形には，格別の名前がない．このことが，方程式の解法という機械的な処理を初学者にかえって難解で，不思議なものに見せている可能性はないだろうか．

　一般に，$\alpha x + \beta = 0$ という方程式は，加法，乗法という 2 種類の演算がその逆演算 (減法，除法) も含めて自由に実行できる数の集合 (現代数学では「体」と呼ぶ) で考えると，その解もその集合の中で求めることができる．ということは，1 次方程式 $\alpha x + \beta = 0$ において，α, β と x が**整数**であることはそもそも「必要」でもないし「十分」でもない[2]．中学 1, 2 年なら，1 次方程式の係数と解の範囲を有理数で考えるという制約はやむを得まい．

　しかし，この立場で考えれば，与えられた方程式

$$\frac{3x - 1}{2} - \frac{2x + 5}{3} = -\frac{1}{12}$$

は，本来は，まず左辺を有理数係数の範囲できちんと $\dfrac{5}{6}x - \dfrac{13}{6}$ と計算し，ここに現れる $-\dfrac{13}{6}$ を右辺に移項して，

$$\frac{5}{6}x = \frac{25}{12}$$

を導き，これから

---

　2)　ここで，「必要」や「十分」は，狭義の論理的な表現として厳密に使っているのではない．

$$x = \frac{5}{2}$$

ともっていくのが自然な解法ではないだろうか. そのことは p_1, p_2, q_1, q_2, r を有理数として, より一般的な方程式

$$(p_1 x + q_1) + (p_2 x + q_2) = r$$

を考えれば明らかであるように思う. もちろん係数や解の範囲は, 有理数体を超えて実数体, あるいは $\{a + b\sqrt{2} \,|\, a, b : 有理数\}$ のような代数体でもよい. 因みに, このようなとき $\alpha = \sqrt{2}$, $\beta = \sqrt{8}$ とすると, β は α の倍数とはいわないが, $\dfrac{\beta}{\alpha}$ はたまたま整数となる.

　方程式の指導において, 有理数係数の方程式を整数係数に書き直す変形を強調し過ぎることが, 答を強引に整数にしてしまう初学者を生む理由になっているのではないか. たしかに有限個の有理数を係数にもつ方程式は, 分母の公倍数を両辺に掛ければ整数係数の方程式に同値変形できて, その後の処理の負担が減る, というのはおそらくは正しい (計算が不得手の筆者にとっては, 似たようなものに見えるけれど) のであるが, $3x = 6$ と $6x = 3$ の区別がつかない子どもが存在する, という大人には容易に理解できない話を聞いて, 教育の現場で, 問題の意味の理解よりも解法 (正しい計算技術) の修得が優先されているためではないか, ということに思い至った. もちろん, ある発達段階以下の子どもたちに対しては, 有理数係数方程式を, より計算しやすい整数係数方程式へと変形することを推奨することもはなはだしい不合理とはいえないが, それは, より大切な目標に向かわせるための方便のようなものである. そのことを忘れては, 数学の教育にならない. せっかくの数学教育が技術優先の職業教育のようになっては悲しいし, もったいない.

第5回
方程式と恒等式をめぐって

$$\boxed{\textbf{表の心}}$$

君たちは，小学生のときに，

$$(84 - 24 \times 2) \div 2 = 18$$

のような，応用問題を解くための途中計算のやり方を表すものを「式」と呼んだね．でも，中学以上では，ちょっと違う．式といったら，**変数と呼ばれる文字**を含んだものなんだ．$3(x-4) - 2x + 10 = 22$ や $2x^2 + 2 = 5x$，あるいは $x^3 + 4 = 2x$ のような**方程式**こそ，式の典型だね．最後の例のように未知数についての 3 次以上の項を含む方程式を特に高次方程式という．4 次方程式までは「解の公式」があるので，それを知っていれば何でも解けるけれど，それ以上の高次方程式に関しては解の公式がない．でも，実際に出題されるのは，ちょっと工夫するとすぐに解けるものばかりだから，心配は要らないぞ．

その基本を勉強しよう．

$$x^3 + 4 = 2x$$

のような方程式を考えてみよう．まず右辺が 0 になるように $x^3 - 2x + 4 = 0$ と変形するんだね．これが出発点だ．次に，この**左辺を因数分解**するのだが，その際，これを $f(x)$ とおき，$f(x) = 0$ となる x を発見するんだ．

x の値の候補として，$f(x)$ の定数項の 4 に注目して，その約数，この場合は $\pm 1, \pm 2, \pm 4$ の 6 個があるね．それらについて片っ端から調べていくんだ．そう

すると，やがて $f(-2) = (-2)^3 - 2 \times (-2) + 4$ つまり $f(-2) = 0$ という関係が見つかる．すると，$f(x)$ が $x+2$ で割り切れると断定できる．この断定を支えるのが**因数定理**という名前の定理だ．

$$f(\alpha) = 0 \ \text{であるならば} \ f(x) \ \text{は} \ x - \alpha \ \text{で割りきれる}$$

という定理だね．そうなれば，下に示すような実際の割り算の手順を通じて，

$$f(x) = (x+2)(x^2 - 2x + 2)$$

と因数分解できることになり，与えられた
方程式 $f(x) = 0$ の解は

$$x = -2, \quad x = 1 \pm i$$

と求まる，というわけだよ．

3次方程式，4次方程式に関しては，じつは，解の公式があるのだが，これが入試で必要になることはないから，そんなものを勉強していたら損だぞ．そもそも，5次以上の方程式については，解の公式さえないのだけれども，ここで君たちに教えた**因数分解**による**解法**は何次方程式になっても同じように適用できるから，これだけをしっかりマスターしておけばいいんだな．

ところで，式の中には，

$$(x-1)^4 = x^4 - 4x^3 + 6x^2 - 4x + 1$$

のように，変数の値が何であっても恒に成り立つ等式もあってね，これは**恒等式**と呼ばれるけれども，恒等式は任意の数を解にもつという**方程式の一種**と思えばいいだけだ．

恒等式と同じように，変数の値が何であっても成り立つ不等式もある．たとえば，

$$x^4 + 6x^2 + 1 \geqq 4x^3 + 4x$$

のようなものだ．このように必ず成り立つ不等式を**絶対不等式**という．等式に対しては恒等式という言葉があるのだから，これに対応させて不等式についても恒不等式と呼んでくれれば高校生に分かりやすくていいのに！

裏の心

　日本語の「式」は，絶望的といいたいくらい，不明確，あるいは多義的な言葉で，これに困るのは，正直に告白すると，教える側も同じである．学校数学で中心的な「式」は，等式と不等式であるが，これらは，「等」と「不等」のように水平的に対照すべきものではなく，これから述べるように**数学的にはまったく別物**というべきである．また，学校数学的には，等式は方程式と恒等式とに分類されるが，簡単そうに見える恒等式のほうが，理論的には，意外に難しい．

　さて，式の中で最も基本的なのは，「**多項式** (polynomial)」と呼ばれるものである．数学的には，単項式を多項式の一種として扱うのが一般的であるが，「単」を「多」の一種として扱うのは，単数形を複数形の一種として扱うように映るので気持ちが悪いからなのであろうか，わが国では，多項式という代わりに「**整式**」と呼ぶ習慣がある．このような式全体の集合は整数全体の集合とよく似た性質をもつので，整式という表現には数学的に良い面[1]もある．

　多項式

$$a_0 + a_1 x + a_2 x^2 + \cdots + a_n x^n$$

に関して，重要なことが二つある．一つは，係数（この例でいえば，a_0, a_1, $\cdots$, a_n）が属している集合である．一般には，その中で四則が自由に行える，大学以上では「体」と呼ばれる集合が最初に選択されることである．常識的な体の中で"最小"のものは，有理数全体の作る体（有理数体）であるが，実数全体の作る体や複素数全体が作る体でもよい．学校数学ではしばしば整数係数の多項式が具体例として登場するが，整数係数の世界では多項式に関する大切な性質が成り立たないので，数学的に具合いが悪い．「整式」という表現が，もし整数係数を連想させているとしたら，これは罪作りといわなければならない．「教育的配慮」にはしばしばこのような危険があるものだ．

---

　1)　良い面があれば悪い面もあって，以下に指摘するように，整式の係数は整数に限られる，と誤解している人が多い！

多項式に関してもう一つ重要なことは，係数のかかっている文字 (上の例では x) は**単なる文字**であって，未知数でも，変数でもないことである．x がただの文字であるから，x^2 も x^3 も，…… 実際に乗法を実行して得られるものではない．単に「×」という記号が文字 x に対して定義されているとして，$x \times x = x^2$，$x^2 \times x = x^3$，…… と約束するだけである．こうして有理数係数の多項式

$$a_0 + a_1 x + a_2 x^2 + \cdots + a_n x^n, \quad b_0 + b_1 x + b_2 x^2 + \cdots + b_m x^m$$

があるとき，それらの "積" と呼ばれる多項式が

$$c_0 + c_1 x + c_2 x^2 + \cdots + c_N x^N$$

$$c_k = \sum_{i=0}^{k} a_i b_{k-i} \qquad (k = 0, 1, 2, \cdots, N = m + n)$$

と定義されるのである．ただし，この定義がうまくいくために $a_{n+1} = a_{n+2} = \cdots = 0$，$b_{m+1} = b_{m+2} = \cdots = 0$ であるとして，両方とも無限に続く多項式であると考えるのが都合がよい．

さて，x は意味をもたない文字であるので，x を "domo" のような文字列に置き換えるときは，x^2 は "domodomo" のように文字列の繰り返しを意味すると約束するのが一般的である．また一方，x が有理数であると思えば，

$$a_0 + a_1 x + a_2 x^2 + \cdots + a_n x^n$$

もある有理数になる．$\dfrac{5}{2} x^3$ において $x = -\dfrac{2}{5}$ なら，$\dfrac{5}{2} \times \left(-\dfrac{2}{5} \right)^3 = -\dfrac{4}{25}$ という具合いに，である．言い換えると，有理数係数多項式

$$P(x) = a_0 + a_1 x + a_2 x^2 + \cdots + a_n x^n$$

は，任意の有理数にある有理数を対応させる関数を定義することができる．この重要な性質のおかげで

「多項式 $P(x)$ が $x - \alpha$ で割り切れる (つまり $P(x) = (x - \alpha)Q(x)$ が恒等式となる多項式 $Q(x)$ が存在する)」ための必要十分条件は，「関数 $P(x)$ が $x = \alpha$ で 0 になる」ことである，

という因数定理が導かれる．この定理の理論的難しさは，それがこのように「式」

と「関数」という《別世界》をつないでいることにあるといっていいだろう.

因みに,方程式は,関数の値が 0 になる特別の変数値を考えるものにすぎないので,関数の延長上にあるといっていいだろう.未知数に実数値を代入した場合しか考えない不等式も,実数についての方程式や関数の延長であるので,文字が文字であってよい (恒) 等式とは,似ていて非なるものなのである.にもかかわらず検定教科書では「等式の証明・不等式の証明」という一つの単元でいっしょくたに扱われることが多いので,忠実な学習者には,両者の間にあるこの重大な区別がつきにくいであろう.

なお,高次方程式を解くのに,その解の発見を利用するという因数定理の応用は,

"整数係数多項式で表される方程式 $a_0 + a_1 x + \cdots + a_n x^n = 0$ が有理数解をもつならば,それは $\dfrac{(a_0 の約数)}{(a_n の約数)}$ の形をしている"

という**有理根定理**にその根拠があるだけで,たとえば $x^4 + 2x^3 - 7x^2 + 10x - 2 = 0$ のような初等的に解ける方程式にも通用しない (実際,この方程式の解は $x = 1 \pm i,\ -2 \pm \sqrt{5}$). 有理数の範囲には解が一つもないためである.

III

関数の基本概念について

第1回
比例と反比例をめぐって

表の心

　関数の学習は，数学が嫌いになるきっかけだといわれているが，僕にいわせると，それは教え方，学び方が悪いせいなんだ．僕が教えるように理解すれば，困難も感ずることさえなく必ずこのテーマを征服できるから，しっかり勉強したまえ．

　関数の基礎になるのは，なんといっても1次関数だ．「イチジカンスウ」と聞いて「一時間数」なんて連想してしまうと訳の分からないことになるぞ．まず，「1次」とは，1次方程式のときと同じ意味なんだが，そういう理論的な話は試験に出ないから気にしなくていい．要するに，小学生のときに勉強した比例をちょっと一般化したものなんだ．

　比例には正比例と反比例があるね．「正」と「反」というのは，ちょうど「表」と「裏」のように反対のものが対になっているんだね．つまり，二つの量があって，一方が2倍，3倍，4倍，……と増えていくと，もう一方の量も2倍，3倍，4倍，……と増えていくときに，二つの量は正比例するというんだ．これと反対に，二つの量のうちの一方が2倍，3倍，4倍，……と増えていくと，もう一方の量が $\frac{1}{2}$ 倍，$\frac{1}{3}$ 倍，$\frac{1}{4}$ 倍，……と減っていくときに，二つの量は反比例するというんだね．

　でも，こういう抽象的で冷たい説明では分かった気分にならないね．君たちにとって最も身近な例をとって説明すると，「勉強時間と成績は比例する」，反対に，

「テレビゲームの時間と成績は反比例する」．どうだい，君たちに切実な例だとピンとくるだろう．

　もう少しきちんとした大人っぽい例をとろう．新聞をちゃんと読んでいる人には，国債の話などいうまでもないだろうが，国債の金利，つまり，国が一定期間ごと，たとえば半年ごとに支払うと約束した利率がどれくらいか知っているかい？歴史的には若い生徒諸君が想像できないほど大きな変動を経ているんだけれど，超低金利政策，ゼロ金利政策の近年[1]は，個人向けの3年満期の国債の固定金利は，年 0.05％とかやたらに小さいんだ．借金する側の国が，自分で借金の金利を安く決めているのは，じつに奇妙に見えるのだけれど，それでも国債を買ってくれる金持ちがいるということが背景にあるんだろうね．たしかに，どんなに利率が低くても，債権の金額が大きくなれば受け取る利子も大きくなる．利息は国債金額に正比例するからだ．10 万円ではたった 50 円にしかならないとしても，100億円なら 500 万円になるというわけだ．何もしなくても大金は大金を生むというのは，正比例マジックだね．

　反比例の例としては，城とかダムの建設のような巨大な土木仕事を考えるといいかな．そのような仕事を完成するには多くの人の労働と多くの日数がかかるのだが，働く人の人数と仕事にかかる日数は反比例する．どんなに大変な仕事でも多くの人が協力してかかればわずかな日数で完成することができるし，働く人が少なくては，完成するまでに長い日時を要する，ということだね．協力がいかに大切か，反比例は教えてくれる．今どき人数と日数なんて，と思う人がいるかもしれないけれど，今日でも最も先端的な産業分野であるコンピュータ業界で，巨大なシステムを構築する手間を計算するには，「人・日」(ときには「人・月」) という単位を使っているんだよ．何人の人が，何日連続して働けば完成するかという仕事量を表現しているんだ．ある仕事を受注したシステム開発会社の人にとって，システム構築のプロジェクトに投入される人員の数と，システム完成に要する日数は反比例するわけだ．

　いいかい？　こういうふうに**数学**は，最初のイメージ作りの段階では，できる

---

1)　本稿を書いている 2010 年代，特に後半の話である．

だけ身近な例で理解するのがいいんだ．数学の応用例はこのように社会の中に満ち溢れているからね．でも，**諸君にとって最も大切な数学の問題を解くという場面では，数式を使った表現こそが重要**だ．これからその要点を解説しよう．

いろいろな値をとって変化する量を**変数**というんだ．変数を意味する英語はvariable という単語だ．元来は「変わりやすい」という意味の形容詞だけれど，それは数学では，変数という意味の名詞で使うんだ．変数は，ふつう x, y, z のようなアルファベットを使って表す．

x と y が比例するとは，

$$y = ax$$

と表せること，x と y が反比例するとは，

$$y = \frac{a}{x}$$

と表せることである．ここで a は変化しない量を表す文字で**定数**と呼ばれる．

たとえば，金利 0.05% の 3 年もの債権を x 円購入すると，利子の総額 y 円は $y = 0.0005 \times x \times 3$ すなわち $y = 0.0015x$ (円) となるわけだ．

反比例も同様だね．3500 人・日の仕事に，x 人のスタッフを動員すると，かかる日数は $y = \dfrac{3500}{x}$ (日) になるという具合いだ．やはり，x が変わっていくにつれて y の値が変化していくね．

このように，二つの変数 x, y の間に，x の値が変わっていくとそれに伴って y の値が変化していくという関係があるとき，y は x の**関数**であるというんだ．関数の基本となるのは，さらにもう一つ定数 b があって，

$$y = ax + b$$

と表せるときである．このとき，y は x の 1 次関数というんだ．これについては次回に解説しよう．

第 1 回　比例と反比例をめぐって　　57

裏の心

「比」と「比例」の間の関係は語ると大変に厄介な問題である.

そもそも英語では，比は ratio あるいは rate (後者は日本語の「比率」に近い) であり，他方，比例は proportion という具合いに，「比」と「比例」はまったく別の言葉で表現される.

わが国の学校教育における $a : b$ と表される "比" と，$a \div b$ と表される "比の値" との「厳密」な区別や，"比例式" における "内項"，"外項" についてのさまざまな規則は，複雑な歴史的，文化的な背景をもっているのであるが，近代的な記号法を使えばこれらは単に自明な関係である[2]ので，現代では，数学的には重要な意義がまったくない.

他方，正比例と反比例については，言葉の上で対照的であることも誤解のもとである. 変数の値が増加するとき，関数値も増加するものを正比例 (正しくは増加関数)，反対に，変数の値が増加するとき，関数値が減少するものを反比例 (正しくは減少関数) と呼んでしまうという**誤解**が一部に定着していることは，おそらくはこの素朴すぎる表現に由来しているのではないだろうか. 数学的には，正比例は，大学以上では**線型写像**と呼ばれる極めて重要な基本概念の原形であるのに対し，反比例は，以下に述べる意味で重要ではあるが，関数関係としてはあまりに特殊な一例にすぎない. 有理関数 (多項式と分数関数) の次数という点では正比例が $+1$，反比例が -1 のように対照的ではあるものの，理論的にはこの二つを対等に扱うべきではない.

数学的に関数関係として $y = ax$ のようにきちんと表してしまうと，変数 x, y の**変域**が問題となる. 学校数学の範囲では，関数というと xy 平面上の**グラフ**を教えることになるのであるが，もしそういう扱いをしてしまうと変数 x, y の変域は実数全体 (場合によっては，正の実数全体) を考えることになるが，応用的な場

---

2)　$a : b = c : d \iff ad = bc$ という立場に立てば，たとえば内項を入れ替えることができる，といった比例についての変形規則は乗法に関する交換法則の特殊例にすぎない！

面では変数が (正の) 実数全体を変化するという状況は，じつは滅多にない．たとえば，貨幣の場合には，最小単位貨幣 (日本では 1 円) の正の整数倍の値しかとり得ないし，人間の人数を数えるのは，ある範囲の正の整数でしかない．

それに関連して，利子の場合，1 円未満の端数の処理はどうしているのだろうか．数学的には利息の計算は単純であるが，実際の現場では，この処理が大問題なのである．コンピュータを使った金融オンライン・システムでは，FORTRAN に代表される浮動小数点計算を基本とする科学計算の世界とはまったく異なる，社会的業務用言語 COBOL が長く使われてきたのだが，その理由の一つはこれにあるという．

このように正比例や反比例といった伝統的な話題を，近代数学的な関数概念へと連続的につながる最初の一歩として位置づけるのは，関数の理解を阻む誤解のもとになるだけでなく，正しい数学的な例を正しく取り上げることも容易ではない．必ずしも筋が良い発想とは思えない．しかも最も悪いのは，関数への入門としてあまりに薄く扱うことであり，これこそ，ハイリスク・ローリターンである．

しかしながら，比例と反比例は数学を一歩出たところでは重要な意味をもっている．それは，**自然科学における最も基本的な法則が比例と反比例で語られる**ということである．

最も有名な例の一つは，電気に関する

$$(電圧) = (抵抗) \times (電流)$$

という**オームの法則**であろう．この法則は，「抵抗が一定なら，電圧が電流と正比例する」，「電流が一定なら，電圧が抵抗と正比例する」，「電圧が一定なら，抵抗と電流が反比例する」という意味をもっている．そしてこのような例を通じて《変数》の概念が少しずつ学習者に馴染んでくるという教育上の意義は，いくら強調してもし過ぎることはない．

上の例に見られるように，じつは**比例と反比例は，同じ関係において何を一定として見るかの問題にすぎない**のである．$y = xz$ は，「z が一定なら y が x と比例する」，「y が一定なら x が z と反比例する」というように読めるわけである．どうしても身近な例ということなら，「利率が一定ならば，利子は元金に比例する」，

「利子が一定ならば，元金と利率は反比例する」ということなのだ．

　問題のための問題，教育のための教育のような**閉鎖的なままごと空間**に閉じこもることに比べれば，数学の応用を「身近な現象」に探すことは悪いことではないが，**数学的な定式化のもつ威力と波及効果を考慮**し，しかも，**数学的な厳密性，理論的な正当性をきちんと担保した上でこれを行うことは意外に難しい**ということをつねに自覚しなければならない．

　特に，正比例はともかく，反比例まで含めて1次関数の序奏として「先取り学習」する教育現場があると耳にして驚いたことがあるが，正比例，反比例の数学を超えた意味が理解されないのは，教育的に貧しいだけでなく，数学的に筋が悪いように思う．

第2回
変数の概念をめぐって

表の心

　関数というのは，二つの量の間にある関係を表すものであって，中学・高校の数学の中心的な主題の一つなんだけれど，前回ちょっと話したように，この二つの量を表すのに使われるのが，**変数**と呼ばれる文字なんだよ．文字通り読めば，**変化する数**ということだけれど，いろいろな**数値をとって変化する文字**と考えるのがいいね．中学・高校では，普通 x, y という文字を使う．「変数 x がさまざまな値を取って変化していくとき，それに伴って y の値が決まるとき，y は変数 x の**関数であるという**」．これが関数の定義だ．具体的に見てみよう．

　たとえば，一辺の長さが x cm である正方形の面積を y cm^2 とすると，x がいろいろと変化すると，それに応じて y の値が決まるね．x が小さい値だと正方形が小さいから，その面積も小さい．つまり y の値も小さい．反対に x が大きくなっていくと

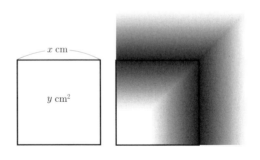

正方形も次第に大きくなって，y の値も大きくなっていく．要するに変数 y は変数 x の関数であるわけだ．

　少し難しくなるけれど，このとき，変数 x の値に対して，変数 y の値が**対応す**

るという言い方をする．関数というのは，このように変数 x の値に対して変数 y がどんな値になるかを決める**対応の規則**なんだ．

上に引いた正方形の例だと，y が

$$y = x^2 \quad (x \text{の2乗が} y \text{になる})$$

という規則でできているね．x という材料が入っていくと，加工されて $y = x^2$ が出てくる．関数というのは，このように入っていった材料が加工されて出荷されてくる，そういう中が見えない加工工場のようなものだと理解するといいね．

こういうのを**ブラックボックス**という．見えるのは x の値と y の値だけで，加工する実際の工程は見えない．外からは中で行われていることが見えないのでブラックというわけさ．「ブラック企業」などと"黒"を悪者にする表現が流行っているようだけれど，ブラックボックスというのは単に中が見えない箱というわけ

材料の搬入　　製品の出荷

さ．現代文明のキーワードといってよい大切な英語だから，関数と結び付けて憶えるようにするといいね．

しかも，ちょっと脱線するようだけれど，日本でもうんと昔は，関数を「函数」(旧字体なら凾數) と書いていたんだ．まさに函だから，ブラックボックスのボックスに対応していてちょうどいいね．

さて，関数で一番難しいのは関数を表す記号なのさ．でも，僕が説明した加工工場とかブラックボックスのイメージをしっかりもっているなら大丈夫！　それぞれの工場に名前があるように，関数にも名前をつけるというだけさ．工場なら社名とか地名とかでつけるのが一般的だけれど，数学では，もっと抽象的にアルファベットを使うんだ．関数を表す英語の function の頭文字をとって f とか，アルファベットの順で f の次に並んでいる g とかを使うことが多い．たとえば，さっきの正方形の例で辺を面積に対応させる関数を f とおいて，

$$y = f(x)$$

と表すのさ．最初見たときはびっくりする記号だけれど，x という変数の値が入っ
てきたら，対応する y の値が出てくる記号と読むんだよ．

　上の正方形の例だと，$x = 2$ なら $y = 4$，$x = 3$ なら $y = 9$ だね．そこでこれ
らを $f(2) = 4$，$f(3) = 9$ と書くというわけさ．便利だろう！　一般的に書くなら
$f(x) = x^2$ というわけだね．

裏の心

　関数を理解する上での困難の原因の一つは，変数と関数の基礎概念が曖昧すぎ
ることではないだろうか．現代数学的にいえば，暦や天体の観察のような規則性
の発見の中に関数の起源を見つけたくなるが，これは必ずしも的確でない．関数
という考え方は，その言葉自体もそうなのだが，近代的な微積分法の発見と展開
の中で生まれてきたものである．それが「対応」に基づく現代的な関数概念へと
発展したことには，数学の歴史的・理論的な理由があるのだが，古典的な微積分
法までしか扱わない高校までの数学では，「対応」のような分かりにくい言葉を使
わずに，**運動や変化の直観に基づく**「x の値が変化していくとき，それにつれて
y の値も変化していく」というような素朴な理解と，それに加えて，変数 x, y の
間の関係を表す $y = x^2$ のような，**変数の間に成り立つ等式を関数と同一視する**
理解で止まってよいと，筆者は個人的には思う．

　しかしながら，そもそも，「変数 x が変化していくとき，伴って y の値が変化
する」といわずに，「変数 x が変化していくとき，伴って y の値が決まる」という
のは，y の値が変化しない定数関数のようなものを関数として許容したいためで
あろうが，「二つの変数」といいながら，x のほうは「変化」で，y のほうは「決
まる」というのは，表現としてバランスが悪い．

　関数を定義する上でその前提となる変数の概念ではあるが，さらに重大な問題

点がある．そもそも，一つの文字が，まるで生き物であるかのように，いろいろな値を取って変化していくという考え方は，ちょっと冷静になって考えてみると，論理的にはかなり無理がある，ということだ．筆者は，この素朴な変数概念を面白がって「**変数アニミズム**」と呼んでいる (それぞれの変数の中に個性的な精霊が宿っているかのようであるからだ) が，初歩的な関数概念を最初に習得する際には，このような非理論的なアプローチがそれなりに有用なものである．

　しかし，正方形の一辺の長さが変化していくというのは，正方形が生きているような感覚で受け入れがたいという若者がいてもおかしくないだろう．それともアニメ文化 (現代のアニミズム?!) に慣れた現代っ子は，このアニミズムを容易に受容するのであろうか．

　因みに，わが国のコンピュータの世界では，数学でいう関数に相当するサブルーチンに対して入力として渡されるデータを，変数という用語を避けてわざわざ引数（ひきすう）と呼ぶ習慣が一般的であるが，この奇妙な術語にこだわる習慣の背景には，アニミズム的な変数という言葉に対する違和感があるからだろう．

　歴史的な話になるが，微積分の創始者 (の一人[1]) であるニュートンは，流率法と呼ばれる彼の微積分法を提示する際に必須な，変化する量 (彼はそれを流量 fluent と呼んでいた) である $x, y, \cdots$ をいわば時間の関数として捉え，その上で x, y の間の関数関係に対して，微分商に対応するものを，x, y の流率 $\dot{x}, \dot{y}$ の比 $\dfrac{\dot{y}}{\dot{x}}$ として考察していた．素朴な変数の概念で十分だと思い込んでいる人の目には，ニュートンが奇妙な循環論法 (関数を定義する前に，変数を時間の関数と定義しているので，関数の定義が循環する) に陥っているように見えるに違いない．しかし，ニュートンが，変数 $x, y, \cdots$ を時間 t の関数 $x(t), y(t), \cdots$ と見たということであれば，これはじつに自然なアイデアである．理屈に敏感な人は，ニュートンが変数をすべて時間の関数と見たとしても，では時間を表現する変数 t 自身は必要となるのではないかという論点を持ち出すかも知れない．紙数の都合で詳しく論

---

1) 教科書的には，ライプニッツとほぼ同時期に，互いに独立に発見した，というべきであろうが，数学的な内容の豊かさの点で，ライプニッツはニュートンと比較すべくもない．ニュートンは真に偉大な数学者・物理学者である．

ずる余裕はないので，ここではニュートンはその問題もちゃんと考えていた，と指摘するに止めよう．

18世紀までの数学者は，アニミスティックな変数概念に基づきつつも，実際には，関数をそのような《変数を含む式》あるいは《式で表現される規則》のことだと考えて偉大な数学の新領域を開拓していったのである．しかしながら，18世紀の末から19世紀初頭にかけて，このような素朴な関数の理解では，どうしても不都合というべき数学的事態の存在が発見され，それを解決しようとする苦闘の末に《純粋な対応としての関数概念》が提唱されるに至るのである．

対応という概念はそれ以来，現代数学でも中心的な役割をもつのであるが，しばしば誤解されている．典型的な誤解は，中学や高校の教材に見られる「対応の規則」という表現である．「規則」を前面に出すなら「対応」という抽象的な言葉は要らない．「対応としての関数概念」を明白に提案したのは，ディリクレ (L. Dirichlet) という数学者である．$c \neq d$ として，x が有理数のときは c，x が無理数のときは d という値を取るような対応は明確に定まるので，これも立派な関数 (今日，彼の名に因んで「ディリクレ関数」と呼ばれる) の一種であるが，通常の式で表現することはできない[2]．彼は関数概念を「式」や「規則」から解放し，「まったく任意の関数」の概念を一気に拡大したのである．集合 X 上で定義された二つの関数 f, g がどのように計算されるかはどうでもよい．つまり純粋な対応 $x \longmapsto f(x)$，$x \longmapsto g(x)$ において，「対応の規則」はどうでもよい．それがブラックボックスという現代数学的な関数概念の特質なのである．それゆえ，関数規則といういわば中身を覗くことのできる古典的な関数概念を，現代的なブラックボックスになぞらえて説明するのは不適切である．

とはいえ，理論的にも実用的にも重要な関数は，純粋な対応というよりは《深い数理秩序に基づく規則》に由来するといってよい．現代生活には身の回りの製品までブラックボックス化の進行が著しいが，「中身が分かってこそ安心」という健全な感覚も大切にしたいものである．

---

2) じつは，極限を利用することにより，この程度の関数は「式」で表現することができる．

第3回
関数記号をめぐって

【 表の心 】

　関数を表すのに，$f(x)$ という記号を前回教えたね．この記号は分かってしまえばとっても便利で「もう手離せない！」となるはずなんだけれど，この記号で躓いて，残念なことに関数が分からなくなってしまう人がたくさんいるんだな！

　『記号で数学に躓くなんて，もったいない，の一言だ』

　さあ，まずこのフレーズをクラス中で大声で復唱して心にやる気を吹き込もう！声を出して気合いを入れると，スポーツでも数学でも，驚くほど力が出るんだ．気合の力を信じよう！

　ところで，$f(x)$ という記号を使いこなす条件は，単に代入計算ができるかどうかなんだ．たとえば $f(x) = x^2 - 2x + 3$ とすると，

$$f(1) = 1^2 - 2 \times 1 + 3 = 2, \quad f(2) = 2^2 - 2 \times 2 + 3 = 3,$$
$$f(3) = 3^2 - 2 \times 3 + 3 = 6, \quad f(4) = 4^2 - 2 \times 4 + 3 = 11$$

という具合いだね！　要するに，$f(x) = x^2 - 2x + 3$ の両辺のすべての x に，同じ数値，たとえば $1, 2, 3, \cdots$ を代入しているだけなんだ．当然のことながら，ここで「す・べ・て」がポイントだぞ.

　ただし，ここで注意が必要だ．「代入なんて簡単だ！」と思う人がいるけれど，じつは**意外に手強い**．間違える人がたくさんいるのは，$f(-2)$ のように，x に負の数を代入する場合だ．なぜかというと，このときは，代入するときに，**括弧を補っ**

てやらなければならないからだ．たとえば $f(x) = x^2 - 2x + 3$ だったら $f(-2)$ は $(-2)^2 - 2 \times (-2) + 3 = 11$ という具合いにだ．だって，括弧を補ってやらなかったら，$f(-2) = -2^2 - 2 \times -2 + 3$ となり，右辺の第 1 項は辛うじて数学的な意味はあるけれど，第 2 項はどうしようもないだろう！　君たちがよくいう「意味ねーっ」っていうやつだ．だから『負の数を代入するときは括弧を補う！』―― この教科書には書かれていない計算の闇の鉄則をよく憶えておくんだぞ．『間違いをしない秘訣は，そのために万全の対策を取ること』．数学の場合でいえば，計算間違いの落し穴の位置が描かれた地図をいつも持参することなのさ．僕に付いてきている君たちは，あとちょっとで大丈夫！

　関数記号に関係して，みんなが不得意とするものに平均変化率の問題があるね．関数 $f(x)$ の $x = x_1$ から $x = x_2$ までの平均変化率というのは，教科書的には，

$$\frac{f(x_2) - f(x_1)}{x_2 - x_1}$$

という式で表されるものだ．分子の $f(x_1)$, $f(x_2)$ が計算できれば，後は引き算と割り算だけの問題と思うだろう？　ところが，これが苦手という人がじつに多い．なぜだろうか？　それは，上の式があまりに複雑で，頭に入らないからだ！　そもそも，x_1, x_2 とか文字の右下に数字が書かれる記号が出てくると，「もう嫌いっ！」と放棄してしまう人もじつに多い．でも，僕がこれから教える『答を素早く見つけるハイパーテクニックを憶えていれば，まったく難しくない』んだ！

　まず，$f(x)$ が

$$f(x) = ax + b$$

のような関数なら，平均変化率は必ず a になる．だから，『1 次関数の平均変化率は傾きでいただき！』 ―― これさえ憶えれば，計算式を思い出す必要もない．いいね！

　みんなにとって難しいのは，2 次関数

$$f(x) = ax^2$$

の場合だが，これについては『x の 2 つの値を加えて a 倍！』，これだけだ．たとえば，「$f(x) = 3x^2$ の $x = -1$ から $x = 4$ までの平均変化率は？」と聞かれ

たら，

$$\{(-1) + 4\} \times 3 = 9 \quad \cdots\cdots ①$$

という具合いだ．教科書のやり方だと，いちいち最初の式に戻って

$$\frac{f(4) - f(-1)}{4 - (-1)} = \frac{3 \times 4^2 - 3 \times (-1)^2}{4 - (-1)} = \frac{48 - 3}{5} = \frac{45}{5} = 9 \quad \cdots\cdots ②$$

としなければならないから，かなり面倒だね．①と②では計算量の差は圧倒的だ！ 僕の教えたテクを使うとすごく簡単だろ！

このように，『勉強には，教科書には書かれていない裏テクがある！　知っているのと知らないのとでは大違い！』．これは，人生にも通じる大切な教訓だ！

裏の心

$f(x)$ という関数記号が一般化したのは，18世紀になってからのことで，それ以前は（ ）を補うことなく，$f\,x$ のような，現代人から見ると，少し違和感のある記号法が一般的だった[1] のだが，現代の関数記号に含まれている括弧記号は，関数 f を考える前に，「まずその "中身" が計算されなければならない」という意味を自然に明確にしているという点でとても重要である．前に，中学・高校レベルの（場合によっては大学レベルですら）「変数 x の関数とは，x の式のことである」と思っていても実害はないと述べたのであるが，それをあえて $f(x)$ のような抽象的な記号で表すのは，このような記号なしには表現できない扱いがこれによって容易に可能になるからである．それは，記号 $f(x)$ の x に具体的な数値を代入するという初歩的な用法を超えて，x を別の文字や式で置き換えるという処理である．その典型が，平均変化率

---

1)　あまり気付かれていないのだが，じつは現代でもこのような関数記号の用例がある．$\sin x$ や $\log x$ などである．

$$\frac{f(x_2) - f(x_1)}{x_2 - x_1}$$

のような関数記号を使うことではじめて簡単に定義できる数学的な概念の定式化である．おそらく，初学者にとって理解しがたいのは，$f(x)$ という，まだ式が与えられてもいない，**純粋に抽象的な記号**の中で，x を x_1 や x_2 という，これまた未知の値を表す単なる文字に置き換えるという点にあるのではないだろうか．

ここで述べていることは，より一般的にいえば，$f(x)$ において，x に $g(x)$ を代入するという考え方である．括弧記号と不可欠に結びついている「内側優先」という計算の優先順位の暗黙の規則によって $f(g(x))$ のような記号で，この抽象的な概念を精密かつ的確に，しかも極めて単純に表現できることである．$f(x)$, $g(x)$ を関数とすれば，いうまでもなく，これは**合成関数**の考え方であるが，$f(x)$, $g(x)$ は必ずしも "関数" に限らず，単なる "x の式" であってもよい．

また，合成関数については，学校数学では，それを分かりやすく提示するのに，

$$y = g(x), \qquad z = f(y)$$

のように変数を表現する文字を使い分けて説明するのが一般的な流儀である．しかし，せっかく関数記号を学ぶのであるとすれば，**x を直接 $g(x)$ に置き換えるという最も本格的な手法**を修得することの意義をこの段階で理解していくことがとても大切である．ここでは詳しい説明に深入りしないが，関数を表現するために，$y = f(x)$ における文字 x, y には，本来，固有の意味があるわけではない，ということだけ断っておこう．

とはいえ，「x を $g(x)$ で置き換える」ということを $x = g(x)$ という凡庸な表現に置き換えると奇妙なことになる．たとえば，$g(x) = x + 1$ であるときには，$x = x + 1$ を考えることになって，$0 = 1$ という「数学にあってはならない矛盾した関係式」が導かれることになる，ということだ．もちろん，「x を $g(x)$ で置き換える」とは，「まず x を一旦は別の文字 X に置き換え，その上で X を $g(x)$ で置き換える」という二段手順の省略表現であると理解すれば，それでよいのだが，いちいち，このように「まじめに」言い換えるのは面倒であるだけでなく，この手の話は，数学のほとんどあらゆる場面で頻繁に登場するので，できれば，《矛

盾と取られかねない省略表現のままですませる理解》を早い段階で達成しておくのがよいと思うのだ.

コンピュータ・プログラミングを経験した人には常識であるが, その世界では, "変数"は,「番地」と呼ばれる, 情報が格納されるある記憶装置(メモリ)の位置を指示しているので, ある番地に記憶された値に, 1を加えた値を同じ番地に格納するという命令(コマンド)は, 一昔前のプログラミング言語では "$x = x + 1$" などと表したものである. 近代的なプログラミング言語では, 通常の数学の規約と矛盾する表現を避けるために, "$x+ = 1$" などと非数学的に表すほうが一般的になっているが, じつは, 以下に見るように,「x を $x + 1$ で置き換える」といった混乱しそうな表現を習得することが, 数学においても要求されているのである. そのことが, 案外忘れ去られているように思う.

実際, 学校数学の中には, このような本質的には合成関数的話題は, 初等的な範囲にもたくさん存在する.

$$(a + b)^2 = a^2 + 2ab + b^2$$

という展開公式から b を $-b$ に置き換えれば

$$(a - b)^2 = a^2 - 2ab + b^2$$

という展開公式が出てくるというのは基本中の基本であろう. それは

$$f(x) = (a + x)^2 = a^2 + 2ax + x^2$$

に対する $f(b)$ と $f(-b)$ の関係にすぎないが, いちいち, x を介在させる, このような説明は少し慣れてくれば必要はあるまい. もちろん, もっと本格的に,

$$F(x, y) = (x + y)^2 = x^2 + 2xy + y^2$$

までしっかりと理解できるならば,「できない子どもたちがたくさんいる」と聞く $(-2 + 3c)^2$ という形の問題も, $F(-2, 3c)$ と考えればなんでもないだろう.

このような初等的な場面で,「高級な考え方」をきちんと修得することは, その後の理解の発展に向けて必ずや有益であると思うのだが, 最近は, このような本物の基礎をきちんと築くことが軽視される傾向があるようだ. 平均変化率の

ような概念が理解しにくいのは，ここで本格的な関数記号の用法が突然，唐突に登場するからではないだろうか．いかに平均変化率の教育が難しいからといって，特定の関数にしか通用しないその場しのぎの「技」で「○をもらって」喜んでいるようでは先の発展は望めない．平均変化率のような本格的な記号の用法が登場する前に，$f(x) = x^2 - 3x$ のような簡単な具体例を通じてでいいから，$f(x+1), f(-x), f(f(x))$ のような進んだ用例を通じて，関数記号 $f(x)$ の意味と威力をしっかりと習得しておくべきではないだろうか．

　きちんとした基礎を築くことは，初歩の繰り返しとはまったく違う．実際，具体的な $f(x)$ に対して，x に具体的な数値を代入する，というような初歩的な計算練習の訓練に集中すればするほど，このような抽象的な本格的な扱いとの間の溝は拡がってしまう．**単なる分かりやすさを目指した「教育」が，深い理解の達成から遠ざかる**という，意外に知られていない**学習の逆説**がここにある．

　因みに，《表の心》で書いたように，$x = x_1$ から $x = x_2$ までの $f(x)$ の平均変化率が $k(x_1 + x_2)$ (k はある定数) と表せるのは，$f(x) = kx^2$ という特殊な場合だけである．

IV

集合と論理について

第1回
集合をめぐって(1)

表の心

　「集合と論理」という単元は，何のために勉強するのか，ちっとも分からないという人が多いね．だから，学校によっては「さっと終わらせて次の重要単元に進む」という先生もいらっしゃるようだ．でも，大学の数学科を専門に学んだ僕にいわせると，「集合と論理」は数学の基礎だから，ここを疎かにしては本当はいけないんだな．数学は「集合と論理」でできている，といってもいいくらい，とても重要なんだ．しかし，その重要さが，教科書を読んでいるだけではなかなか分かりにくいというのも本当だ．それは，教科書は，教科書特有の一種の気品というか，教科書編集に関わる著者たちの都合というか，理論的に複雑な話題にはあえて詳しく踏み込まないことが多いからなんだね．

　そこで今回は，「集合と論理」の理解を妨げる「教科書的説明」がさりげなくすませている部分を，わざと際立たせて講義してあげるね．そうすれば，君たちも，「集合と論理」をマスターする勉強の最重要ポイントを絞ることができるので便利だろう．

　まず，「集合」が数学の言葉だというのが分かりにくいよね．ふつうの意味での「集合」は，「放課後に校庭に集合せよ！」のように動作を表現する動詞の語幹として使われるのに，数学における「集合」は，「もの」の名前である名詞として使われる．これだけでも大きな違いだよね．でも，教科書にはこんな重要な注意も書いてないだろう！

しかも,「集合」がどういう「もの」を表すのかというと,「ものの集まり」という「もの」であることがポイントだ. ここだけだとまるで禅問答のように難しそうに見えるけれど,じつは数学で集合というのは,単に「ものの集まり」に対して,それを「一つのもの」と考えて名前を与えてやるというだけなんだよ.

たとえば,このクラス「1年 A 組」といってまとめて考えることがあるよな.そうしたら,この「1年 A 組」も,立派な数学的集合だ. そして,この集合を作っている個々の「もの」を《集合の要素》という.「1年 A 組」という集合の要素は,君たちひとりひとりの生徒ということになる. たとえば,「中村君は,1年 A 組という集合の要素である」というんだね. 1年 A 組という集合を A という記号で表すことにして,中村君には n という記号を割り当てると,「中村君が1年 A 組の生徒である」ということを,

$$n \in A$$

というとても簡潔な式で書くことができる. $\in$ は要素に相当する英語の element の頭文字 e に由来する記号だ. 英語の単語を憶えることは数学の講義の目的ではないけれど,英語が今日こんなに身近なところに頻繁に侵入しているという現実を理解してほしいネ.

ところで,集合という考え方は,生徒をクラス単位で考えるということだけではないぞ. この学校の「1年生全員」も立派な集合だ. 英語では1年生のことを 1st grader というから,この集合を F というアルファベットで表すとすると,「1年 A 組」という集合 A は 集合 F の一部分である. このことを「A は F の**部分集合である**」とか「A は F に**含まれる**」といい,

$$A \subset F$$

と表すんだ.

ここで気をつけなければいけない重要なポイントは,$n \in A$ という関係も「n は A に含まれる」と表現することがある,ということだ. 同じ言葉が違う意味で使われることは,数学以外ではいくらでもあるが,数学においてもこういう例があることは,あまり知られていない. 実際,集合では,いま述べた例のように,同じ「含まれる」という用語が異なる意味で使われるので,特に注意しようね. こ

のような無用な混乱を避けるために，僕が君たちに薦めるのは，

　　$n \in A$ のほうは「n は A に**要素として含まれる**」，
　　$A \subset F$ のほうは「A は F に**部分集合として含まれる**」

とていねいに区別して表現する習慣を身に付けることだ．最初は面倒くさく感じるだろうが，習慣化すればなんでもないし，そもそも混乱する危険を考えたら，危険を避けるための準備はとても大切だ．危機管理という言葉がやたら強調されているけれど，ふだんから危険を避けるための態度を養うことが，「想定外だった」などと言い訳しないための基本だと思うね．

　さて，集合を学ぶ上で，もう一つみんなが引っ掛かるのは，集合の書き表し方だ．たとえば，「10 以下の正の整数」という考え方にあてはまるものの全体は集合と考えることができるよね．このときに，この集合を表すのに二つの流儀があるんだ．

　じつは二つとも簡単だ．まず一つは

$$\{x \mid x \text{ は 10 以下の正の整数}\}$$

という表し方だ．集合を表現するには，記号全体を**中括弧で囲む**のが第一のポイント．次に読み方だね．中括弧の中を，「x ただし x は 10 以下の正の整数」と読む．縦棒 | が「ただし」と読まれるんだ．国語辞典にはこの読み方は書いてないだろうけどね．

　集合を表現するもう一つの方法は，**集合の要素を全部列挙**するという方法だ．**全体を中括弧で囲む**という原則は同じであることを強調しておくぞ．「10 以下の正の整数」とは何か，などと面倒くさいことをいわずに，

$$\{1, 2, 3, 4, 5, 6, 7, 8, 9, 10\}$$

のように，要素を全部列挙してしまえば文句はないだろう，という考え方だね．この方法で集合を表現するときには，要素の間に**コンマを入れる**のが大事だ．

　とはいえ，要素を列挙するこの方法は，要素の個数が少ないときは簡単だけど，要素の個数が増えてくると大変だ．たとえば，3 で割りきれる正の数全体の集合となると，

$$\{3, 6, 9, 12, 15, 18, 21, 24, 27, 30, 33, 36, 39, 42, \cdots\cdots\}$$

のように果てしがないね。教科書の中にはさらに短く、$\{3, 6, 9, 12, 15, \cdots\cdots\}$ のように書かれているものさえあるけど、人間が書けるものは所詮は有限個にすぎないのだから、要素の並びが無限に続くときは、書き上げることは論理的に不可能だよな。$\cdots\cdots$ という記号はこれを誤魔化すためのトリックであるということさえきちんと説明されていない教科書もあるから、要注意だね。

しかし、こういうときにも、最初に述べた方法は有効だ。つまり、

$$\{x \,|\, x \text{ は 3 で割りきれる正の数}\}$$

という書き方だ。とはいえ、この書き方は、上に述べたような不完全で怪しい要素列挙型の書き方と比べて、論理的には優れているけれど、「木で鼻を括ったような」というか、なにかピンと来ないものを感じるだろ？ そんなときに使えるとても便利な記号法がある。それは

$$\{3n \,|\, n \text{ は正の整数}\}$$

という表現だ。n に $1, 2, 3, 4, \cdots$ を代入していけば $3n$ は $3, 6, 9, 12, \cdots$ と変化する値をとっていけるだろう。変数や関数と似た考え方なんだよ。

同様に、3 で割って 1 余る正の整数全体、3 で割って 2 余る正の整数全体は、それぞれ

$$\{3n+1 \,|\, n \text{ は 0 以上の整数}\}, \qquad \{3n+2 \,|\, n \text{ は 0 以上の整数}\}$$

と表されるね。ここで「n は正の整数」とすると減点されるぞ。$n > 0$ としてしまうと、3 で割って 1 余る整数、2 余る整数から 1 や 2 という大切な例を排除することになってしまうからだ。「n は正の整数」で統一するにはこれらを

$$\{3n-2 \,|\, n \text{ は正の整数}\}, \qquad \{3n-1 \,|\, n \text{ は正の整数}\}$$

と表す答案作成のハイパーテクニックもあるけれど、初心者のうちはあまり拘ることもないかな。

裏の心

　単なる「もの」の「集まり」に名前をつけるというアイデアは，じつは突拍子もない哲学である．現代数学がこのようなアイデアを基礎においているというのも，額面上は正しい主張であるのだが，実際のところ，我々が「もの」を集めて一つのまとまりとするときには，「集め」「まとめる」ことに先だって，何らかの基準，何らかの共通性質に注目していることが一般に前提とされており，反対に，基準に関係ないもの，共通な性質との関係が認められないものは考慮しない（無視する，抽象する），ということが前提になっている．

　たとえば，動物の集合を考えるときは，動物という概念（考え方）が分かっていること，言い換えれば，動物と非動物の区別が明確につくこと，そして動物の間にあるさまざまな違い（首の長さ，最大移動速度，食餌傾向，etc.）は無視することが大前提である．ある学級の生徒の集合を考える際には，生徒と呼ばれる若い人ひとりひとりについて，クラスへの帰属が判定できることが重要である．クラスへの帰属を判定する上で，生徒ひとりひとりの有する多様な属性（どの科目が好きか，どんなスポーツが得意か，etc.）は無視される特性と考えられている．

　動物という「大きな」集合を考える意味は，この動物という集合の中で，「サカナ」，「ヘビ」，「トリ」，「ケモノ」，……などのさらに細かい「類」に分類が進行することである．もしそうでないなら，「森羅万象」のような曖昧な全体概念があるだけである．ただしここでは，「類」，「綱」，「科」，「目」など難しい術語が飛び交う生物学的な動物の分類論には立ち入らないことにしよう．筆者の知識ではこれら用語の順位すら怪しいからである．

　ある関心から同じ種類と見なすことのできるものの集まりに名前をつけるという行為は，外界をいろいろと分類し，それぞれの類についての属性を知識として共有，蓄積，伝承するという営為であり，これは人類の文化の起源まで遡るといっていいだろう．このような伝統的な分類＝命名という文化の基本手法と，現代的な集合の考え方との間に重大な違いがあることが，学校教育ではしばしば見過ご

されている.

　その最も典型的なのは,「真四角は長四角である」という類いの,明確に言語矛盾を孕んだ,いまどきの小学校における現代数学的 (?!) 教育である. 伝統的な分類・命名の立場に立てば,自然なのは, (平面) 四角形を,

　　「どの 2 辺も平行でない一般の四角形」,

　　「一組の対辺だけが平行で,他の 2 辺は平行でない台形」,

　　「二組の対辺が平行なだけの平行四辺形」,

　　「隣り合う辺が直交するだけの長方形」,

　　「隣り合う辺が直交し,しかも等しい正方形」

という互いに素な[1]《類》に分割する方法であろう. ここで「だけの」というのがキー・フレーズである. というのは,「二組の対辺が平行」という条件が,「隣り合う 2 辺が直交する」,「隣り合う 2 辺が等しい」などという付加条件の追加を許容するとすれば,

　　「長方形は平行四辺形の一種である」,

　　「菱形は平行四辺形の一種である」,

　　「長方形かつ菱形は正方形である」

という現代では常識となっている集合論的な主張が許されることになるが,他方,伝統的な分類と命名の基本原理である類への分類は破綻してしまうからである. それは,若い青年に対するせっかくの数学教育が,「カモノハシはトリか,哺乳類か」というような生物分類の例外中の例外を教えるような議論に矮小化してしまうからである. 分類の原理に例外が存在するという生命の深遠な不思議について学ぶ生物学の教育を否定するものではもちろんない.

　数学的な集合論の方法論的な基礎は,このような分類への道はとりあえず横に置いておいて,まず,ある決められた範囲 (全体集合,個体領域) の要素 x についての条件 $p(x)$ [2] を考える代わりに,それを条件 $p(x)$ を満たすような x 全体の作

---

　1)　二つの集合が互いに素であるとは,共通部分のないことである.

　2)　不慣れなうちは「x は条件 p を満たす」と読むとよい.

る集合 P を考えるという思想である．条件 $p(\ )$ という抽象的な概念 (哲学の言葉では**内包**) を考える代わりに，条件 $p(\ )$ を満たすものの全体 (同様に**外延**) を考えようという思想であるといってもよい．

$$P = \{x \mid p(x)\}$$

という集合の記法自身は，「条件 $p(x)$ を満たすような x 全体の作る集合 P 」という定義を言い直しただけなので，ほとんど意味がない．実際，$\{x \mid x$ は 10 以下の正の整数 $\}$ という数学的表現は「10 以下の正の整数全体」と実質的な違いがないことから明らかだろう．両者で違っているのは，一方には $\{\ ,\}$, $x \mid x$ は，という奇妙な数学記号が入っているのに対し，他方は「全体」の簡潔な 2 文字で済ませているにすぎない，ということである．

　にもかかわらず，集合を表現するのは原則としてこれしかない，ということがもっと鮮明に意識されなければならない．集合を，その要素を列挙する形で表現できるかのように説明するのは，有限集合の場合にしか通用しないものにすぎない．そして，一方で正の整数全体の集合 (自然数全体の集合) という数学で最も基本的な《最小の無限集合》が，そもそも**正の整数の定義がない学校数学**では，要素を列挙する方法でしか表現できないという，教育特有の辛い事情もある．無限だから書ききれないだけでなく，書き表す術がない，ということだ．

　ところで，このように条件と集合を

$$p(x) \longleftrightarrow P = \{x \mid p(x)\}$$

と対応させて考えるという思想は，伝統的な分類論と違って，類への分割をあらかじめ構想することなしに，すなわち**類への分割に先**だって，類よりも遥かに単純で弾力的な，したがって初学者にも分かりやすい**部分集合の考え方が最初に登場**することである．伝統的な分類の思想と手法の難解さは，数学科の大学生の多くが，与えられた集合から**類別**によって**商集合**を作るという現代数学の最初の一歩で挫けることに現れている (これについては最後にもう少し詳しく触れよう)．しかし，そんな高級な話題を持ち出さなくても，「ヒトは類人猿から進化したものである」というような「進化論」的俗説がいまだに主流であることにも象徴的に

現れている．これに対し，部分集合の考え方は「ヒトは哺乳類である」のように
じつに単純である．

実際，

$$\{x \mid p(x)\} \subset \{x \mid q(x)\}$$

という集合の包含関係は，

$$p(x) \Longrightarrow q(x)$$

という条件の最も基本的な論理的関係に置き換えることができるからである．四
辺形 x の条件として，

- $p(x)$：「x の一組の対辺だけが平行である」
- $q(x)$：「x の二組の対辺が平行である」
- $r(x)$：「x の隣り合う辺が直交する」
- $s(x)$：「x の隣り合う辺が等しい」
- $t(x)$：「x の隣り合う辺が直交して等しい」

を考え，それに対応する部分集合の名前を「台形」「平行四辺形」「長方形」「菱形」
「正方形」などと名付けるなら[3)]，「平行四辺形は台形である」とか「長方形かつ菱
形は正方形である」といった命題が許容されることになる．

学習指導要領では「集合と論理」という単元名が一般的であるが，以上で述べ
たように，集合の考え方は論理と密接に，分かちがたく結び付いており，むしろ
「論理と集合」と名付けるほうが自然なほどなのである．しかも，ここでいう論理
は，命題の真偽を扱う古典的な命題論理ではなく，変数 (変項) の値によって真偽
が決まる条件 (あるいは述語) を扱う**近代的な述語論理**なのだが，この話題が現代
のわが国の教科書からは巧妙に消去されているために，この単元を意味の分かり
にくいものにしているのである．

これに関連して，

$$\{3n \mid n \text{ は正の整数}\}$$

という表現は実用上は極めて有用であるが，論理的には $\{x \mid p(x)\}$ という標準的

---

3)　これは類への分割という分類論の基本を踏まえているとはまったくいえない！

な記法と整合的でないことがほとんど意識されないのは残念である．すべての学習者がこれを鮮明に理解する必要があるとは思わないが，教育する側はこの不整合性に対して最小限の注意や配慮があってもよいと思う．

といっても，たいして難しいことではない．$\{3n \mid n$ は正の整数$\}$ という表現は，詳しく書くなら，

$$\{x \mid x = 3n\,(n \text{ は正の整数}) \text{ と表される}\},$$

より短くいえば，

$$\{x \mid x = 3n \text{ となる正の整数 } n \text{ が存在する}\}$$

といえばよいだけである．

このようなちょっと進んだ理解のメリットは意外に大きい．たとえば「3 で割ったら 1 余り，5 で割ったら 2 余る整数全体の集合」といったら，不定方程式

$$3m + 1 = 5n + 3$$

をまず解いて一般解 (m, n) を求め，それを介してやっと

$$\{15k + 13 \mid k \text{ は整数}\}$$

と書くことができるというのが通常の理解であろう．しかし，このような手順を踏むことなく，いきなり

$$\{3m + 1 = 5n + 2 \mid m, n \text{ は整数}\}$$

という略記法まで使えるようになることだ．もちろん，ていねいに書くならば，

$$\{x \mid x = 3m + 1 = 5n + 2\,(m, n \text{ は整数}) \text{ と表される}\}$$

ということである．

なお，高校までの数学には頻繁には登場しないので気づかれることは少ないのだが，数学における集合論にも，伝統的な分類論に似たものがある．**商集合**という概念である．「同値関係による類別を基礎とする方法」というと簡単だが，意味が通じにくいであろう．大雑把にいえば，それまで違っていると見えていたので，別々の対象 (もの) として集めて集合を作っていたのに対し，その要素の間に，あ

る種の性質だけなら区別することなく同じと見てよいという舞台を用意して，その舞台でなら同じものどうしをまとめて一つの類とし，同じでないものは，またそれと同じものどうしで類としてまとめる，という考え方だ．

　小学校の数学でいえば，$\frac{2}{6}, \frac{3}{9}, \frac{4}{12}, \cdots$ は **分数としては異なっている**が，**有理数としては同じである**，という見方である．もっと手っとり早く説明するなら，4本足の哺乳類の動物全体を，「イヌ」「ネコ」「サル」のように類に分割して，こうしてできた類を要素とする集合 { イヌ，ネコ，サル，…… } を考える，ということだ．この集合は，イヌ，ネコ，サル，……といった「名前」を要素とする集合で，最初に考えていた哺乳類の集合ではないことが重要なポイントだ．

　小学校に入る前の子どもでも理解できそうなこのような考え方が，数学，特に現代数学ではじつに重要な役割を果たす．たとえば，整数の集合を「拡大」して有理数の集合を定義する，といった場面においてである．

第2回
集合をめぐって (2)

表の心

「集合と論理」という単元で難しいのは，ものの集まりにすぎない集合に対して，まるで数に対する加法や乗法のような演算を考えるということだと思う．誰だって抽象的に考えるのは得意じゃない．まず具体的なものを思い浮かべて，そこから出発することが勉強で大切な極意なんだよ．

集合を理解するために，最初にマスターしたいのは，集合を具体的なものとしてとらえる手法，言い換えると，集合の図示だ．集合というものは，どんなものを取ってきても，《その要素であるか，その要素でないか，そのいずれか一方が決まる》ものである，と教科書には書いてあるね．でも，そんな抽象的な表現では何がいいたいのか分からないだろ？ しかし，平面に円を描いてやると，円の内部と外部に分けられるね．一般にはその内部で集合を表現するんだ．日本ではよくベン図と呼ばれるけれど，人名 Venn に由来するのだから，正しくはヴェン図というべきだね．人から聞いた話だけど，多くの日本人は，r の発音が苦手と思っているけれど，本当に苦手なのは l と v らしいぞ．

ところで，ヴェン図を使うと，集合 A, B に対して，その **和集合** とか **合併** と呼

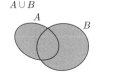

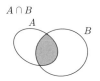

ばれる $A \cup B$, **共通部分**と呼ばれる $A \cap B$ が図のように決まる．英語圏で，∪, ∩ という記号の形をそれぞれ「茶碗」と「帽子」になぞらえて，それぞれを $A \operatorname{cup} B$, $A \operatorname{cap} B$ と呼ぶそうだ．わが国でもこれに対応させて，A むすび B, A 交わり B と指導していた時代もある．[mUsubi]，[mAjiwari] と憶えるとよい，ということであった．しかし，cup が U に似ているのはいいとしても，cap が A に似ているというのはちょっと苦しい．あまりに強引だったせいか，この手の言い回しはいまではすっかり廃れてしまい，集合についての簡単な言葉がなくなってしまったのは残念だ．

　与えられた集合から，それらの和集合や共通部分を作るという操作は，数に対する足し算や掛け算と同じく，集合に対する**演算**である，というと難しそうだけれど，ヴェン図を連想して考えれば，たいしたことはないだろ！

　和集合や共通部分は，**集合的なものの見方**の出発点であるから，ともかく，このようなヴェン図を徹底的に頭に叩き込むべきだよ．そして，たとえば長方形全体を A，菱形全体を B とすると，$A \cap B$ は正方形全体，というような具体例をできるだけたくさん憶えるのがいいね．

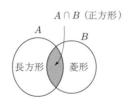

　ヴェン図に関係して，補集合の考え方と記号をマスターすることが重要だ．集合 A に対して，A に属さない要素の全体，ヴェン図で描くと集合 A の中に入らない外部のことを，A の**補集合**といい，$\overline{A}$ で表す．

　補集合という表現が難しく見えるかも知れないけれど，本当は，僕にいわせると，全体を X と表しておくと，集合でも引き算(減法)を考えて補集合は $X - A$ と表したいところのものなんだ．もともとの集合 A をこれで**補えば**全体集合 X が復元できる，という意味であることが分

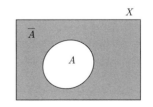

かりやすいだろう？　しかも，補集合という考え方も，合併や共通部分と同じく集合に対する演算であることがはっきり分かる！　どういうわけか，教科書にはこのような大切なことが書かれていない．きっと大学の数学を知らない先生たちは，「集合に対する演算などというと，分からない子どもたちがますます増える」って反対するからじゃないだろうか．

そして集合の考え方の中で最も重要なものは，次に述べる**ド・モルガンの法則**だ．ド・モルガンの法則は，集合について，和集合，共通部分，補集合の間に成り立つ基本関係を述べたものだ．

ド・モルガンの法則とは，集合 X の部分集合 A, B に対して，

- $\overline{A \cup B} = \overline{A} \cap \overline{B}$
- $\overline{A \cap B} = \overline{A} \cup \overline{B}$

が成り立つという法則なんだけど，等式の両辺の集合をヴェン図で描けば，この法則が成り立つことは誰の目にも明らかだね．次の図で，上下のヴェン図が，左も右も一致することを見ればいいというわけさ．

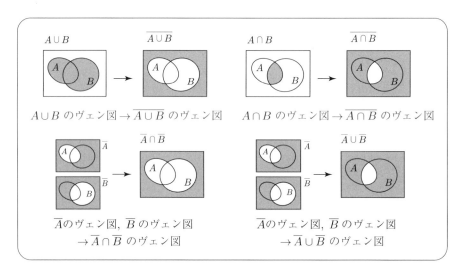

このように集合を考えるときには，ヴェン図という図解がとても有効だということがよく分かるだろう．「集合ときたらまずヴェン図！」——この鉄則を頭と

体にしっかり叩き込もう！

裏の心

　集合という数学的概念が正しく理解されない最大の原因の一つは，おそらく「集合的なものの見方」という脅迫的なキャッチフレーズと一緒に学校教育に入ってきたヴェン図と呼ばれる図式[1] に訴える集合の説明である．もし教科書的に，集合を「ものの集まり」とするならば，そのような「ものの集まり」が平面上で円のような曲線で囲まれた図形で表現できるかどうか，最初から大問題である．

　よくある「四角形の集合」のような基本的なものも，四角形というものが平面上の4点で決まるものと考えれば，その4点を勝手に取ることができるためには，それぞれの点に対して1枚の平面，4点全体に対しては4枚の平面が必要になり，これは個々の四角形を1つの要素，すなわち1点としてとらえるためには，全体として8次元の空間が必要であることを意味する！　このように，四角形の全体のような基礎的なものですら，そもそも平面に描けるものではない．これとはちょうど正反対の話になるけれど，整数は，常識的には，1次元の数直線上に疎らに分布しているのであるから，平面上の閉曲線で囲まれた範囲をイメージすることは不可能である．

　この種の混乱は，数学科の大学生が位相空間という抽象的な一般空間論を勉強するときに，ノート (通常は平らな平面でイメージされる世界) では描くことのできない命題を，無理やり，図を描いて考えようとして分からなくなるのとパラレルである．

　ヴェン図というのは，集合は要素の帰属関係だけで決まること，すなわち，集合 A と集合 B とが等しいとは

---

　1) 後でまた触れる．対応する英語では，Venn's diagram であり，図形 figure でも絵 picture でもない！

$$x \in A \Longrightarrow x \in B \quad \text{かつ} \quad x \in B \Longrightarrow x \in A$$

となることをいう，という理論的な事態を直観的に表現する図式であって，幾何学的な図形ではない．しかもこの図式は，円のような閉曲線の内部や外部で集合が表現できる，というほど単純なものではない．実際，平面上の点集合という視点に立てば自明な疑問，すなわち，内部と外部の境界線上の点はどちらに入るのか，といった基本的な問題が存在することすら，一般には見過ごされているのではなかろうか．

上に述べた事実は，部分集合の表現を使って，より短く

$$A = B \text{であるとは} \quad A \subset B \text{ かつ } B \subset A \text{となることである}$$

と表現するほうが一般的である．これこそが集合の考え方の原点であるのだが，しかし，学校数学ではこのような**理論的に基本的な点**が，**不思議なことにほとんど強調されない**．

そのために，集合に関する証明，より広くは論証が，何に基づいて遂行されるべきか，そのような基本中の基本が完全に無視されている．

その典型が，集合 A, B に対して定義される合併，共通部分などの演算が，きちんとした定義さえなく，ヴェン図を利用して説明されることである．集合の相等性の定義がないのであるから，合併，共通部分が定義できないことも当然であるが，さらにまずいのは，演算を定義される <u>集合 A, B が，ある全体集合 (宇宙) と呼ばれる集合 X の部分集合である</u> ことには触れずに，補集合の話題になっていきなり全体集合が登場することである．しかし，共通の全体集合を考えることの困難な集合，たとえば，「平行四辺形全体の集合」と「偶数全体の集合」について，それらの合併や共通部分を考えよ，といわれても当惑するほうが自然であろう．

さらに致命的なのは，**具体的な図に基づいて論証すること**などできるはずもない理論的な関係，たとえば，ド・モルガンの法則について，ヴェン図に基づく「直観的な説明」が堂々と与えられていることは，どう見ても苦しすぎる．

しかし，それが絶望的に難しいというわけではない．

$$\overline{A \cup B} = \overline{A} \cap \overline{B}$$

が成り立つとは，二つの包含関係

$$\overline{A \cup B} \subset \overline{A} \cap \overline{B} \quad \text{と} \quad \overline{A} \cap \overline{B} \subset \overline{A \cup B}$$

がともに成り立つことである．そしてこれらは，それぞれ，

$$x \notin A \cup B \Longrightarrow x \notin A \ \text{かつ} \ x \notin B, \quad x \notin A \ \text{かつ} \ x \notin B \Longrightarrow x \notin A \cup B$$

ということである．この最後の関係は，「$p(x)$ または $q(x)$」の否定が「$p(x)$ の否定かつ $q(x)$ の否定」であるという**論理についてのド・モルガンの法則**である．

　このような論理についての基本法則 (これは高校段階では健全な感性に基づいて理解するのが現実的な話だろう) という，本来は不可視の《思考の法則》が，対応する集合を考えて，さらにヴェン図を利用することにより，視覚的な図形で説明できる，という点に面白さがあるのであり，目で見えるものについて，視覚的な説明が与えられても，何が楽しいのか分からない，という生徒の気持ちはよく分かる．繰り返しになるが，「集合と論理」は，本来は「論理と集合」であるべきなのだ．

　何をもって集合教育かという問題には決して簡単な答があるわけではないが，筆者自身は，個物の集まりを新たにまた一つの個物として認識する，という人間の認識の基本能力を，数学という明快単純な場面でしっかりと確認すること，言い換えると，素朴な個物の集まりを新しく一つの個物として認識するという高度に抽象的な認識が，数学では，ごく卑近な，ごく単純なレベルで体験できるということはとてもすばらしいと思う．逆に，こういうことを一切欠いてしまっては，集合教育はあまりに虚しいと思う．

　初学者のレベルでも，このような集合論という抽象的な思索を体験する舞台として用意できる楽しい話題はいろいろとありうると思う．ほんの一例であるが，部分集合の演算 $\cup$ に対し，$A \cup B$ を和集合というなら，足し算 ($=$ 和を定義する演算) の逆演算として引き算を考えるという問題である．たしかに，部分集合 A, B に対して $A \cup C = B$ となる集合 C が定まる (一意的に存在する) ならば，この C のことを $B - A$ で表現するのは当然であるが，実際には，それがうまく行かない．集合 B の要素で，集合 A の要素でないものの全体を，大学以上では

$B \backslash A$ という記号で表すのであるが，上の関係を満たす C としては，$B \backslash A$ と A の 任意の部分集合の和集合が適する，つまり C に一意性がないからである．

　全体集合についての補集合の記号を使えば，$B \backslash A$ とは $B \cap \overline{A}$ と表現できる．もちろん，反対に，$\backslash$ という演算を使えば，補集合の記号は不要になる．

　なお，集合演算 $\backslash$ については，交換法則は成り立たない．言い換えると $A \backslash B$ と $B \backslash A$ とは異なる．他方，A, B に関して交換法則が成り立つような演算 $A \ominus B$ もある．$A \ominus B$ とは $(A \backslash B) \cup (B \backslash A)$ のことである．集合演算 $A \ominus B$ は，数についての演算 $|a - b|$ に似ていること，

$$A \ominus B = \emptyset \iff A = B \quad \text{と} \quad |a - b| = 0 \iff a = b$$

などとの対応も楽しい話題ではないか．

　このような形式的な抽象論よりも，初学者のレベルでもっと楽しいのは，おそらくは空集合の概念であろう．学校数学では「集合は { と } で囲って表す」という「上位規程」を優先するためか，{ } という奇妙な記号で表されることも多いようである[2]が，空集合に対しては，数字の 0 との類比から考え出されたであろう ϕ とか $\emptyset$ という記号を使うほうがいいように思う．そして，空集合の概念がひとたび確立されたなら，「空集合を要素としてもつ集合 $\{\phi\}$ はもはや空集合ではない，実際，要素 ϕ をもつから」といった議論は，まさに空理空論のようなものにすぎないが，若い高校生には是非一度は経験してほしいものだ．数字 0 が空虚，すなわち一切の不在を積極的に取り入れる東洋的な哲学から生まれた，という俗説の真偽はともかく，数 0 は決して虚無ではないこと，そして，$\{0\}$ が空集合でなく，1 個の要素をもつ集合であること，これらは，小学生，あるいはせいぜい中学生の問題であるが，上に述べたのはこれの高校生版である．

---

　2)　{ と } の間に要素を並べるという規則に対して，{ と } の間の微妙な隙間はなにを表現しているのだろう？

第3回
論理をめぐって

表の心

　論理は，人間を正しい思索へと導く基本であるから，理性を重んじる人間にとって論理的であることは必須であるといっていいね．もし人間どうしが，論理という人類普遍の法則を守らなければ，いくら論争しても決着がつかないことになってしまうんじゃないか．論争でけりがつかないなら，武力で，という物騒な話にもなってしまう危険がある．論理的な思考力を身につけることは人間にとって最も大切なことで，指導的な人間として人生を送るために必須の力だよ．その大切な論理的な思考力を鍛えるための教科が数学なのさ．数学の力がないと，指導的な人間として生きることを諦めなくてはならないんだぞ．

　さて，高校数学で学ぶ論理で重要なポイントを挙げよう．きちんとした主張は必ず真 (true) であるかまたは偽 (false) だね．より明確にいえば，「真でないならば偽」，「偽でないならば真」であるということだよ．ところで，数学に限らず，一般的な主張は，基本的には

$$「p \ ならば \ q である」$$

という形をしている．「人間であるならば動物である」では中学生や高校生には単純すぎるから，法律の条文を例に取ろうか．たとえば刑法第 246 条 1 には「人を欺いて財物を交付させた者は，10 年以下の懲役に処する」とある．表現は難しそうに見えるけれど，「人を欺いて財物を交付させたならば，10 年以下の懲役に処

せられる」と読めば,「p ならば q である」という形式になっていることが納得できるね. この条文に対して,人を欺いて財物を交付させた人がいたのに,「懲役に処せられない」という判決が出れば,それは論理的には刑法に違反しているといえるよね. もちろん,現実の社会の具体的な犯行では,「人を欺いて財物を交付させた」事件の背景にある諸要因によって,司法の判断が変わることはあるだろうけれど.

他方,ある人が 10 年以下の懲役に処せられたからといって,その人が「人を欺いて財物を交付させた」とは限らないぞ. 別の犯行があったかも知れないからだよ.

このような話は,数学で学ぶ

$$「p \ ならば \ q である」$$

という命題に対して,その**逆**と呼ばれる

$$「q \ ならば \ p である」$$

という命題,その**裏**と呼ばれる

$$「p \ でないならば \ q でない」$$

という命題,そして最後の**対偶**と呼ばれる

$$「q \ でないならば \ p でない」$$

という命題の間の論理的な関係を理解していればなんでもない話だけど,これが分かっていない人がじつに多いんだ. これらは表現とか言葉が少し難しいだけで,分かってしまえばごく単純な話で,君たちが暗記すべきは,

「もとの命題が真 (あるいは偽) であるからといって,その逆や裏も真 (あるいは偽) であるとは限らない」

という大原則と,

「もとの命題とその対偶は,必ず真偽が一致する」

という大法則だけだよ.

勉強がある程度得意な諸君は，ここはなんとか通過できる．しかし，多くの諸君が躓くのは，次に出てくる**必要と十分**だね．どうしてかというと，定義が曖昧なまま，自分の国語力で「必要」と「十分」の意味を勝手に考えてしまうからだ．こういう風に勝手に考えることを，国語の先生なら妄想という．僕にいわせると頭脳の暴走だよ．

まず，必要と十分の定義をしっかりと憶えないといけないぞ．一般に，「p ならば q である」という命題が真であるとき，p は十分条件，q は必要条件という．たったそれだけ，だ！

これを模式化すれば，右図のようになる．「ならば」を意味する矢印記号の根本にあるほうが「十分」，矢の先端の方にあるほうが「必要」だ．

$$\textbf{十分} \Longrightarrow \textbf{必要}$$

なぜ，十分とか必要というのか，それを考えると土壺にはまってしまうぞ．これは定義なんだから考える意味がない．意味のないことは考えないで，この図式をきちんと憶えるのが大事だ．

「集合と論理」という具合いに，論理が集合と結び付くのは，次の基本事項があるからなんだ．これも憶えなければいけない重要事項だね．

---

p を満たすようなものの集合を P，q を満たすようなものの集合を Q とおくと，$p \Longrightarrow q$ が真となるのは，集合 P, Q の間に，包含関係 $P \subset Q$ が成り立つときである．

重要事項だから枠囲みで書いておこう．君たちもノートにきちんと枠を書くんだぞ．

この関係を利用して，頭の中で考えているだけでははっきりしない論理関係をきちんと整理してとらえることができる．たとえば実数 x, y について「$p : x > 1$ かつ $y > 1$」ということと「$q : x + y > 2$ かつ $xy > 1$」ということとはどういう関係があるか，と聞かれると，ちょっとたじろぐよな．

しかし，集合 $P = \{(x, y) \,|\, x > 1$ かつ $y > 1\}$ と $Q = \{(x, y) \,|\, x + y > 2$ か

つ $xy > 1$} とを考えると，xy 平面上に，P, Q が下図のように図示できるから，$P \subset Q$ は成り立ち，$Q \subset P$ は成り立たないことが一目瞭然である．

よって，$p \Longrightarrow q$ が成り立ち，他方，$q \Longrightarrow p$ が成り立たない．

このように p, q という微妙に見えるものどうしの間の論理的な関係が，誰にも明白に分かるように議論を組み立てることができる．集合を通じて論理を考えることの威力だね．どうだい？　集合ってすごいだろ！

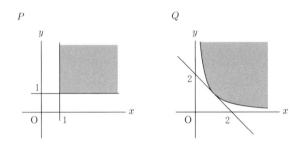

裏の心

論理，あるいは論理学のことを英語では logic というが，この言葉の語源となったギリシャ語は，「言葉」とか「比」を意味するロゴスであり，これは「論理」とか「基本原理」とも訳すことができる難しい単語である．『新約聖書』の「ヨハネによる福音書」の冒頭に出てくる「はじめに言葉があった」と訳されている原語もまさにロゴスである．

人と人とをつなぐ言葉は，普遍的な原理＝論理に則って紡がれるべきであるが，その論理の基礎はどこにあるのか，という問題は，もはや学校数学レベルで語ることの限界をはるかに超えてしまう．論理について語るには，それを語るためのもう一段深い論理が必要である．通常，私たちが日常的に共有していると思っている論理の世界を，一段深いところから語るという試みが 20 世紀に入って一般

化した．それは数学的な論理学，あるいは数理論理学という手法である．もちろん，この数学的な論理の根拠を探るためにはさらに一段深い論理学が必要であるから，人間的には，これは永遠に続く「賽の河原」的な作業になってしまう．これを現代数学はどのように「解決」するのか，是非大学で学んでほしい話題の一つであるが，これの基本部分を学ぶのが高校数学の「集合と論理」という単元なのである．

　ところが，現代の学習指導要領の厳しい制約から，この論理の一番の出発点についての立場がひどく不鮮明である．そのため，論理の教育が，とうてい論理的と呼べるものになっていないのが辛いところである．数学における論理の教育がその程度であることを考えれば，「自分はめっきり論理に弱いほうで」と謙虚になるのはもったいないし，「論理では割り切れない微妙な情感の色合いこそが人間世界の奥深いところ」などと曖昧さの領域に逃亡してしまうことなど，妙なところで意地を張っているようでせせこましい．いずれも正しい思索を追いもとめるという人間の根源的な責務に目覚め，学校数学の怪しい論理教育を超克する努力をしてほしいと願う．

　数学における論理の教育の致命的な欠点は，一言でいえば，真偽を判定できる文 (命題) と，変数[1] を含んでいるために変数の値が決まらないと真偽が判定できる命題にならない文 (条件 condition，述語 predicate) との区別がなされていないことである．たとえば，「5 と -7 の和は正である」という文は命題 (偽の命題) であるのに対し，「正の数と負の数の和は正である」という文は，ここに登場する「正の数」，「負の数」を具体的に指定すると真偽が決まるが，指定の仕方によっては真偽が変わってしまう．つまり真偽が定まらない．

　昔々は，「すべての p は q である」と「ある p は r でない」という前提から，「ある p は，q であるが r でない」というような結論を導き出してよいかどうか，という類いの論理の学習，より詳しくいえば，有効な三段論法と無効な三段論法の区別が論理学の中心的な話題であった．「すべての」とか「ある」という言葉が表現

---

1)　論理学やコンピュータ科学の世界では，関数を連想させるこの言葉を嫌って，変項 (argument) というほうが一般的である．

する命題の形式上の区別 (全称と特称) がすでに古代のギリシャの論理学にもあった．このことはもっと知られてよいと思う．そして，最も一般的な命題は，しばしば

$$\text{「すべての } p \text{ は } q \text{ である」}$$

という基本形式 (昔は「全称肯定」形と呼ばれ A で略記されていた) を有していることも理解されていた．教育が普及した中世には，優秀でない若者のために，BARBARA という女性名が，正しい基本的な三段論法の形式の一つである AAA を暗記するための語呂として使われたこともあった．

しかし，命題をその内部構造から取り出す 19 世紀以降の論理学の手法を使って表せば，

$$\text{「すべての } x \text{ について } p(x) \text{ ならば } q(x) \text{ である」}$$

となり，さらに全称記号 $\forall$ を使えば

$$\text{「} \forall x(p(x) \implies q(x)) \text{」}$$

となる．

これが最も一般的な文の構造であることを示すには，刑法第 246 条 1 の「人を欺いて財物を交付させた者は，10 年以下の懲役に処する」が

$$\forall x\,(x \text{ が人を欺いて財物を交付させた} \implies x \text{ は } 10 \text{ 年以下の懲役に処せられる})$$

と書き直せることをあげれば，多くの人が納得するには十分であろう．若干複雑な刑法 199 条「人を殺した者は，死刑又は無期若しくは 5 年以上の懲役に処する」についての基本構造もまったく同じである．

そして，数学の主張も，ほとんどがこの形であるといってよい．「すべての実数 x について $x > 1 \implies x^2 > 1$ である」や「すべての実数 x, y について $x+y > 2$ かつ $xy > 1 \implies x > 1$ かつ $y > 1$ である」といった具合いである．

ところで，「$\forall x(p(x) \implies q(x))$ 」という文を否定するとどうなるか，これは数理論理学の教育的に見て最も面白い話題であるが，学校数学では滅多に扱われない．扱われるのはずっと単純な「$\forall x(p(x))$ 」や「$\exists x(p(x))$ 」の否定なので，このド・モルガンの法則が一般論へと展開する自然な筋道を，その気持ちを共有する

ような形で理解するのがなかなか難しい.

「$\forall x(p(x) \implies q(x))$」の否定は端的に「$\exists x(p(x)$ かつ $\overline{(q(x))}$)」[2] というだけであるので,「$\forall x(p(x) \implies q(x))$」が命題の基本型であるのと同じ理由で,「$\exists x(p(x)$ かつ $r(x))$」も基本型なのだ.

どういうわけか,大学の数学では,前者,後者は

- $\forall x, p(x) \implies q(x)$
- $\exists x$ s.t. $p(x)$ かつ $r(x)$

と書かれるのが一般的になっている. s.t. は such that の頭文字である.

このような論理の基本型をしっかりと理解させる前に,逆,裏,対偶などの古典的話題にまず入ってしまう高校の「論理と集合」の現状は,生徒から疎んじられても仕方がない面があるが,この単元の理解を放棄することに繋がる危険性が大きいので,「論理と集合」という単元が安易に疎んじられないためのありとあらゆる工夫が必要であると筆者は思う.

そのような工夫の一つは,解析幾何なり方程式・不等式なり,「論理と集合」の素材となる最小限の知識を前提にできる段階まで待ってから教えるというものである.「基礎が大事である」という命題の真理は疑いないが,建物の建設と違って,教育は基礎から始めなければ決してできないとはいえないことに留意する必要がある.

「中途半端のろくでなし」という警句がある.集合を,数学的な中身のないところで形だけ先行して教えれば,分かりやすく,しかも後になって便利,有用であることが分かるに違いない,というのは,心優しき発想なのであろうが,親切も度が過ぎると恩着せがましくなることには,もっと警戒心をもちたい.ともかく,そのような心優しき配慮のために,何を学んでいるのか,何が面白いのかが,学習者に不鮮明になっている現状に,教員はもっと敏感になってよいのではないだろうか.

さらにいえば,学習者の抵抗の気持ちを摘んでしまうのは最も悪い.大人から何をいわれてもそれに従順にしたがうという態度は,決して若者の理想像ではな

---

2) $\overline{(q(x))}$ は「$q(x)$ でない」を意味する.

い.「集合と論理」について学ぶ意味に戸惑う若者の悩みを受け止める度量を拡大したいものである.

なお，いうまでもないことであるが，必要とか十分が，二つの条件の間の論理的な上下関係を示す用語であることが理解されていないのは,「兄と弟」,「上司と部下」が理解されないのと同じくらい不可解である.「$\forall x(p(x) \Longrightarrow q(x))$」という文が真であるとき，

$p(x)$ は $q(x)$ の十分条件　（$q(x)$ のためには $p(x)$ であればよい），

$q(x)$ は $p(x)$ の必要条件　（$p(x)$ のためには $q(x)$ でなければならない），

と呼ぶというだけの単なる慣習的な表現であるから，ここで躓く人がたくさん出るということなら，しかも授業によほど深刻な問題がないとすれば，数学的な内容のあまりにも貧困な環境下で，あまりにも強引な論理の「教育」が強制されている，ということしか考えにくいと思うのである.

「啐啄同時」は，禅宗で好まれる熟語であるが，数学教育では，まさにその通りである．どんなによい教育素材でも，それが効果を発揮するタイミングがある.「論理と集合」は，その判断が最も難しい単元であると思う.

コラム

数学教育の現代化について

筆者は 1947 年生まれで，最大の人口を誇った (?) 戦後直後のベビー・ブームといわれた世代であったので，1963 年度に高等学校に入り，当時の新学習指導要領の 1 年目を経験することになった．

その前年までと比べると，代数と幾何に分かれていた「数学 I」が一科目になり，「集合と論理」や「順列・組合せ・確率」など現代的な話題が入り，他方，解析・作図・証明・吟味の 4 本柱で構成されていた「作図」など古典的な話題が一掃された．一番変わったのは「数学 IIB」という科目で，ここには「ベクトル」や「複素平面」などの現代的話題が高校数学にはじめて導入された．数学 III でも部分積分法などで内容の充実が図られた．論理では述語論理 (「すべての」と「ある」) が明示的に扱われたことも大きい．しかも，対数尺のような古典的話題から，数値積分のような現代的な話題までも網羅されていた．

筆者より 1 年以上先輩の方々は，迫り来る大量のベビー・ブーマーとの入学試験が，学習していない新指導要領の問題になったら，という不安と恐怖に怯えたという．

しかし，高校レベルの数学がこのように一気に難しくなったことに対して，現在では信じられないだろうが，目立った国民的な反発はなかったように思う．当時の高校生は世代に対する割合がいまよりずっと少なかったせいであると指摘する声もあるが，もっと大きな理由は，当時は戦後の復興期で，「科学技術立国」，そのための数学教育の充実に国民的な合意があったことであろう．感動的なことに，このカリキュラムは教育現場にも受け入れられたのである．教育現場も新しい教育に積極的に適応したということである．

他方，この当時から，「数学教育の現代化」(英語では「新しい数学

(New Math)」) という運動がアメリカ合衆国を中心に全世界的な大流行になりつつあった. 十年一日, なんの変化もない, 古くさい教育を無批判的に繰り返すのではなく, 現代数学の知見をもとに, 数学教育を数学的に実り豊かなものにするという運動である.「集合と構造」という現代数学の理念が教育においても実現されるべきであるという勇ましい「数学的正義漢」が数学教育に殴り込みをかけてきたといったら, 当時の様子を知らない人も大概の印象をもつことができよう. たしかに, 公理や定義もはっきりしない伝統的な幾何教育を論理性の名の下に繰り返すよりも, 近代的な解析幾何やベクトル幾何を教えるほうが, また対数関数を, 定義の曖昧な指数関数の逆関数として教えるよりも, 正の実数から実数への (連続な) 同型写像

$$f(x \times y) = f(x) + f(y)$$

として構造的に教えるほうが,《論理的にすっきり》するし,《教育的に効率的》でもある, といった主張には, それなりの説得力があった.

アメリカ以上に急進的だったフランスのような国もあるが, その他は, アメリカでの新しい流れに追随していたというほうが正確であろう. 日本の 1960 年代初頭のカリキュラム改訂の背景にも, このような世界の潮流がある. そして, 日本では文部省も, 一般には文部省に批判的な数学者, 数学教育実践家も, 数学教育の現代化自身には賛成していた.「集合の考え」といった理念なき奇妙なキャッチ・フレーズが公共教育放送でもしきりに喧伝されていた. いわば体制翼賛会的な「数学教育現代化一強」時代である.

しかしながら, アメリカ合衆国は, まさにその名が示すとおり, 教育に関しても連邦政府は細かく口を出さず, 結果として, 州 (state), 地区 (district), そして学校経営形態による巨大な違いが存在する. と同時に, 入試などの社会的な選抜に, 数学が決定力になっていないという事情もあり, 一般の学校での数学の指導は, 単なる公式にしたがって典型的な問題を解く, と

いう，あまりに古くさいスタイルが一般的であった．

　日本でもすっかり有名になったポリア (G. Polyá, スタンフォード大教授) が熱心に推奨した「問題解決 (Problem Solving)」は，このような社会的背景を知らないと理解できない．実際，アジアの国々 (というより，科挙という国家試験による階級格差を飛び越えたエリート登用の歴史と文化を有する中国，台湾，韓国，日本，いわゆる儒教文化圏) では，試験による選抜でよい結果を出すことが重要な目標であり，そのために難しい問題を与えられた試験時間の中で解ける力を磨くことが教育目標とされてきたからである．とりわけわが国では，アメリカと違い，少なくとも「学力上位層」ではこの目標はごく一般的であった[1]．

　しかし，数学教育の現代化運動は，一部の知的特権層に呼び掛ける「問題解決」と違って，一般の学校教育の中心的な理念に位置づけられた．この結果，アメリカ合衆国では，「伝統的な古くさい教育」では達成されていた，最も基本的な計算力さえ覚束ない若者が現代化カリキュラムの下で大量に出現することになり，New Math は厳しい批判を，社会からも，そしてまた数学者のコミュニティからも受けることになる．"Why John cannot count？" はこのような批判の典型である．数学者と数学教育改革論者との対立はその後「数学戦争」と呼ばれるほど深刻な状況に発展する．

　他方，日本での現代化運動批判は，少し遅れてやってくる．そのために，先ほど触れた改訂の次の学習指導要領改訂 (1973 年度高校入学生から施行) では，一段と徹底した「現代化」が進行してしまう．最も典型的なのは，「数学 I」の，数学的に論理的な基幹科目化である．当時の「数学 I」は，いまでは信じられないほど，内容が充実している．「数と式」の「数」には，数学的には当然のことながら，複素数 (現在では数学 II) が含

---

1) このことを知らずにか，わが国でも問題解決を世界の新しい流れであるとして紹介，推進した数学教育者が少なくない．

まれ，「式」には，恒等式から因数定理や絶対不等式 (これらは現在では数学 II)，分数式 (現在では数学 III) もあり，「方程式」には，2 次方程式の解と係数の関係 (現在では数学 II)，無理方程式 (現在では数学 III)，分数方程式 (現在はなし) が含まれていた．現在数学 II の単元である「式と図形」が「数学 I」に入っているだけでなく，そこでは 2 次曲線 (現在は数学 III) も扱われていた．「いろいろな関数」は，指数・対数・三角 (現在では数学 II) を包含する現代的な取り扱いがなされていた．さらに「平面ベクトル」(現在では数学 B) が「数学 I」に下ろされた．最もすごいのは，「写像」という主題が登場したことである．このような「数学 I」の大改訂は，「数学 IIB」における「平面幾何の公理的構成」という単元の導入などをはるかに上回る，決定的なインパクトをもっていた．

わが国における現代化批判は，プリンストン大学から日本に帰っていらした小平邦彦教授の勇気ある発言によって始まった．「数学教育の現代化と，現代数学の教育化はまったく異なる」とか「初等幾何が数学的に見て不完全であっても，それは図形を対象とした一種の自然科学として十分に意味をもつ」というような数々の小平語録を通じて，指導要領の度重なる改訂に辟易としていた教育現場や，数学が分からなくて教えられないという家庭の批判的な声が一気に噴出することになる．数学教育の現代化に踊った数学者たちも小平先生の声には少なくとも表向きは逆らえず，現代化運動は日本でも一気に沈静化に向かう．

現代化運動で漁夫の利を得たのは，カリキュラムをこなすことのできない現場と家庭に代わって「頼りになる指導」を謳った塾・予備校であった．反対に，学校は，教科の指導という点で決定的に落第の烙印を押された．文教政策の時代錯誤の見通しと数学教育関係者の功名心，そして数学者のあまりに素朴な善意から，正規の学校や教員が，社会からの信頼という，最も失なってはならないものを失なう大きな流れが生じてしまった．

いまでは，この現代化は，教育の世界ではすっかり悪者扱いである．しかし，現代化の反動の結果として生じた，その後の文教行政の混乱と教育

現場の自己保身的傾向に阿った商業主義が，現在の，内容貧弱な検定教科書とその貧弱な内容を「先取り」して教える「進学校」の現状を産み出していることを忘れてはならない．また，たとえ，哲学としてはあまりにちっぽけ，数学としてあまりに貧困，歴史認識に関してはあまりに素人的であったとしても，数学教育を活性化しようとした声なき声の善意と熱意は忘れるべきではないと思う．

ただし，数学教育の現代化が孕んでいたいくつかの誤謬と偏見は正すべきである．その典型が，集合をめぐっていくつかある．

現代数学では，集合論がすべての数学を記述するための不可欠の方法となっているから，小学生のとき以来，集合論に基づく教育が正しい数学教育と考えられ，高校数学にも「集合と論理」という単元が設けられている．集合の意味や，集合論の方法は大きく誤解されていると感じることが少なくない．

まず第一は，小学校で自然数の考え方を教えるときに行われる一対一対応の強調である．たしかに，一対一対応は現代的な集合論の発祥のもとになった歴史記念碑的に重要な画期的な概念の発見であるが，一対一対応が重要なのは，それによる無限集合の間にある区別や，それが元になって大きく発展した写像という抽象概念の普遍的な妥当性のほうである．有限集合についての一対一対応は，もしかすると数理哲学的には意味があるかも知れないとしても，少なくとも数学的にも教育的にも，自明すぎて意味が乏しいことが忘れられているようで，これが強調される風潮には不安を覚える．基数概念の重要性が小学校で「先取り」されているなら無意味というだけで済むが，指を使ったり，音でリズムをとって数える序数概念的なアプローチが一切排除される教条的集合論には危なさすら感じる．

集合が学校数学で大きく取り上げられるのは，ヴェン図といわれる図表が，集合論的な考え方として大々的に取り上げられる場面である．ヴェン (John Venn, 1834–1923) は不可視の論理の可視的な図表化としてこれを

重視する時代風潮の中に生きていたようであるが，そもそも，これは数学者カントルによる一対一対応の重要性の発見よりも幾分後のことである．しかも，ヴェンがこの図式を「オイラーの円」と呼んでいたことに象徴されるように，この種の図式化の起源はより古くライプニッツや中世にすら探ることもできるという主張もある．

　そして，学校数学で集合が最後に大きく登場するのは，集合を論理の別表現として扱う現代論理学的な手法の入門部分である．$\forall x, p(x) \Rightarrow q(x)$ を $\{x \mid p(x)\} \subset \{x \mid q(x)\}$ と同一視するのは，概念の内包を外延として表現するのが集合だという立場で，これ自身は現代数学の考え方というより，伝統的な哲学の延長にあることである．近年の数学教育において，「方程式の根」と「不等式の答」を水平的に論じるために「解」という用語が行政によって強引に導入されたのは，誤った「集合論」理解の典型である．しかし，上に述べた古典的な論理レベルでは区別がつかないはずの「単根」と「重根」[2] という歴史的な区別が，「重解」という珍妙，奇怪な用語の導入で妥協が図られているのはなんとも混乱という他ない．

　数学教育はつねに刷新され，新鮮であるべきであるが，現代数学の権威をカサに着て教育の世界で永きにわたって使われてきた言葉を改変することには，もっともっと慎重でいたいものである．

　2）　多項式 $P(x)$ に対しそれが単なる 1 次式 $x - \alpha$ で割りきれるのか，$(x - \alpha)^2$ 以上で割りきれるのか，は多項式として重要な違いであるが，未知数 x についての条件としては，いずれも，$P(\alpha) = 0$ でしかない．重根という概念は，多項式 $P(x)$ に対する形式的な微分を利用してなんとか導入できるが，それは「集合的な考え方」を大きく逸脱した話といわなければなるまい．

V

確率について

第1回
場合の数をめぐって

$\boxed{\text{表の心}}$

　数学の中で最も多くの人から苦手単元と意識されるものとして三角関数があげられることがしばしばだけれど，数学の勉強をそれなりにやっている人の間では，必ずしもそうではないんだね．というのは，「三角関数は公式がたくさんあって意味が分からない！」と嘆く人は，じつは一度もまじめに勉強してないか，よほど数学の勉強の仕方が悪い人で，正しい方法で多少とも勉学に励めば，三角関数を「征服」することは決して絶望的に難しいわけではないんだよ．

　これに対して，勤勉実直に数学を勉強している人々にも敬遠されがちなのが，確率という単元だ．憶えている基本的な公式を使って一応答案らしきものは書くことができるけれど，それが正解と一致しているかどうか自信がもてないから，一番の苦手単元だという人が多い．いくらたくさんの問題を繰り返しても，新しい問題に出会ったときに，どの解法を使うと正解に至るか，分かるようにならない，ということだね．新しい問題に出会うたびに失敗を繰り返すと，試験のたびに苦手意識が増大し，すると，ますます勉強しない $\Longrightarrow$ ますます解法のパターンが憶えられない $\Longrightarrow$ ますます失敗する $\Longrightarrow$ ……，という悪循環に陥ってしまう．数学を，必死だけれど自己流に勉強している人に多い，コワイ話だぞ！

　このような悪循環に陥らないためには，まず，**メンタルを強くする**ことが大切だ！　スポーツでもよくいわれるだろ．数学の勉強も同じさ．もちろん，スポーツと同じく数学でもメンタルだけではすまない．**毎日欠かさない練習**と適切なア

ドバイスをしてくれる**良いコーチ**の役割が大きいな．幸い，君たちには，数学に関して僕がついているから，僕のアドバイスをきちんと守って**科学的な勉強方法**を身に付けさえすれば，不安は何もないぞ．

さて，確率についての僕の第一のアドバイスは，この単元に苦手意識をもつ前に，まず，その前提となる単元の「場合の数」で問題と解法のパターン化をきちんと完了せよ，ということだ．確率が苦手という人のほとんどは，これができていないんだ．実際，場合の数が分かっている人なら，確率の計算は，場合の数の計算の最後に，小学生より簡単な割り算の計算が付け加わったものにすぎないからだ．

さて，その場合の数であるが，これを求める際の最初の重要なポイントは，**和の法則**，**積の法則**と呼ばれる基本的な考え方だ．表現は難しいそうだが，分かってしまえばなんでもない．

まず和の法則であるが，A という事柄が m 通り，B という事柄が n 通りあるときに，「A または B」という事柄は，何通りあるだろうか？　$m+n$ 通り，と答える人が多いだろうが，おっと，そうはいえないんだな．

なぜこの答が間違いなのだろう？　$m+n$ 通りとしてしまうと，A と B の両方に含まれる事柄が二重に，言い換えると重複して数えられてしまうからなんだよ．たとえば，4 で割りきれるものが A で，6 で割りきれるものが B という場合を考えてごらん．A と B で別々に数えて，それらを加え合わせると，12 で割りきれる倍数は A にも B にも入っているから，ダブってしまうだろ！

しかし，A と B の両方に含まれるものがないこともあるから，気をつけないといけない．たとえば，4 で割ったときに 1 余るものが A で，2 余るものが B という場合を考えてごらん．こういうような場合を「**互いに排反**」という難しい言葉で表現するのだけれど，答案に書くときはこの表現は特に大切だね．たとえば，「A は m 通りあり，B は n 通りある．ここで <u>A と B は排反であるから</u>，A または B の場合は $m+n$ 通りある」とするんだよ．下線部分をきちんと書かないと減点されるぞ！

次に積の法則だ．これがちょっと紛らわしいのだけれど，「A という事柄が m 通りあり，B という事柄が n 通りあるとき，A と B がともに起こる場合の総数

は，掛け算の積，すなわち，$m \times n$ 通りある」という計算方法だ．これは，たとえば，ジャケットを m 着，ズボンを n 本もっている人は，ジャケットとズボンのコーディネートが，全部で $m \times n$ 通り，という具合いに使うんだ．

和の法則の際，「A または B が起こる」という情況は，集合の記号を使うと，和集合 (合併) の記号 $A \cup B$ と表現されるのだけれど，積の法則の「A と B がともに起こる」という情況が，積集合 (共通部分) $A \cap B$ と表現されると考えてはならない．注意が必要だ！

これら二つの基本原理が理解できたなら，次は，順列という言葉とその計算公式をしっかり憶えることだ．

まずは，**順序を考えて並べるのが順列**と憶えよう！　そして，n 個のものから r 個を選んで並べる順列の総数を $_n\mathrm{P}_r$ という記号で表すと，これが

$$_n\mathrm{P}_r = \frac{n!}{(n-r)!}$$

という公式で簡単に計算できる，ということだ．

ここで P は順列を意味する英語 permutation の頭文字に由来しているんだ．P の左下と右下に小さく n と r を書くのが最初は難しいけれど，これがとても便利であることが分かるまで練習だね．また，! は 1 から 2, 3, 4, $\cdots$ と続く整数の積を表す記号で，$n!$ なら n までの整数の積を，$(n-r)!$ なら $n-r$ までの整数の積を表している．! は **階乗** (factorial) と読まれる．びっくりマーク ! が使われるのは，$1! = 1$, $2! = 1 \times 2 = 2$, $3! = 1 \times 2 \times 3 = 6$, $4! = 1 \times 2 \times 3 \times 4 = 24$, $5! = 1 \times 2 \times 3 \times 4 \times 5 = 120$, $\cdots\cdots$ という具合いに，n の値が大きくなるにつれて**びっくりするほど大きく**なっていくからだ．君たちは a^0 が 1 に等しいことを知っているだろう．じつは同様に，0! を 1 に等しいと約束すると，$r = n$ の場合にも，公式 $_n\mathrm{P}_r = \frac{n!}{(n-r)!}$ が

$$_n\mathrm{P}_n = \frac{n!}{0!}$$

となって使えるので便利だね！

この公式と並んで重要なものに，より大切な**組合せ**の公式があるけれど，それは次回に勉強しよう．

場合の数について少なくとも一番の基本はたったこれだけだ．だから，この後は，例題を通して試験に出る問題のパターンをきちんと分類して頭にしっかりと叩き込むことだね．最近では，小学生だってこの手の問題をこなしているぞ．自分で解けない人は解答を写しながら解法を憶えればいいんだよ．誰だって解法を知らなかったら問題は解けないに決まっているんだから，ネ．

裏の心

「場合の数」という単元には，特有の勉強しにくさがあるように思う．それは一言でいえば，小学校高学年の数学[1] と同じように，すでに学んだ数の四則の計算技術を，いろいろな場面に応じて適切に応用する作業，あえて難しい表現を使えば《応用自然数論》であるからである．

分かりやすい例を出すなら，いろいろな図形の面積を求めるということは，それぞれの図形が単位正方形何個分に相当するかを計算することに他ならないが，

---

1) わが国では，これを「算数」と呼んで数学ではないと言い張る人もいるようである．たしかに，小学校では数の計算が中心的な主題であること，中学・高校で強調されはじめる《証明》はそれに相当する言葉も小学校にはないことなどが，その理由であろう．しかし，中学・高校で「証明」とはいっても，じつは論理的な証明を装うレベルを越えないこと，反対に小学校でも特に高学年では「途中の式も書きなさい」という形式を通じて一種の証明を要求していることを考えると，小学校の数学と中学以上の数学でその呼び名で絶対的に区別することにはあまり意味がないのではないだろうか．特に，「小学校数学の専門性」を謳うのは，民族分離主義と同様の狭隘な精神的傾向を感じて哀しくなる．

そもそも，小学校では教育する側が，数学，国語，理科，社会，体育などと「専門性」に分かれていないこと自身が，あらゆる可能性に開かれた子どもたちにとってはとても重要であることを忘れたくない．このような初等教育の伝統的な姿が，「英会話」や「コミュニケーション」など，新規の教育目標の導入を通じて破壊され，この動きに対抗するように，従来からの科目の間に奇妙な「専門性」が確立していく危険性にも敏感でいたい．

なお，数の計算とは本質的にはいわゆる自然数の計算であるから，英語圏では小学校低学年の数学には自然数を意味するギリシャ語アリトモスに由来する arithmetic (アリスメティック) という語を使うが，現代数学でも，高等的なある分野に arithmetic という用語を使うので，初等的な計算法と狭く理解してはならない．

小学生には，このような理論的な理解はあまり期待できない．理論的な理解を達成する代わりに，図形の種類に応じて使えるさまざまな面積公式を憶えて，それにあてはめる練習をするのが一般的である[2]．このような公式の威力は絶大であるが，他方，その種の基本公式があてはまらない図形が出てきた途端に，子どもたちの多くが往生してしまうと聞く．これは，本質的には《応用自然数論》の難しさであるといってよかろう．基本公式を応用するだけで解けるはずであるとしても，応用という，本来果てしない領域の問題を，少数のパターンで覆い尽くすことは困難であるからである．

　場合の数の場合には，計算結果となる数が，一般に面積や体積に登場する数と比べはるかに巨大になってくるので，《計算》という作業を《正しく》《能率的に》運ばないと，実際上，遂行不可能になってしまう，というもう一つの問題もある．小学生の面積と同様に，いや，それ以上に問題の立ち現れ方は多様であるので，基本となる公式を修得することは学習の第一段階として重要であるが，そのような公式の威力が強調されすぎると，公式万能主義という幻の夢を産むことになる．幻想を蔓延らせるうちは罪が軽いが，個別的な公式の暗記を通じて，**学習が知的な苦役になってしまう**とあまりにもったいない．

　下手な公式主義は，人々の間に無批判的に蔓延すると，問題を解けないことの原因を公式に関する知識の不足のせいだと思い込む傾向が定着してしまうので，そのためにかえって問題が解けなくなってしまう．公式が増えるほど，どの公式を適用すべきかで悩んでしまうからだ．

　容易には分かってもらいにくい《応用自然数論》という事態を説明するために，あえて，まず現代数学的に最も標準的な流儀を使って自然数を紹介することからはじめよう．

　自然数とは，"1" に始まってこれに次々と "1" を "加えて" いくことによって生成される数の中で "最小" のものである．この定義のもとで，自然数どうしの和と積，あるいは加法，乗法という演算が定義され，結合法則，交換法則などの

---

2)　数学学習における**公式主義の起源**の一つはここにあるように思う．

演算の基本規則が成立することが証明されるのである．

　しかし，このような理論的な認識を達成しているはずのない子どもたちが，机上に並べた鉛筆を「1本，2本，3本，……」と「数えて」いって，たとえば「7本」と答える．このような姿は，現代数学を知っている大人から見ると驚異的である．というのも，数学的に見ると

$$(((((1+1)+1)+1)+1)+1)+1$$

という概念に相当することを，演算記号はおろか，括弧記号の使い方さえ知らないはずの児童が困難なくやってのけている，ということだからである．これは，「**基礎**」があって，その上に「**応用**」がある，という**教育者好みの常識を覆す端的な例**である．自在な「応用」のためには，理論的な「基礎」は必ずしも必要でない！

　さらに，隣りのこどものもっている「5本」の鉛筆と合わせて，さっと「12本」と答える発展的な場面に至っては，理論的に見ると，

$$((((((1+1)+1)+1)+1)+1)+((((1+1)+1)+1)+1)$$
$$= (((((((((1+1)+1)+1)+1)+1)+1)+1)+1)+1)+1$$

という面倒な括弧の処理を一瞬にして片づけているということになる，と思えば，愕然とする．

　不思議なことに，現代に生きる我々はこの種の《自然数論についての応用能力》をある段階で自然に身に付ける．この種の能力は，おそらく人類史に古い起源をもっている．文字すらなかった太古の時代の地層から，規則的な疵の刻まれた獣の骨が発見されており，太陽や月の変化に関する数を数えていたと推定されている．すべての人類の文明・文化はさまざまな数の応用で彩られている．あるいは，この種の数の応用能力を欠いた先祖は，厳しい生存競争の中で絶えてしまったのかも知れない．

　上に述べたような現代数学的な厳密性が「応用自然数論」という主張の唯一の根拠ではない．それは個数を数えるといった基本には，必ずしも論理的とはいえない一種の理論的な理想化が前提とされているということである．

　たとえば，鉛筆を数えるといったとき，一般には長さが不揃いな一つ一つの鉛

筆を，鉛筆として「1 本」と数える (言い換えれば，鉛筆として「一人前」の対象的存在として認識する) ことが先行して前提とされていることも注意したい．それは，鉛筆の本数を数えるという作業をするときには，鉛筆の長さや鉛筆の柄，さらには製造メーカーなどの**違いについてすべて捨象する**ことが前提とされているということである．筆記具として最も重要な鉛筆の性質である芯の色や芯の硬度さえ，一般には捨象されていることにも注意を向けたい．

このように，「ものの個数を数える」といった，最も原初的な行為の中には，純粋数学では説明しない，多くの隠れた前提が暗黙に仮定されているのである．そして本節の主題である「場合の数」についての学習のしにくさの原因の一つは，このような**小学校数学的な感覚にはよく馴染む**「**応用自然数論**」が，表向きは**厳密な論理を標榜する高校数学に配置されている**ことの不自然さ，不当さに由来するのではないだろうか．

高等数学に配置されるために必然化する (？)「和の法則」とか「積の法則」といった「理論めいた語句」も，このように大上段に (？) 構えるから難しくなるのであって，本来は，数え上げの際に，最初に適当に《分類》しておいて，それぞれの類を数え上げた後で結果を加え合わせるという方法は，巨大なものを手際よく処理する人類の知恵のようなものではないか．「和の法則」と呼ばれているものは，「場合分け」と呼ばれることの多い，いわば水平的な分類を「統合する基本原理」のように見えるが，実際にはこれを利用する場面では，そのままでは考えにくい複雑な情況をしかるべき原理にしたがって分類して，数え上げを能率化するための《分解のための基本原理》なのである．「和の法則」という表現は，数学的にはやむを得ないとしても，この法則の数学的な本質を学習者に伝えるという教育目的には合っていないと思う．

「積の法則」にいたっては，誤解を誘発するだけに少し悪質である．この「法則」は直積集合 (set of direct product) の要素の個数，直観的に説明すれば，長方形状に並べられた小石の総数を「縦 × 横」で計算する原理であるから，その限りでは「積」といってもおかしくはないものの，「和の法則」の和 (加法) に対比され

るべき積 (乗法) との関係は，本来，疎遠である[3]．実際，乗法ならば逆演算としての除法があるが，場合の数の「積の法則」には基本的には除法がない．「場合の数」については，後に「組合せ」などに関連して触れるように，小学校数学と同様，積の逆演算としてあるのは，整除される場合だけである．

さて，暗黙の前提の話題に戻ろう．

場合の数を数える大きな前提として，「和の法則」には，《捨象さるべきもの》として何が前提となっているか，という根本問題をおけば，大した問題はない．これに対し，「積の法則」のほうには，情況あるいは現象を，直積集合 $A \times B$ と見なすことができるためには，その前提条件として，$x \in A$ と $y \in B$ とを互いに独立に (無関係に) 選ぶことができることが前もって保証されなければならない，という大問題がある．「地点 P から地点 Q までの行き方が m 通り，地点 Q から地点 R までの行き方が n 通りあるときに，地点 P から地点 R までの行き方が $m \times n$ 通りである」という，「積の法則」の応用の典型問題とその解法が正しいといえるのは，

地点 P から地点 R まで行くには，途中地点 Q を経ることが不可避であり，しかも地点 P から地点 Q までどんな行き方で行こうとも，地点 Q から地点 R までの行き方は n 通りの中から自由に選ぶことができ，かついかなる経路も後戻りはできないものとする．

というような暗黙の前提が承認されていなければならない．このような暗黙の前提を仮定する数学教育の常識は，「従来の前例に従う」のが当たり前とされているわが国一般の社会的な常識とはひどく異なっていることに対して，教師も学習者ももう少し敏感になってもよいのではないか．そうでないと，「論理的な可能性を追求している」はずの数学教育が，「実社会から遊離した，虚しい絵空事」，つまり学校数学のための学校数学に陥っている，だから座学はダメだ，という馬鹿げ

---

3)　いわゆる掛け算は，小学校数学的には「繰り返し足し算」，大学以上の数学では，自由加群といわれる，(正の) 整数倍として導入されるものの，足し算は，自然数で出発しながら 0 や負の整数まで自然に拡大されていって加法となるのと同じく，対応する掛け算は，逆演算を通じて有理数まで拡大される数学的な必然性をもっている演算であるのに対し，直積集合という演算にはその可能性がまったくない．

た非難をかわすことができなくなってしまうことを危惧する．数学教育を実社会の情況に合わせて行う必要などまったくない．しかし，数学では，初等的な応用自然数論でさえ，現実の社会では考えられない，《理想的な情況》を想定していることに敏感である必要がある，というだけのことである．

純粋に数学的な問題ではなく，応用的な情況を叙述しようとすると，上に示したような基本的な場面の問題設定ですら，かなり煩雑になるので，公式など原理的な情況の説明では，日常言語による表現は絶望的になる．国語としても数学としても許されないような不適切な表現が横行することには，このような必然性がある．

そして，貧弱な国語表現を通じて，「場合の数」についての理論的な理解は一層妨害される．実際，表層の言葉ばかりの「和の法則」「積の法則」の後に，実際上，「場合の数」の冒頭に登場する，いわゆる順列の数の概念が「相異なる n 個のものから r 個を選んで一列に並べる並べ方の総数」のような，分かりやすいようで，**緻密に考えると分からなくなる表現**で与えられることがまず問題である．

まず，ここで重要なのは，「n 個のもの」と一旦は区別を忘れて数えておきながら，数え終わったときは，異なるものとして区別している[4]．ちょうど，私たちが，集合住宅の組合の理事を選ぶ際に，総会参加者を「一人，二人，三人，……」と個人を区別せずに数えながら，その中から一人の「理事長」を選ぶときは，すべての人がかけがえのない個性をもった実存的な個人であるかのように，「ころっと話を代える」ような調子のよさが，数学の問題の中で堂々と横行している．この論理的な飛躍が「異なる n 個のものを一列に並べる」というあまりにも簡易な数学表現にまとめられていることの不自然さに，ホンの少しでもいいから敏感でいたい．

また，字句上は，「選ぶ」と「並べる」がこの順に叙述されているが，数学的には，「並べる」ことなく「選ぶ」ためには，後に学ぶ「組合せ」の考え方が必須で

4）　通常は違った「種」に属すると考えるものをまとめて「数える」ことは，一般には行われない．実際，たとえば人間，鉛筆，ワイン，リンゴ，胃は全部異なっていても全体で 5 個と数える人はいまい！　「人間どうし」あるいは「鉛筆どうし」として区別せずにまとめてから数えるのである．

あるので，冒頭で学ぶ順列のところでその次に学ぶ組合せの概念が前提になるの
は，論理的にはなんとも不都合である．さらに，「並べる並べ方」のような重複表
現 (重語) が日本語としても論理的な言葉としても美しくないという問題もある．

　重語表現を避けて「並べる方法」という言い回しもあるが，このようにしたと
しても，所詮日常語の解釈というレベルで考えると，「並べ方」にも「並べる方法」
にも，本来は，無限の多様性があるはずである (縦に並べる，横に並べる，斜め
に並べる，一定の間隔をとって並べる，間隔を次第に拡げて並べる，etc.,etc.).
しかしながら，そのような多様な「並べ方」や「方法」を考えているのではなく，
並べられた結果の種類，言い換えると，並べられたものの前後関係，難しくいえ
ば，位階的な秩序の可能性の枚挙だけに関心があることを，この言い回しが表現
し切っていないことが最も深刻な問題である．

　せめて「相異なる n 個のもの $a_1, a_2, a_3, \cdots, a_n$ の中から，任意に一つずつ
選んで，先頭から順番に r 個までを一列に並べていくとき，そのようにしてでき
る並びの種類の数」のように述べると少しははっきりするだろう．しかし，教育
現場で定着した上のような言い回しをこのように変更できると思うのは気楽すぎ
る．現場のもっている「慣性力」を甘く見てはならない．

　さらに厄介なのは，順列の総数 $_n\mathrm{P}_r$ を求める際には，先頭の選び方が n 通り，
2 番目の選び方が $n-1$ 通り，3 番目の選び方が $n-2$ 通り，$\cdots\cdots$ と来て，最
後の r 番目の選び方が $n-r+1$ 通りであるから，全部で，

$$n \times (n-1) \times (n-2) \times \cdots\cdots \times (n-r+1) \text{ 通り}$$

であると議論を運ぶ際に，その根拠としては「積の法則」が援用されるのが一般
的であるが，順列は「積の法則」を説明する際に参照される直積集合として考え
ることはできないのである．

　実際，$r=2$ という最も単純な場合でさえ，先頭としては $a_1, a_2, a_3, \cdots, a_n$
の中から任意の一つを選ぶことができるので，それが n 通りであることはいいが，
2 番目の選び方は，$a_1, a_2, a_3, \cdots, a_n$ の中から，先頭で選んだ 1 個を除く任意の
一つであるとして $n-1$ 通りと議論を運ぶとき，もはや直積集合では考えられな
い．先頭の候補は $A = \{a_1, a_2, a_3, \cdots, a_n\}$ はよいとして，2 番目の候補は，集

合 A から先頭候補となった一つを取り除いた集合であり，あえて表現するとすれば，$B = \{b_1, b_2, b_3, \cdots, b_{n-1}\}$，ただし，$B \subset A$，として，直積集合 $A \times B$ を考えるということだが，B は先頭の候補の選び方に依存して決まる A の部分集合であることが，最初に学ぶ「積の法則」の表現と，まったく異なるところである．

教科書などでは，この部分を樹形図 (tree) というダイアグラムを利用して，分岐によらず，下の枝の分岐構造が決まるという補充的な説明を図形的にすることも少なくないが，直積集合の説明との整合性を問われると少し困るだろう．本当は，積の法則を，直積集合という概念に訴えるすっきりした説明を放棄して，枝分かれでできる枝の本数を使って，分岐の全可能性を次のように説明するのはどうだろう．

　　二つの選択 A, B がある．最初に選択 A において選択肢は m 個ある．選択 A の結果によらず，選択 B での選択肢が n 個あるならば，A, B の二段階選択は全部で $m \times n$ 通りある．

直積集合よりも緩く，したがって適用範囲の広い「積の法則」である．

順列の定義に関するイヤミを克服するための数学的な手段は，「異なる n 個のものから r 個選んで一列に並べる順列」とは，集合 $N_r = \{1, 2, \cdots, r\}$ から集合 $X_n = \{a_1, a_2, \cdots, a_n\}$ への (一意) 写像 (mapping)[5] のことである，と定義[6] してしまうことである．このような写像 f は X_n 内の異なる r 個の要素 $f(1), f(2), f(3), \cdots, f(r)$ を決めれば決まるので，写像の個数として

$$_n\mathrm{P}_r = n \times (n-1) \times (n-2) \times \cdots \times (n-r+1)$$

がすぐに導かれる．

この定義は，写像という現代数学的な概念に親しんでいない現在の高校生には少し奇異に映るかも知れない．「異なる n 個のものから r 個選んで一列に並べる」という表現と，写像が定義される定義域 N_r，終集合 X_n それぞれの個数の順番

---

　5)　写像という言葉に違和感があれば，関数のことであると思っても実害はない．

　6)　ここで N_r は自然数 r で決まる集合であるが，集合 X_n のほうは，要素の個数が n でありさえすればよい．

が逆転している ($n \to r$ と $r \to n$) ことも気になるかも知れない．しかし「順序をつけて並べる」とは，「1番，2番，3番，……，r番と順に選んでいく」ことであると理解すれば，納得は本来困難ではない．

ただし，このような論理的な定義を優先することは数学的には正当だが，応用自然数論としての「場合の数」の立場から遊離する可能性は否めない．

実際，「順序を考えて並べる」順列の公式の最も典型的な応用例が「40人学級の生徒の中から，委員長，副委員長，各一名を選出する方法の数」といったものになっている[7]ことは，「場合の数」が，最初からすでに一種の応用自然数論である，というこの単元の特質を象徴している．

他方，「40個のリンゴの中から『最高位の幻の逸品』と『極上特選品』の各1個を選ぶ」といった問題設定は想定しにくい．なぜなら熟練のリンゴ農家ならそれぞれを的確に，おそらく一意的，決定的に選択することができ，決して論理的なすべての可能性が現実にはないからである．他方，「リンゴ」は1個いくらか，という関心しかない，都会のスーパーマーケットの店員や消費者には，選び方といっても選びようがないから，やはり実質一通りしかない．

「生徒 (student)」と「リンゴ (apple)」という英文法的には同じ普通名詞どうしの間でも，数学では，「区別がある」「区別がない」という暗黙の前提条件を仮定して問題が出されているということである．このような明示的に言語化されていない暗黙の条件が「場合の数」にはたくさんある．

---

7) いうまでもないことだが，委員長，副委員長を一列に並べるわけではない！

第2回
組合せをめぐって

表の心

　場合の数について多くの諸君が誤解しているのは,「順列・組合せ」という語句に騙されて,「順列」が一番大切だと思ってしまう点だね.

　たしかに,教科書では,順列の考え方を使って組合せの公式が導かれるから,順列 → 組合せの順に勉強するのが一般的,標準的だ.しかし,それは単なる教科書の標準であって,入試に向けて実戦的なわけではない! これには大きく別けて二つの理由がある.

　一つ目の理由は,「異なる n 個のものの中から r 個を選んで作る組合せの総数 $_n\mathrm{C}_r$ 」の公式は,順列の公式よりも憶えやすいことだ.まず当然の話だが,C という記号は,組合せを意味する英語 (combination) の頭文字であることは説明するまでもないね.「漫才のコンビ」なんていうこともある combination だから,英語としても親しみやすいね.

　そして,組合せの公式は

$$_n\mathrm{C}_r = \frac{n!}{r!(n-r)!}$$

となっていて,最初は少し難しそうに見えるのだけれど,分母にくる!の中身である r と $n-r$ の和が分子にくる n になっていると分かると憶えやすいだろ! たとえば, $_7\mathrm{C}_3 = \dfrac{7!}{3!\,4!}$, ここで $3+4=7$, という具合いだ.

　第二の理由は,組合せの数の公式の応用範囲の広さだ.まず第一に,この「組

合せの数」が分かっていれば，それを利用して最初に学んだ「順列の数」の基本公式を出すことが簡単にできる．というのも，「異なる n 個のものの中から r 個を選んで組合せを作ったら，それを一列に並べる順列 は当然 $r!$ 通りあるから，「異なる n 個のものの中から r 個を選んで一列に並べる順列の総数 ${}_n\mathrm{P}_r$ 」は，組合せの数の公式を使って

$$
{}_n\mathrm{P}_r = {}_n\mathrm{C}_r \times r! = \frac{n!}{r!(n-r)!} \times r! = \frac{n!}{(n-r)!}
$$

と求められる，というわけだ．直接，${}_n\mathrm{P}_r = \dfrac{n!}{(n-r)!}$ を導くより簡単だろ！　この公式はきちんと暗記していないと，本番で ${}_7\mathrm{P}_4$ は $\dfrac{7!}{4!}$ だったか $\dfrac{7!}{3!}$ だったか，うっかり間違えそうだよな．組合せの公式 ${}_7\mathrm{C}_4 = \dfrac{7!}{3!\,4!}$ から導くならこういう間違いも防げる．

　基本的な順列の数の公式だけじゃない！　少し変わった順列の数も，組合せの数の公式から導かれるんだ．たとえば，「a を 4 つ，b を 3 つ そして c を 2 つ使って合計 9 文字の順列を作るとすると，順列が何個できるか」という問題だ．同じ文字を繰り返し使ってよいということなので，このような問題は**重複順列**と呼ばれる．こういう問題では，先に文字を一列に並べる際の「座席」のようなものをあらかじめ用意しておくといいんだな．最初の席，2 番目の席，……，9 番目の末席という具合にだ．そういう風に準備をしておいてから，この中から，a を配置する席 4 つ分をまず選ぶとすると，そのような組合せの数は ${}_9\mathrm{C}_4$ 通りだね．こうやって a の席が決まると，それがどのような決まり方であったとしても，その後には，5 つの席が残るね．この中から，b を配置する席 3 つを選ぶ．その組合せの数は ${}_5\mathrm{C}_3$ 通りだ．こうして a, b の席が決まると，残った 2 つの席には c が入ることになる．というわけで，答は

$$
{}_9\mathrm{C}_4 \times {}_5\mathrm{C}_3 = \frac{9!}{4!\,5!}\,\frac{5!}{3!\,2!}
$$

となるわけさ．このときに，左辺のそれぞれの分数を計算しないことが大切だ．というのは，このままの形で見れば分子，分母が $5!$ で約分できて，$\dfrac{9!}{4!\,3!\,2!}$ というきれいな形に変形できることがすぐに分かるね．分子に出てくる 9 は分母に現

れる $4, 3, 2$ の和であるから $\dfrac{(4+3+2)!}{4!\,3!\,2!}$ と書くときれいだね.

こういう重複順列とよく似たものに, **重複組合せ**というのがある.

それは,「a, b, c の 3 種類の中からいくつかずつ選んで, 全部で 9 個を選んで作る組合せは何通りか」という問題だ. もちろん a だけで 9 個というのも一つのセットだ. n 種の中から重複を許して全部で r 個となるように取り出して作る組合せの総数は ${}_n\mathrm{H}_r$ と表され, これも組合せの数の公式を用いて

$$ {}_n\mathrm{H}_r = {}_{n+r-1}\mathrm{C}_r $$

と計算される. 上の場合の重複組合せなら ${}_3\mathrm{H}_9 = {}_{11}\mathrm{C}_9$ という具合いだ.

重複組合せの総数の公式は, 教科書には書かれていないけれど, 入試では頻出するから, 是非憶えておきたいね.

組合せの数の公式が重要な, もう一つの決定的な理由は, 試験問題として, 組合せのほうが順列よりはるかに出題頻度が高いということだ. 僕が調べた過去 20 年間では, 組合せの公式を使う問題は, 順列の問題の 10 倍以上も出題されている. 確率への応用を考慮すると頻度の差はさらに拡大する！ 試験に出る**頻度に合わせて勉強するのが最も合理的な勉強法**というものだ. だってそうしないと, せっかく勉強しても, 試験に出なければ努力の甲斐がない. 無駄な努力なんて無意味だね. せっかく苦労して勉強したのに, その苦労が報いられないなんてことになったら, やってられないよな.

勉強で成功するための秘訣は, **努力の期待値を最大にする**ことだ. ―― これこそ君たちの座右の銘とすべき言葉だ. 出題頻度順に憶えるということだね！

裏の心

我々がものの個数を考えるとき, ある種の特徴について注目し, 他の違いを無視していることは, ふだんはあまり意識されないが, 極めて基本的な行為である.

実際,「イヌが12匹いる」というとき,「イヌ」は外見が近い「ネコ」や「イタチ」とは厳然と区別され,他方,12匹のそれぞれのイヌたちの間にある違いは無視して,単なるイヌとして12匹と数える.個体としてのみ扱っているのである.

「犬種はチワワとスピッツとシェパードの3つだ」というとき,チワワ,スピッツ,シェパードの区別が重要であって,チワワどうし,スピッツどうし,シェパードどうしの微細な,しかし愛犬家には重大な区別はまったく捨象されている.

犬種というのは,イヌという個体としてしか認識されていなかった対象群に対し,ある関心をもって新たに分類したときの名称である.

ここで,12匹の犬を,ある特徴ごとに3匹ずつのグループに分けたら,グループはいくつできるだろうか? この問題の答が4つであることはなんでもないだろうが,組合せの基礎となる考え方がこれであると理解している人は案外少ないかも知れない.

ともかく,はっきり確認しておきたいのは,何かを数で数えるときには,区別するのか,区別しないでひとまとまりにしてしまうのか,という大前提を明確にする必要がある,ということである.「応用自然数論」という奇妙な表現をもう一度思い出したい.区別すべきか,否か,が理論的に決まっているのではなく,場面場面に応じて都合よく決める自在さが応用では大切である.

このようなことの理解をまったく無視して,「相異なる n 個のものの中から r 個を取り出して作る組合せ」を考えようとするのは,「取り出す」とか「選ぶ」,あるいは「組合せ」という言葉の意味をいくらていねいに説明しても,それだけで正確に理解するのは無理というか,不可能である.

そもそも私たち人間がいくつかのものを選ぶとき,すべてを同時に一瞬で済ますことができることはまずない.1個1個選んでいって,最後に r 個となるというほうが一般的[1]であろう.しかし,選ばれた r 個の間で,選ばれた順番を,順位として区別しないとしたらどうか,という問題を立てたとき,組合せの考えが生まれる.

---

1) 大きな手の人がミカンのような小粒なものを選ぶというなら2個ずつとか3個ずつも可能かもしれないが,大きさなり,色なり,重さなり,香りなり,何らかの個性あるものを選ぶときは,いきなり複数個選ぶというのは普通ではあるまい.

世の中では，順位づけや序列がないほうがはるかに少ないので，そのような序列化を否定した組合せという考え方は，人間にとって必ずしも自然な概念ではない．実際，数学的な抽象化という体験にまったく触れていない人には，最初はかなり考えにくいものであろう．組合せという概念は，19 世紀末に誕生した集合という純粋に数学的概念を通すとじつにすっきりとアプローチできるものなのである．

　ところで，この集合については最近では，高校よりはるかに下の学年で学ぶ子どももいるようであるが，その際，要素を列挙するときに，**要素の間にいかなる秩序も仮定してはならない**ことがしっかり強調されて教育されているのだろうか．自然数しか知らない子どもたちに「10 の約数全体の集合」などの問題を与えると，必ずといってよいほど $\{1, 2, 5, 10\}$ という正解が多数を占める．小さい順に並べることが身に付いているということだ．高校の検定教科書を見ても，「10 の約数全体の集合」は負の数が入って $\{-10, -5, -2, -1, 1, 2, 5, 10\}$ などとやはり小さい順に並べるか，ひどいものになると，$\{\pm 1, \pm 2, \pm 5, \pm 10\}$ などと勝手に絶対値の小さい順にしているものもある．本来なら積が 10 になる 2 数を対にして並べるのが数学的には筋がよいと思う．しかし集合としては，要素の並べ方は《順不同》が正しい．順序が定義される集合を特に順序集合というのはそのためである．

　そのような，まったく秩序をもたない，でたらめな対象の集まりを《集合》と呼ぶのであるが，その結果，$\{1, 2, 3\}$ という集合を表現するには，$\{2, 3, 1\}$ や $\{3, 2, 1\}$ としても構わない．これらは表し方が違うだけで，集合としてはまったく同じものであるという考え方である．これが集合という数学的な概念の一番の急所である．こんなことを子どもが学んでどういう意味があるかと問われると，筆者もこの反問に賛成であるので困ってしまうが，数学的にいえば，集合という考え方が分かれば組合せはなんでもないし，集合が分かっていないと組合せを説明せよといわれても困る．

　つまり，「相異なる n 個のもの $x_1, x_2, \cdots, x_n$ の中から r 個を取り出して作る組合せ」とは，集合 $\{x_1, x_2, \cdots, x_n\}$ の部分集合で要素の個数が r 個であるものに他ならない．つまり，「組合せ」とは，順序を無視したら同じと見なすことのできる順列を同じ類に分けていったときにできる類の総数のことである．

　そのような類の個数 N を求めるには，そのような類が一つ確定したときに，そ

の類の中にある任意の順列を一つとって，それを構成する r 個の要素の間で，序列の違いを考慮すると $r!$ 通りの並びができ，これで類の中の要素が全部できる．そこで N 個の類全体では $N \times r!$ 通りの順列ができる．これが「相異なる n 個のものから r 個を取り出して並べてできる順列」の総数であるから，

$$N \times r! = {}_n\mathrm{P}_r$$

となって，これから

$$N = \frac{{}_n\mathrm{P}_r}{r!}$$

となる．最後の式で，N を ${}_n\mathrm{C}_r$ と書けば

$$_n\mathrm{C}_r = \frac{{}_n\mathrm{P}_r}{r!}$$

という基本公式が導かれる．

${}_n\mathrm{P}_r$ を公式化して $\dfrac{n!}{(n-r)!}$ と表現するのはときに便利であるが，誤って使うことも多い．そもそも分子・分母が必ず $(n-r)!$ で約分できる単なる整数の積を，この形で書くこと自身に違和感を感ずる．公式

$$_n\mathrm{C}_r = \frac{n!}{r!(n-r)!}$$

の右辺は，約分できるに決まっているものをあえて約分せずに書いている，という公式の背景にあるストーリーが見えないと，悲惨な公式主義を暴露してしまう．数学的には，自明な約分をした後，${}_n\mathrm{C}_r$ の分子・分母に来る同数個の整数の積が最終的に約分し合って最後は整数になることが面白い点である．

　以上が組合せについての最小限必要な理論であるが，順列と比べるとかなり高級である．集合の概念，類別の概念などを使わずに組合せに対してアプローチすることはできるのであろうか．

　じつは，たとえば次のような方法がある．

　2 項式 $(a+b)$ の n 乗を考える．

$$(a+b)^n = (a+b)(a+b)(a+b)\cdots(a+b)$$

同類項を整理して a について降冪の順 (b について昇冪の順) にまとめると

$$c_0 a^n + c_1 a^{n-1} b + c_2 a^{n-2} b^2 + c_3 a^{n-3} b^3 + \cdots\cdots$$
$$+ c_{n-3} a^3 b^{n-3} + c_{n-2} a^2 b^{n-2} + c_{n-1} ab^{n-1} + c_b b^n$$

となる．ここで係数 $c_0, c_1, c_2, \cdots, c_{n-2}, c_{n-1}, c_n$ について，先頭とビリの係数が 1 に等しいこと，すなわち $c_0 = c_n = 1$ を除いては未知だが，$n = 2$ のときは 1, 2, 1，$n = 3$ のときは 1, 3, 3, 1 となっていることは初歩的な知識であろう．

$c_0, c_1, c_2, \cdots, c_{n-2}, c_{n-1}, c_n$ をそれぞれ ${}_n\mathrm{C}_0$, ${}_n\mathrm{C}_1$, ${}_n\mathrm{C}_2$, $\cdots$, ${}_n\mathrm{C}_{n-2}$, ${}_n\mathrm{C}_{n-1}$, ${}_n\mathrm{C}_n$ と表すことにして，累乗の本質的な関係

$$(a+b)^n = (a+b)^{n-1} \times (a+b)$$

を両辺の $a^{n-r} b^r$ の係数を比較することによって得られる漸化式の関係

$$ {}_n\mathrm{C}_r = {}_{n-1}\mathrm{C}_{r-1} + {}_{n-1}\mathrm{C}_r $$

からアプローチする，というものである．これこそが「パスカルの三角形」とか「二項定理」という名前で学ぶことになっている定理の核心であるが，このような理論的な点に注意が引かれることは少ないようだ．

このように導いた二項係数が組合せの数になっていることについては，いろいろな説明がありうるであろう．たとえば $(a+b)^n$ の n 個の $(a+b)$ を

$$A_1 = (a+b)_1, \ A_2 = (a+b)_2, \ \cdots, \ A_n = (a+b)_n$$

と区別して考え，これら n 個の中から b を取り出す r 個を選んで作る組合せを考える (これは，a を取り出す $n-r$ 個，b を取り出す r 個に分けるといっても同じである) とすればよかろう．

組合せは，このように，数学の多くの場面と結び付いているという意味で理論的な重要性が極めて大きい．入試での出題頻度が高まるのはこの重要性の結果であって，基本公式がいろいろな場面で有効であるからではまったくない．

なお，重複組合せ

$$ {}_n\mathrm{H}_r = {}_{n+r-1}\mathrm{C}_r $$

は，重複組合せという表現がオドロオドロシイが，$(a_1 + a_2 + a_3 + \cdots + a_n)^r$ の展開式である $a_1, a_2, a_3, \cdots, a_n$ の r 次同次 (homogeneous) の式で同類項をまと

めた後の項の数を示すもので，それが方程式 $x_1 + x_2 + x_3 + \cdots + x_n = r$ の非負整数解の個数と一致することが納得できれば，なにも格別に勉強するほどの重要性があるわけではない．

第3回
確率をめぐって

表の心

「場合の数」さえ分かっていれば，確率について難しい話は何もない．確率の計算は，

$$\frac{\text{場合の数}}{\text{場合の数}}$$

という分数計算にすぎないからだ．

ただし，気をつけないといけないのは，この「場合の数」において考えられる場合が「すべて同様に確からしい」ということだよ．今日交通事故に合うか合わないか，場合は2通りあって，そのうち，事故に合うのは1通りだから，今日事故に合う確率は $\frac{1}{2}$，といったらまずいね．今日交通事故に合うか，合わないか，が同様に確からしくないからだ．

これに対して，コインを投げて表が出るか，裏が出るかというのはどうだろう．場合の数は表が出ると裏が出るの2通りであるから，表が出るのも裏が出るのも確率 $\frac{1}{2}$，といいたいところだが，そうではない．実際に硬貨を何度も何度も投げてみる実験をするといいんだな．数学では実験という代わりに，**試行**というんだけど，実験と同じく「やってみる」ということだ．

全部で N 回投げる試行をしてみたとして，そのうち r 回表が出たとしよう．このとき，分数 $\frac{r}{N}$ は N 回中 r 回表が出たという，全体の中での表が出た割合，

難しくいうと，表の**相対頻度**を表す．このような試行をたくさん繰り返していく．ということは N が巨大な数になるまで続けていくということだ．そうすると，分数 $\dfrac{r}{N}$ の値は一定の値に接近していく．硬貨の場合なら $\dfrac{1}{2}$ に，だ．こうして確率というのは，限りなく試行を繰り返していったときの話だから，それを有限の世界に気楽にあてはめて，「2 回試行したら，1 回は表，1 回は裏が出る」と誤解しては絶対にならない！ これが素人が最初に躓くところだね．

　表と裏が出る確率がともに $\dfrac{1}{2}$ ということは，硬貨を投げて表が出ることと，裏が出ることとは**同様に確からしい**ということだ．「同様に確からしい」という表現は日本語としてはどうかと思うけど，英語の equally probable, equally likely の直訳として堪忍してよ．probable は「いかにもありそうな」という意味の形容詞，それを副詞にした probably は「きっとたぶん」と訳されることを考えれば，equally probable は「同じくらい起こりそう」と訳せば，君たちももっと身近に感じるかもしれないね．probable の名詞形が probability だ．直訳すれば「もっともらしさ」だろうけれど，日本の数学ではこれを「確からしさの比率」すなわち「確率」と訳してきたんだな．この訳語を使えば，「同様に確からしい」という奇妙な日本語を避けて，「確率が等しい」といえば済むことだね．

　確率を考えるとき，未来の結果は分からないから，どのような結果が生ずるか，数学的に可能性を尽くして考えるとき，**事象**という考えが重要になる．1 個のサイコロを振るという試行において，目の出方は分からないわけだけれど，一番の基礎にあるのは，「1 の目が出る」，「2 の目が出る」，……，「6 の目が出る」という，これ以上分解できない事象だ．そこでこれを**根元事象**という．一般の事象は，根元事象を要素とする集合としてとらえると都合がよい．確率に関する問題を解く上で，最も肝腎なのは，「すべての事象 (全事象) が，同様に確からしい根元事象からなっている」というように根元事象をとらえることだ．それさえ分かれば，確率についての計算の基礎は，事象を集合についてと同じ方法で，適当に分かりやすく分解，分離して最後にまとめるだけだ．

　諸君の多くが苦手とする確率の最難関問題の例を取り上げよう．

　　n 個のサイコロを振ってそれぞれの出た目を調べるとき，最大値が 5 で最小

値が 2 である確率を求めよ.

という問題だ. これが典型的だけれど, 確率を考えるとき, 見た目には区別がつかない同じ大きさのサイコロどうしも区別があると考えて, 全体の場合の数を考えるのが最初のポイントだね. そのように異なる n 個のサイコロでは, 目の出方が全体として 6^n 通りあって, これらのどの一つも同様に確からしいといえるね. これがもっとも重要な第一歩だ.

その中で, 「出た目の最大値が 5 で最小値が 2 である」ことが何通りあるか, と考えるんだ. そこで次に重要な一歩は, この条件を, 最大値と最小値の基本に基づいて, 「6 や 1 の目は 1 回も出ない」かつ「5 の目と 2 の目は少なくとも 1 回ずつは出る」と置き換える, ということだね. 最初の条件から,

　　　A:「出る目はすべて, 2, 3, 4, 5 のいずれか」

であり, しかも, そのうちで

　　　B:「少なくとも 1 個は 5 の目」

かつ

　　　C:「少なくとも 1 個は 2 の目」

となる, と言い換えることだ.

n 個のサイコロでは, 目の出方は, 全体で 6^n 個の要素からなる集合だ. これが全事象だね. この全事象の部分集合で, まず事象 A を考え, かつ A の部分集合である $B \cap C$ という事象を考えるのだが, ここで確率についての重要な解法の鉄則

　　　「少なくとも 1 つ」ときたら余事象を考えよ!

を思い出すんだね. 余事象というのは確率の言葉で, 場合の数を含め, 集合で考えるときは, 補集合と呼ぶ奴だね. 要するに否定だよ. B の余事象 $\overline{B}$ は「5 の目は出ない」, C の余事象 $\overline{C}$ は「2 の目は出ない」だから, $B \cap C$ の余事象は $\overline{B} \cup \overline{C}$ であることに注意して求めるのさ.

このとき, 全事象 (全体集合) の中で事象 A, B, C は次図のようになっていることに注意しよう. だから, B や C の余事象 $\overline{B}$, $\overline{C}$ も $\boldsymbol{A}$ を**全体集合**として考えるのがいいね. そうすると, $\overline{B}$ は「出る目は 2, 3, 4 のいずれか」, $\overline{C}$ は「出る目は 3, 4, 5 のいずれか」ということで, それぞれは 3^n 個, 3^n 個の要素からなる事

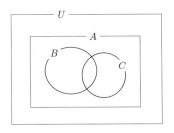

象だ.

ただし，これらをそのまま加えると，$\overline{B} \cap \overline{C}$ の部分，言い換えると，「出る目が 3, 4 のいずれか」という事象を二重に数えてしまうことになるから，そうしないように，$\overline{B} \cap \overline{C}$ の部分を 1 個引く必要があるね.

というわけで，求めるべき事象は

$$A \cap (B \cap C) = A \cap \overline{(\overline{B} \cup \overline{C})}$$

であるので，これに

事象 A の要素 $= 4^n$，　事象 $\overline{B} = \overline{C}$ の要素 $= 3^n$，　事象 $\overline{B} \cap \overline{C}$ の要素 $= 2^n$

を用いて，「最大値が 5，最小値が 2」となる事象に属する根元事象の個数は，

$$4^n - (3^n + 3^n - 2^n) = 4^n - 2 \cdot 3^n + 2^n$$

と求められる.

　繰り返しいうけど，6^n 個の根元事象がすべて同様に確からしいので，求める確率は，

$$\frac{4^n - 2 \cdot 3^n + 2^n}{6^n}$$

となる，というわけ.

　かなりの難問だけれど，僕の教えるこの解法を暗記することなんかなんでもないだろ.

裏の心

　確率の概念は難しい．それにはいくつも意味がある．神でない我々は，実際に起きた過去については，記憶，ときにはさまざまな記録を通じて知ることができるけれど，これから起きる未来のことに関しては徹底して無知である．だから，昔の支配者はさまざまな占いによって，未来を司る天 (神) の意志を理解しようとした．洋の東西を問わず，占いの多くは，規則的な天の動き (恒星の運動) と対照的な惑星や彗星の動きを観察して，天の意志を推し量るものであった (占星術)．占星術が重視してきた惑星の不規則な運動は，やがて天文学的に見ると簡単な必然があることが明らかになってしまい，巨大な天上界はいまや必然性の支配する小さな世界となって，占星術は表舞台からは消えた．科学的には，天上界にも，太陽内部や微細彗星といった身近な天体からブラックホールまで，未知の領域はたくさんあるけれども．

　他方，ときには，まったく偶然的に起きると思われている現象の結果の中に，天の意志の必然を推察するという占いも存在している．古代中国で亀の甲羅や獣の骨を火で炙った金属棒を差し込んだときにできるひびの入り方を見る卜占 (亀甲文字の起源となったといわれる占い) から，西欧で流行したタロット・カード占い，わが国で流行した筮竹を使った易占いに至るまで，人の目にはまったく，予想しようがなく，偶然としか映らないものの，にもかかわらず，その中からある特定の一つが選ばれることの中に，見えない天の意志や逆らえない運命を読み取ろうとしたものである．

　後者のタイプの占いは，どのような現象が起こるかが人の目には偶然にしか見えないことが重要である．そうでなければ，占いは，人を騙すショーや詐欺になってしまうからである．左右上下どの方向にひびが入るのもまったく予知できないからこそ占いは成立した．

　現代では相対頻度から確率概念を説明する流儀が一般的であるが，このようなものを経験的確率と呼ぶことは一応許されるとしても，数学で考える確率はまっ

たく異なる．数学で考えるのは，さまざまな現象の起こりやすさを，古代の占い師たちのように，生起がまったく不明という基本現象に基づいて説明する手法である．

「確率とは，現象に対する我々の無知に由来する」とは確率論の祖の一人であるラプラスの言葉といわれているものだが，たしかに振られたサイコロの目そのものを見ることができなくても，「模様は左右対称」という情報が入れば，出た目は，$1, 4, 5, 6$ のいずれかであり，「模様は赤い」という情報が入れば，1 の目が出たことは確実 (確率 1) である．このように情報が入るにつれて我々の無知が減り，現象をより確実に予測することができる．

硬貨，それも表裏がまったく対称なものであれば，表が出やすいか裏が出やすいか，我々にはまったく分からない．どちらがより出やすいともいえない，という事態を，いずれの面が出るのも同様に確からしいと表現する．全体としては 1 となるように確率を割り振るなら，表が出る確率も，裏が出る確率も $\dfrac{1}{2}$ ということになる．同様に，標準的なサイコロを 1 個振ったとき，6 つの面のうち，どの面が上になりそうか，まったく予想がつかない．そこで全確率を同様に確からしい 6 つの事柄に公平に分配して，たとえば「1 の目が出る確率は $\dfrac{1}{6}$ である」というわけである．

天気予報は，全国に設置した厖大な数の気象情報観測装置と天空に浮かぶ人工衛星からのさまざまな波長の光線による写真映像などに基づいているので，正確に予報できることになっているが，「明日の降水確率は 50% です」と気象予報士がいうのは，数学的には「明日の降水についてはまったく分からない」といっていることと同じである．

確率とはそのようなものであるから，もし 1 の目が出る頻度がやたらに大きいことが分かれば，それは「いかさま賭博」に使われるように意図して作られた「特別製」であり，通常のサイコロであれば，多少 1 の目が出る頻度が大きくても，やがては他の目が出て，だいたいどの目も同じような頻度で出ることになるだろうというのが常識的な世界である．

しかし，どの目が出ることも同様に確からしい正しく作られたサイコロであっ

たとしても，「3回続けて1の目が出る」ことは十分にありうる．そしてこれは「1回目が3，2回目に6，3回目に4の目が出る」ことと同様に確からしい．いずれも，「1回目に a，2回目に b，3回目に c の目が出る」$(a = 1, 2, 3, \cdots, 6, b = 1, 2, 3, \cdots, 6, c = 1, 2, 3, \cdots, 6)$ という $6^3 = 216$ 通りの一つにすぎない．

　確率についての数学的に厳然たる事実と世間の常識とを橋渡しするものとして《大数の法則》がある．大数の法則には，精密に定式化すると，いろいろなバージョンがあるが，ここでは学校数学の範囲内でも理解できる直観的な表現のものを紹介しよう．それは成功確率が p (p は $0 \leq p \leq 1$ の定数) である試行を N 回繰り返し，そのうち r 回成功したとする．そのときの成功の頻度 $\dfrac{r}{N}$ は，以下の意味で確率 p に近づいていくといえる．

　　任意に小さい正数 ε を与えると，それに応じて試行回数 N を十分大きくとれば，

$$\left| \frac{r}{N} - p \right| > \varepsilon$$

　　となる確率はいくらでも小さくなる．

　正しく作られたサイコロの場合に，実際に N 回振ったとき1の目が r 回出るとしよう．このとき，計算しやすいように $\varepsilon = \dfrac{1}{6} = 0.1666\cdots$ とすると，

$$\left| \frac{r}{N} - \frac{1}{6} \right| > \frac{1}{6}$$

となるのは，$\dfrac{r}{N} > \dfrac{2}{6}$ となることである．$N = 6$ であれば，これは $r \geq 3$ となる場合であるから，その確率は

$$_6\mathrm{C}_3 \left(\frac{1}{6} \right)^3 \left(\frac{5}{6} \right)^3 + {}_6\mathrm{C}_4 \left(\frac{1}{6} \right)^4 \left(\frac{5}{6} \right)^2$$
$$+ {}_6\mathrm{C}_5 \left(\frac{1}{6} \right)^5 \left(\frac{5}{6} \right)^1 + {}_6\mathrm{C}_6 \left(\frac{1}{6} \right)^6 \left(\frac{5}{6} \right)^0 = 0.062\cdots \text{[1]}$$

である．これは小さいけれど決して0ではない．N を大きくするにつれて $\left| \dfrac{r}{N} - \dfrac{1}{6} \right| > \dfrac{1}{6}$ となる確率はますます減少し，0に近づいていく．誤差の限界である ε と

---

1)　PARI/GP で計算したら 0.0622856652949245541838134430 7 となった．

して $\frac{1}{6} = 0.1666\cdots$ よりも小さいものをとってくると，N の値をより大きくとる必要はあるが，それでも事情は変わらない.

確率に関連して一般に誤解されている重要な点を，誤解を恐れず，断定的・比喩的にいえば，確率を考えたからといって，**やがて現実となる未来の姿を《予知》できるわけではまったくない**，ということである. たとえ確率がどんなに小さくても，起こることはある. 確率が大きくても起きないこともある. ただし，同じことを反復していくと，相対頻度が，理論的な確率の値とひどく隔たっていることの確率は小さい，ということなのである. これは，我々が未来について絶対的に無知であるという根本的な状況に対して，確率論という道具を得た今日も甲骨文字の時代と大きく変わりがない.

確率は，このように根本概念に夥しい誤解が渦巻く世界であり，「応用自然数論」にさらに人生の実践的観点が付け加わっている. そして学校数学では，奇妙な専門用語を使わず，小学生のように純朴に理解することが求められているために，体系性や論理を標榜する高校数学に確率を収めるのは，どうも座りが悪いと感じてしまう.

確率を学ぶ最大の意義は，大きな確率でも起きるとは限らないこと，小さい確率でも起きないとは限らない (つまり，未来は本当は分からない！) ことを理解するとともに，いろいろな可能性の中で，確率が最大なことが最も起こりやすいということだけでなく，小さな確率の事故でも効果が甚大のときは，その甚大さを考慮に入れる確率論のしくみ，すなわち**期待値**の考え方を修得することである.

「期待値」という日本語から，**未来に向けて明るい期待の度合いだとする誤解**が，ときには大新聞の記事の中にすらあるが，期待値を表す英語 expectation には，可能性の大きな若者に寄せる明るい期待のようなニュアンスはもともとない. ex＋pect は「先を」「見る」というだけの意味だから**予想**と訳してもよい. 数学的に予想される効果を，良し悪しを含めて，冷静に予測する手段が期待値なのである. 「サイコロを 6 回振ると，1 の目が何回出るか」という問題は初学者が 「1 回」と間違える問題の典型であるが，じつは，期待値という考え方を，数学を学んでいない人でも知らないうちに使っていることを証明する例であると思う.

ところで，確率の問題はやはり難しいという人がいる．その疑問に迫ってみよう．
そこで

n 個のサイコロを振ってそれぞれの出た目を調べるとき，最大値が 5 で最小値が 2 である確率を求めよ．

を例にとって説明してみよう．

「n 個のサイコロを振って出た目の最大値が 5 である」とは，「n 個のサイコロを振って出る目がすべて 5 以下であり，少なくとも 1 個，5 の目が出る」ということである．

「n 個のサイコロを振って出た目の最小値が 2 である」とは，「n 個のサイコロを振って出る目がすべて 2 以上であり，少なくとも 1 個，2 の目が出る」ということである．したがって考えるべきは，

「n 個のサイコロを振って出る目がすべて 2 以上，5 以下であり，かつ少なくとも 1 個ずつ，2 の目と 5 の目が出る」

ということである．「少なくとも 1 個」の部分は余事象の考えを使うとうまくいくのはよく知られたことであるが，その根拠は，「少なくとも 1 個」をまじめに分類すると，「ちょうど 1 個」，「ちょうど 2 個」，……，「ちょうど n 個」と n 通りもの場合を考えることになるので面倒である，という理由であるが，さらに次のように考えると分かりやすい．

サイコロに 1, 2, 3, $\cdots$, n の番号を振り，出る目をそれぞれ X_1, X_2, X_3, $\cdots$, X_n と表すと，X_1, X_2, X_3, $\cdots$, X_n の最小値が 2 であるという条件は，

$$\forall k, X_k \geq 2 \quad \text{かつ} \quad \exists k_0, X_{k_0} = 2$$

と表現するのが一般的であろう．しかし，$\forall$ と比べ $\exists$ は扱いにくいので，$\exists k_0, X_{k_0} = 2$ の否定は $\forall k, X_k \neq 2$ であること，$\forall k, X_k \geq 2$ という最初の前提条件のもとでは，これは $\forall k, X_k \geq 3$ にほかならないことを考慮して，

$$\forall k, X_k \geq 2 \quad \text{かつ} \quad \overline{\forall k, X_k \geq 3}$$

と定式化すると便利である．

同様に，最大値に関する条件は，$\forall k, X_k \leq 5$ かつ $\overline{\forall k, X_k \leq 4}$ となり，求める条件は，

$$\forall k, 2 \leq X_k \leq 5 \quad \text{かつ} \quad \overline{\forall k, X_k \geq 3} \quad \text{かつ} \quad \overline{\forall k, X_k \leq 4}$$

となる．

このように，確率の難問は，確率固有の難問ではなく，$\forall$ と $\exists$ (特に後者) が絡む論理の難問であることが多い．**確率が苦手だという人の多くは，確率が苦手なのではなく，精密な取り扱いを要する論理的に難しい問題が苦手なのである**．目先に見えている困難の真の根拠に迫るようにしたい．

第4回
統計をめぐって —— データの分析

> ## 表の心

　普通の学校では，最近の学習指導要領という法律で決められた学習単元である「データの分析」が，あまりきちんと教えてもらえないらしいね．その理由は，至極，単純，自明！　大学で統計学を専攻する人がとても少ないという以上に，ふつうの数学の先生方が，ご自身が中学生や高校生の頃，これに似たような単元についてまったく習ったことがないからなんだよ．自分が習ったことがないものを教えることは，どうやっていいか，なかなかイメージしづらいし，学習指導の計画や目標を作るのもかなり大変だというのは，君たちだって分かるだろう！

　しかし，「ゆとり」というキャッチ・コピーに象徴されるように，発展的な数学教育全体に対して一貫してブレーキを踏む役割を果たしてきた文部科学省が，積極的に推進しているこの単元に対して，多くの学校の現場が消極的なのは，行政に逆らう度胸があるならともかく，現場は行政の末端であることを考えれば馬鹿げているよね．

　馬鹿げているだけではない！　じつは，これは学習する君たちにとってゆゆしき事態なんだ．なぜか？　理由は簡単だよ！

　まず第一に，文部科学省の意向に敏感な組織，たとえば，たくさんの文教予算をもらっている大学とか入試センターとか，その他諸々の外郭機関は，この単元の普及に対して熱心であるから，たとえば諸君にとって深い関心のある入学試験で，よい問題が出題できるかどうかは別として，できればなんとか出題したいと心で

は思っている，ということだよ．実際，過去の大学入試センター試験では，「データの分析」に似た単元が2年生の選択科目であった時代から，「ベクトル」とか「数列」といった難しい単元と並列される選択問題として出題されてきたんだ．

第二に，「データの分析」単元からの出題は，数学的にはものすごく単純なものばかりだから，「データの分析」を敬遠しないでその基本事項をちょっと勉強すれば，数学がかなり苦手な人でも短時間で高得点を期待できるということだ．一部を除けば小学生の知識だけでほぼ満点が取れる．受験生にとって，こんなおいしい単元はないぞ！「最小努力で実現できる最大得点！」良い響きだろう！「データの分析」を敬遠することの馬鹿馬鹿しさが分かるかい？

少し内容に触れておこうね．

「データの分析」の章で扱われるのは，数学の単元であることの制約もあり，基本的に数値で表現されるデータ (数値データ，定量データ) だけである．「お天気データ」にしても「気温データ」「湿度データ」「雨量データ」のようなものになる．

こういう数値データを分析するのに，どの教科書でも**ヒストグラム**という馴染みのない概念から入っているけれど，**単なる棒グラフ**と思えば，小学生の夏休みの宿題レベルの話題にすぎない．これは次に学ぶ「代表値」のための準備である．

代表値というと難しそうに聞こえるけれど，誰もが知っている**平均値**もその一つだ．データの中に，少数ながらも偏ったものがあるときに，平均値を考えると，その偏りに影響を受けてしまうので，平均値の代わりに**中央値**とか**最頻値**というものを考えるんだね．どちらの概念も「読んで字の如し」だから，何も心配いらないはずなんだけれど，特に，最頻値のほうは，データを整理してみるだけで分かってしまうので，試験に出るのは中央値のほうだと断言してもいい！．

この中央値を求めるには，データを大小順に並べて，その並びの中で《ちょうど中央に》あるものを探すだけなんだ．データの個数を N 個として，仮に N が奇数のときは，$\frac{N+1}{2}$ 番目のデータがそれにあたるといえるのだけれど，N が偶数のときは，「中央にある」ものの候補が二つあって，$\frac{N}{2}$ 番目と $\frac{N}{2}+1$ 番目となるはずだね．$N=6$ の場合だと，高校2年生以上で学ぶ数列の記号を使って，6個のデータを $x_1 \leq x_2 \leq x_3 \leq x_4 \leq x_5 \leq x_6$ と表すならば，中央値として

は，x_3 と x_4 の二つを候補とすべきだね．

これら二つの値がたまたま等しいなら問題は起きないのだけれど，もし値が違っていれば，仕方がないから，それらの平均をとって，中央値とする，と約束するんだ．面倒な定義だけれど，中央値の意味を実現するとすれば，自然な定義だと納得できるよね．一旦納得したら，あとはこの定義をしっかり憶えることだ．もし忘れたら，$N=5$ とか $N=6$ という具体的な値の場合に立ち戻って考えるとすぐに思い出せるだろうけれど，憶えてしまうほうが早い！　しかも，ここは試験で狙われる最頻出テーマだぞ．

みんながよく分からないという**箱ひげ図**は，この中央値の応用といっていいんだ．というのも，中央値の考え方を利用して，中央値を境界として分割される上位と下位のそれぞれのグループの中での中央値を考え，それを**四分位数**と呼んでグラフ化したものにすぎないからだよ．

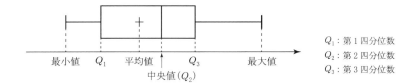

なぜこんな図が必要になるのか，理解できないだろうね．教科書には決して使われない，大雑把だけれど直観的に分かりやすい表現でいえば，全体のデータの中で，下位 $\frac{1}{4}$，上位 $\frac{1}{4}$ を細い線で，それ以外の半分のデータを線より太い箱で表現するということなんだよ．ただし，中央値の決め方は，上に述べたように，データ数の偶奇の問題などがあるので，僕の言い方は「正確でない！」という人もいるかも知れないな．

箱ひげ図に似たデータ分析の道具に，**標準偏差**というのがある．高校 2 年生以上で学ぶ数列の記号を使って，n 個の数量データを $x_1, x_2, x_3, \cdots, x_n$ と表したとき，平均は

$$\frac{x_1 + x_2 + x_3 + \cdots + x_n}{n}$$

となる．これを $\bar{x}$ と表す．各データ $x_1, x_2, x_3, \cdots, x_n$ とこの平均との差 (これ

を **偏差** (deviation) という) $x_1 - \overline{x}, x_2 - \overline{x}, x_3 - \overline{x}, \cdots, x_n - \overline{x}$ は，個々のデータ x_i が平均より大ならば正，小ならば負となり，全体を加え合わせると，プラス，マイナスでキャンセルされてちょうど 0 となるから，**偏差の平均もつねに 0 になる**．これでは面白くないので，プラス，マイナスでキャンセルが起きないように各偏差の 2 乗をとって，$(x_1 - \overline{x})^2, (x_2 - \overline{x})^2, (x_3 - \overline{x})^2, \cdots, (x_n - \overline{x})^2$ とする．この 2 乗偏差の平均

$$\frac{(x_1 - \overline{x})^2 + (x_2 - \overline{x})^2 + (x_3 - \overline{x})^2 + \cdots + (x_n - \overline{x})^2}{n}$$

をデータ $x_1, x_2, x_3, \cdots, x_n$ の **分散** (variance) というんだね.

個々のデータ x_i が平均から隔たるほど，2 乗偏差 $(x_i - \overline{x})^2$ は大きな値となるから，n 個のデータが平均から遠くに散らばっているほど，分散は大きくなる．たとえば $\{-2, -1, 0, 1, 2\}$, $\{-4, -2, 0, 2, 4\}$ という 2 種類のデータでは，平均はいずれも 0 であるけれど，分散は，前者が $\frac{10}{5} = 2$，後者では $\frac{40}{5} = 8$ というわけだ.

分散と並んで重要な考え方に，分散の平方根をとった **標準偏差** (標準的な散らばり (standard deviation)) がある．つまり，

$$標準偏差 = \sqrt{分散}$$

だ．分散がたまたま平方数になる場合以外は，平方根の計算もかなり面倒なので，試験に出ることは少ないといえるだろう.

標準偏差まで理解できたなら，最後の一歩は，**相関係数**だ．「相関」という考え方は身近なもので，数学なんていらないと 嘯（うそぶ）くような人々でも，たとえば，「読書時間の多い子どもは，学力が高い」とか，「携帯電話の使用時間の長い人は，睡眠時間が少ない」というような形でよくこの考え方を使っているよね．このようなときに，「読書時間と学力とは正の相関がある」，「携帯電話の使用時間と睡眠時間とは負の相関がある」というような形でいうわけだ．そして，このような相関関係を数量的に述べる概念として相関係数があるのだが，相関係数の計算は，標準偏差の計算以上にとても煩雑なので，これそのものが出題されることはまずないといっていいだろう．実際には，データを座標平面にプロットした「散布図」という

グラフから，相関関係を読み取ることができれば十分であるということだ．これなら小学生だってできるだろ．だから，「データの分析」は「いただき」なのさ！

裏の心

　自然現象の中には，いわゆる力学的な現象 (投射体の運動，太陽系の惑星の運動) のように，数学的に厳密かつ精密に叙述することができるものがある．これは近代科学の出発点となった大発見であるが，同じく自然現象といえども，数学的な叙述が困難なものも少なくない．生命のさまざまな現象や，地球の上で日々起こる気象や天候，地殻の変動現象などは典型的である．実際，我々は，太陽の周りを周回する小さな彗星に何年もかけて着陸するように人工衛星を制御することには成功しているが，一ヵ月後の正確な気象を精密に予知することは到底できない．

　しかしながら，どんな気象変動が激しい今日でも，1 月の北海道旭川の平均気温が沖縄県八重山諸島石垣島の平均気温とほとんど同じであるということは想定できない．2 地点の緯度の違いを地理的に考えても，また過去に経験した気象記録から考えても「ありえない」と，普通は判断するのである．

　このような考え方の基本にあるのは，普通に考えて起こりにくいことが起こると期待することは馬鹿げているということ，そして，もしそのようなことが起きていたら，その背景には，何らかの理由が隠されていると想定するほうが合理的である，という思想がある．このような考え方から統計学 (statistics) が始まった．

　統計学の歴史の中でとりわけ有名な人物が二人いる．

　一人はブロード・ストリート事件で有名なスノウ (J. Snow, 1813–1858) である．彼は 1854 年にロンドンのブロード街 (現在は Soho 地区の中心にあるブロードウィック通り) において，コレラの流行の際に，発生した患者の家庭を地図上にプロットすることにより，患者たちがある給水井戸の周辺に偏在していることを示

し，井戸水を消毒し，その井戸からの取水を制限することによって，コレラの流行に終止符を打つことに成功した．空気感染すると思われていたコレラが経口感染であることもこれで立証された．コレラ菌の発見に先立つ医学的に重要な発見であった．

もう一人は，わが国では「白衣の天使」として慕われているナイチンゲール (F. Nightingale, 1820–1910) である．彼女は，英国が参戦したクリミヤ戦争 (1853–1856) に派遣され，兵士の死亡や傷病について，それが戦闘の結果よりも，むしろ傷に対する手当ての不十分さに大きく依存していることを大量のデータに基づいて立証し，戦争における衛生と看護の重要性を訴えたという．

二人とも，今日，医療統計学と呼ばれる分野の偉大な先駆者である．

たとえ詳細な発生機序を理学的な厳密性をもって立証することができない場合でも，病気や医療の場合によく見られるように，高い蓋然性でもって主張が正しいということに多くの人が賛同する場合には，統計と呼ばれる数学的手法が大いに活躍する．

いかなる統計的な推論に対しても「絶対そうであるとは 100% 断言できない」と言い張る人を説得することは，残念ながらできない．統計学的良心の微かな弱点は，統計的には破廉恥な主張には敵わないことである．

物事の道理を説明するには，古典的には，そしていまでも，素人の世界では，因果的な説明 (すべての結果がこのようにあるのは，その結果を生んだ原因があるからであると考えて，その原因の特定によって現象を説明する手法) が中心であるが，因果的な説明が十分にはなされないような場合 (たとえばコレラ菌が発見されていないときに，飲料水の汚染がコレラの流行の原因であるとは断定できない) であっても，人々が納得する合理的な説明の可能性が統計的な説明にはある．

多くのデータを収集し，それを通じて見出される《全体の分布》や《その中での偏り》を観察することにより，理論的には精密な関連が明らかでない事象に対して，数学的な確率の考え方を利用して統計的な関連の有無や強弱の度合いを示すのが統計学である．statistics という用語は国家を意味する state と同じ語源であり，古来より，国家を統治する戦略を合理的に立案するための基本であった．

いまでも人口統計は，国の基本政策の基礎である．実際，昨今騒がれている小

子化・高齢化の波は平成 9 年 (1997 年，すでに 20 年も前！) の総務省統計局「国勢調査」，厚生省国立社会保障・人口問題研究所「日本の将来推計人口」に明白に書かれている．しかし政策立案にこの統計データが活用されていたかどうか不安を禁じ得ない．実際，高齢化社会への施策・事業の主な予算額 (平成 9 年度) を見ると，大雑把な金額であるが，社会保障給付費は全体で 69.4 兆円，そのうち医療が約 25.3 兆円，年金が約 36.4 兆円，福祉その他が約 7.7 兆円，そのうち，高齢者関係は約 8 兆円 (医療費 3.2 兆円，年金 4.2 兆円，その他 0.6 兆円)，高齢者の社会保障給付金に占める割合は 11.5% であった．それが平成 25 (2013) 年度では，社会保障給付費は全体で 110.7 兆円，これは国民所得の 30% 以上であるというが，そのうち高齢者関係給付費は 75.6 兆円，社会保障給付費に占める割合は 68.4% となっているという．

統計は，このような悲劇的な展開が確定的になるのを避けるために必須の，政策立案のための数学的手法である．

しかし，このことに明白に象徴されているように，統計では膨大な数のデータを収集することが必須であり，そのためには，巨大な予算を使った国家的プロジェクトを遂行することが重要である．近代の民主主義国家では，国が収集したデータは「白書」などの形で公表されるので，それを数学的に分析することは国民の権利として重要であるが，そのためにはインターネットを通じたデータへのアクセスとコンピュータ・ソフトウエアの利用が欠かせない．

統計の考え方の魅力や大切さを理解するために，現代は，最高の学習環境といってよいはずである．しかし，統計的な単元が，教科「数学」の中に組み込まれた途端に，対象となるデータの個数はできるだけ大きくあるべきである，という統計的な考察の基本的理想がすっかり忘れられ，中央値や代表値の定義に関して**奇妙で偏狭な数学主義**が介入してきたり，統計概念についての珍妙な「論理的な厳格さ」や，教科書にない外部のデータやコンピュータの利用を否定する「数学教育の伝統」に固執する保守的傾向が台頭したりして，教育現場の意欲の低下を助長することに警戒しなければならない．1 億人と 1 億 1 人とで中央値の処理に変更する必要がどこにあるのか，という，小学生レベルの常識を失いたくないものである．

第4回　統計をめぐって——データの分析　　141

なお，統計の学習には，過去のデータを，注目したい側面に合わせて《集計》して統計的にまとめて社会科学的なセンスを磨く，記述統計と一括される分野と，巨大な母集団の性質を実践的に調べるための，抽出した標本の分析を通じて全体の母集団の傾向を確率論的に推計する，数学的処理 (つまり数理統計) の分野の二つの柱がある．

高校数学 I の「データの分析」は，小学校的な素朴統計の手法と，分散，標準偏差，相関係数などの数理統計の基本とを，四分位偏差という中途半端な「統計的概念」で結合する形になっている．しかも，数列，ベクトルなど数学的な準備が整っていない数学 I 段階では，この結合は一層強引さが目立つ．

他方，標本抽出の話は，選択する学習者の少ない数学 B「確率分布と統計的推測」に配されている．近年は特に後者の実用性が強調されている．ここでは標本から得られる予測データの信頼区間と危険率という考え方が不可欠であるのだが，最近，マスコミの世論調査報道などで，標本調査の結果を信頼区間と危険率についての言及なしに，「内閣支持率が前回調査時点から 1.4 ポイント上昇」などというのを耳にすると，統計的な手法への素朴すぎる信頼の実態 (あるいは世論を誘導するための意図的な誤報道の危険) を感じて心配になる．

それにしても，「自分たちが勉強したことのない統計的な考え方は教えられない」という教育現場から上がる悲鳴は，もっともな言い分ではあるけれど，裏を返すと，ふだんは，自分が学校で学んだものについて，自分が学校で学んだ通りに再現しているだけ，ということになりかねない．教員自身が新しい分野を自ら進んで学ぶという姿勢が制度的に保証されていない現状こそが，教育の退廃を産む最大の要因ではないだろうか．

コラム

《思索ノススメ》

「学ぶ」の語源が「まねぶ」であるというのは有名な話題である．その真偽は知らないし，それ自身は本論の展開上どうでもよい．いずれにしても，学習の基本に，先人の築いて来た知恵を模範として「真似る」という段階があることは間違いない．

実際，《技》とか《芸》と呼ばれるような《知》の明示化が困難な世界では，先人の《知》を正しく模倣・継承することが学習の目標とさえなってきた．しかし，そのような模倣が重視される世界ですら，単なる模倣は「猿真似」と呼ばれて侮蔑される．正しい継承と猿真似との決定的な違いは，**外面的な類似性を超えた内面の本質に至る理解の有無に違いない**．言い換えると，いかに外面的に精密な模倣を繰り返しても，本質的な理解を伴わないならば，それは単なる模倣，つまり猿真似であるということである．

学問のように《明示的な知》が最終目標となる世界では，猿真似はさらに価値が低い．PCの発達やICTの普及はその価値をさらに貶めている．先人の開拓した《知》に対する真に深い理解，さらに本質に迫る洞察の力が今日一層強く求められている．

有名な孔子の『論語』は，冒頭の「学而時習之不亦説乎，有朋自遠方来不亦楽乎，人不知而不慍不亦君子乎」[1]で始まる．これは学問の心得と喜びを教えているものと私は考えているのだが，その第一文「学びて時にこれを習う，またよろこばしからずや」と書き下しされるこの一文を，漢文の専門家でもない私があえて意訳(異訳?!)すると次のようになる．

---

1) ここに表示される漢字は歴史的には必ずしも正しくはないであろうが，それは本質的でない．

先生を通じて先人の知識をいただく[2] のがふつうの勉強である．そのときにはそれで分かった気になってしまうものだが，時間が経って，ふと，「あのときに教えてもらったことはこういうことだったのか！」と自分の心で深く理解する[3] 瞬間がやってくる．それはなんとよろこばしいことではないかね．

「できる限り多くの問題の解法をできる限り早く経験し，できる限り多くの解法の技を暗記する」という**猿真似型の即席勉強法**が流行しているようだ．時代の風潮を思うと，それなりの理由も想像・理解できるが，粘り強い思考力，そしてそれから生まれる独創的な応用力，このような**真の知性は《読書百遍》に象徴される一見非効率に見える孤独な思索の日々からこそ生まれ得るものである．**近頃はすっかり古くさい勉強法のように廃れている書物を通じた孤独な思索は，上の意味で，じつは最高・最強の勉強法なのである．読書を通じて知の道場で地道に知力を鍛錬するという厳しい教育の代わりに，笑顔に溢れた楽しい雰囲気の中で手っ取り早い学習の効果を約束する最近の教育サービスは，「正々堂々と戦う」ことになっているスポーツで行われているもの以上に深刻な《知のドーピング》ではないかと思う．

---

2) 言い換えれば受動的な知の受容である．これが "学ぶ" の意味に違いない．
3) いわば《知識の内面化》である．これが "習う" の意味であろう．

VI

幾何について

第1回
初等幾何をめぐって

表の心

　私たち人類は，いろいろな道具を開発して高度な文明を築いてきたと，世界史や日本史で習っただろう．けれど，道具の基礎にあるのは設計，つまりデザインだ．道具のデザインをするのに必要なのは，正確な図面だね．その正確な図面を描く基本は**数学的な作図**だ．作図は芸術的な**絵を描く**のとは違って，**定規とコンパス**という簡単な道具を使って正確な図面を論理的に描くことができるんだ．英語なら，さしずめ paint ではなく draw だといわれるだろうね．

　たとえば，「与えられた角を二等分する」とか「与えられた線分を二等分する」という作図は基本中の基本だね．コンパスと定規を手順よく使えば，まったく狂いのない図を描くことができるんだ．

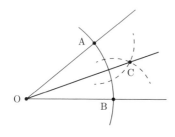

角の二等分線の作図

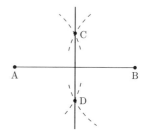

線分の二等分線の作図

　君たちも中学生以上になったら，定規とコンパスはいつも持ち歩くようにすべ

きだね.

　ところで，上のようにして必ず正確な図が得られる理由を，誰にも反論されないように，きちんと立証することを，数学では**証明**という．証明する際に「これは絶対に正しい」として使ってよいものが教科書に書かれている．これをしっかり憶えないといけない.

　二つの三角形で

- 2辺の長さとその挟む角の大きさがそれぞれ等しい.
- 2角の大きさとその間の辺の長さがそれぞれ等しい.
- 3辺の長さがそれぞれ等しい.

という条件のいずれか1つでも成り立っているならば，二つの三角形は，互いにぴったりと重ね合わせることができる．このことを，二つの三角形は**合同**であるという．上に述べた三つの条件は，**三角形の合同条件**と呼ばれる.

　英語では，辺を Side，角を Angle というので，アメリカの中学生は上の三つの条件をそれぞれ SAS, ASA, SSS と簡略化して暗記しているんだ．これだとたしかに憶えやすいね．英語の知識はとても便利だ．これからは国際化の時代だぞ．英語を嫌っていては駄目だ．数学を勉強するときも，ときどき積極的に英語を使おう.

　ところで，この合同条件を使うと，上に述べた作図が正しいことが証明できる.

　たとえば，角の二等分の作図の場合なら，三角形 OAC, OBC で

$$\mathrm{OA} = \mathrm{OB}, \quad \mathrm{AC} = \mathrm{BC}, \quad \mathrm{OC} = \mathrm{OC}\,(共通)$$

となって SSS 条件が成り立っているから，両者は合同である (これを △OAC ≡ △OBC と書く)．ということは，二つの三角形がぴったりと重なるのだから，重なるはずの角どうしは等しい．つまり，∠AOC = ∠BOC であるはずだね．ということは，OC が ∠AOB を二等分するということだ.

　しかし，答案としてはこれではいけない．模範答案は次のように書く.

　【証明】　△OAC と △OBC とにおいて

$$
\begin{cases}
OA = OB \\
AC = BC \\
OC = OC \ (\text{共通})
\end{cases}
\qquad \text{より,対応する 3 辺の長さが等しい.}
$$

よって $\triangle OAC \equiv \triangle OBC$.

合同な三角形の対応する角は等しいから

$\angle AOC = \angle BOC$. ゆえに,OC は $\angle AOB$ を二等分する. QED

　最後の QED は「証明終わり」の意味だ.これを一字一句も変更することなく,きちんとそのまま再生できるように,何回も復習してしっかり頭に叩き込むことが重要なんだぞ!

　必要なことをすべてきちんと順に論理立てて書く,という**数学の勉強**は,折り目**正しい日本語の勉強にもなる**んだ.

　上のような答案がきちんと書かれてない人は一ヵ所ごとに 5 点ずつ減点するけど,これは僕が鬼だからではなく,**君たちの将来のために,あえてやる**ことだから,僕の真意を誤解するなよ.分かったね.

裏の心

　文字で書かれた人類の歴史 (history) を辿ることが不可能なくらい昔から,海外では石の構造物 (たとえばストーンヘンジ),わが国では土器 (筆者が好きなのは縄文土器,特に火焔土器) に見られるような,単なる実用を超えて,宗教性,芸術性にまで昇華された図形的配置という数学的文化が,食糧確保すら容易でなかったであろう遠い時代から存在していたことは驚異的,感動的である.

　ヨーロッパの人々が古代ギリシャを自分たちの文化的なルーツとして誇りにするのは,古代ギリシャに生まれた高度な文化と芸術に対する尊敬心からであろう.その洗練さを最もよく物語るものに,古代ギリシャに生まれた数学がある.

　紀元前 3 世紀に人類史において奇跡的な事件が起きた.わが国では『原論』と

訳される，ユークリッド (ギリシャ名はエウクレイデース) が書いた『ストイケイア (Stoikeia)』という書物の登場である．

『原論』については，だいぶ後世の人になるが，プロクロスがその註釈 (いまでいえば解説本) を書いていて，「ストイケイアというのは字母のことであるが，言葉が最小単位の文字 (字母) からなっているように，数学的＝幾何学的な知識を論理的な順序にしたがって，基本となる字母に相当する『定義』と『公準 (要請)』と『公理 (共通観念)』から論理的に再構成することがその書物の狙いであった」という趣旨のことを述べている．以来，『原論』は，数学的な知識の網羅性，包括性，他方で，書物全体の構成の論理的な緻密さ，精密さという点で，壮大無比，完全無欠の試みとして，大きな尊敬を受けることになる．そして，中世の学校 (スコラ) においては，『原論』が，**規範的な論証の《型》**を教えるものとして重視されていたようである．「それゆえ」，「なぜならば」のような接続詞が，論理展開の基本用語として強調され，繰り返し登場するそれらを略記するために，∴ や ∵ などの記号が工夫されたのも，このような学校幾何を通じてであったことであろう．

因みに，しばしば QED と書かれるものも，本来は q.e.d. と文字の後に "." を付けて書くべきである．なぜなら q.e.d. は「証明終わり」ではなく，quod erat demonstrandum (＝これが証明すべきことであった) の省略形だからである．また帰謬法の場合は，「これが反証すべきことであった」の省略形として，q.e.f. が用いられた．

『原論』という人類史上記念碑的な作品が，ソークラテース，プラトーンに代表されるアテネ的な思慮深い弁証術と，パルメニデス，ゼノンに代表されるソフィスト (「懐疑論者」と訳されることが多いが，本来は「智者」のような意味である) と呼ばれていた，巧妙な論述の組み立てを好んでいた哲学者たちと，そのいずれに起源があるかという論争もあるが，何事によらず，一方の影響を 1，他方のは 0 というような単純な結論があるはずもない．

いずれにしても紀元前 3 世紀のユークリッドの初等幾何の作品には，現代の数学を知る人間は，深い敬意と畏敬の念をもってしか接することができない．とはいえ，古代より近代に至る人々が皆，ユークリッドの作品をユークリッドのレベルで考えていたわけではないようである．

しかしながら，その論理体系がいかに優れていたか，人類のその後の数学教育がこれに決定的に影響を受けたことを考えれば，想像を絶する．

本当はユークリッドの『原論』(最近は和訳が複数もある！)を読んでほしいが，それを少しでも勉強すれば，近頃の中学校で指導されている「証明」は，まったく証明になっていないことが分かる．中学生用の教科書や参考書に書かれている「証明」には，論理的な構成を謳う限り絶対にあってはならない《論理の循環》(いわゆる悪循環)や，証明すべき結論を証明の中で先取りする《論点先取の誤謬》という，論理の誤りに満ち満ちているからである．最近の学校数学では，積極的に「公理」，「定理」という言葉さえ避けているから，困ったことに，これがまずいことを説明することすら困難なのであるが，論理的構成の立場に立つと，たとえば「角の二等分作図」の「証明」をするに際して，いきなり，SSS 条件を使うのはそもそもまずい．なぜなら SSS が合同条件として有効な定理であることの証明が，学校数学には欠落しているからである

もちろん，それを事前に準備すれば，この難点は比較的容易に解消できる．しかし，ほとんどその欠陥に気づかれないことも多く，あるいはそれに気づいても容易には解消できない問題を孕む箇所もある．最も典型的なのは，《比と比例》に絡む**相似**を扱う部分である．中学校，ときには高校でさえ，よく見られる比を表す表現 $m:n$ (あるいは $m:(m+n)$) は，数学的には，m, n を自然数に限定したときにはじめて意味をもつはずである[1]が，そのような制限は，比と比例の基本的関係が，$m:n = 1:1$ の場合，つまりいわゆる中点連結定理から拡張されて導かれるからであり，自然数の比で述べられた比の関係が樹立されていれば，そこから，実数についての比の関係が，ユークリッドであれば『原論』第 5 巻で展開される比例論を通じて導かれるからである．

しかるに，近頃の平均的な中学校の教科書では，三角形の相似条件をいきなり提示し，その応用として，「平行線と比例」や「中点連結定理」を「導く」という信じがたい叙述になっている．これは，論理的な困難を解消しようと努力する代わ

---

1)　もし，m, n として，有理数，実数を考えるのであれば，一文字を減らした表現 $t:(1-t)$ のほうがはるかに単純で本質的であるからである．

りに，**論理的な困難の中に自らはまっていくようなもの**で，少しでも昔の幾何教育の経験のある人からは「噴飯もの」という嘆息が聞こえてきそうであるが，教員ですら，まともな幾何教育の姿を知らない時代とあっては，無理からぬ話である．しかし，教科書編集に責任をもつ指導的な数学者が誰一人としてこの問題に気づかないはずはないので，その方々が，教科書の論理的な構成よりは，幾何に関する必須知識の効率的な伝達を保証することのほうがより重要であると考えているということは疑いない．それが何のためであるかは措いておくとしても．

とはいえ，この厄介な相似に関しても，それなりに準備の手間と手順を踏めば，論理的な構成ができる．しかしながら，初等幾何には，そのような数学的な努力だけでは解消できない難問もある．つまり，現代数学的な立場に立ったときにはじめて見える，ユークリッド流の《図》に頼った論証に特有の，**論理的に致命的な欠点である**．たとえば，半直線 OX, OY の作る角 ∠XOY の二等分線の作図において，点 O を中心とする一つの円を描くが，その円が半直線 OX, OY とそれぞれ 1 点を共有する (交わる) ことが，証明されることなく前提とされている．図を描けば誰でもが正しいと納得するに違いない《自明な事実》であるが，**図に訴える議論を直観的な認識にすぎないとして徹底的に排除する現代数学的な理念**からいえば，交点の存在は，自明とは程遠い (far from trivial)，論理的に身勝手な思い込みである，という断罪から自由になれない．実際，現代数学は，そのような「見るからに明らか」な命題の中に，じつに多くの誤りが存在することを発見してきた．人間の直観的な認識には明らかに不可能と映る「連続であるのに至るところ接線が引けない (微分不可能な) 関数」の存在は，その最も単純な例であろう．このような立場から見れば，ユークリッド以来の伝統的な幾何は論理的にはボロボロで，数学の教育素材として取り上げるには適さない，という勇ましい意見がある．

しかしながら，**図形に基礎をおく直観的認識の威力と魅力**は，子どもがコンピュータ・ゲームに夢中になることを見れば明らかであろう．大人を含め世界を席巻したスマートフォンの普及にもそれは現れている．同じ情報端末とはいえ，ガラケーとスマホのユーザにとっての違いは，1 次元的な文字情報の流れと，多次元的なマルチメディア情報の拡がりとの違いだからである．(逆にまた，じつは，WiFi

152

機能や通信速度を別にすれば，その程度の違いにすぎない．)

　ともかく，視覚を使った直観的な情報伝達や認識・理解は言葉による情報の伝達や論理的な理解のスピードと比較すると，はるかに効率的である．「百聞は一見に如かず (Seeing is believing)」という古くからの言い回しにもこれは現れている．因みに，筆者自身は，歳を重ねて加齢黄斑変性を患い，還暦を超えてからはじめて深刻な視力の低下を経験した．一般の人々が五感の中で視覚を喪うことに最も強い恐怖を感じるのは，視覚による情報処理の抜群の効率性にあるのだと実感したものである．視力の助けなしに高度な数理世界を探求している盲目の数学者が存在することを考えると，視覚的な直観とは別の空間直観，視覚的な納得によらない理論的な理解の奥行きがあるのだが，一般の人には分かりにくい世界なのだろう．

　図形のもっているこのような人間文化全体にとっての重要な意義を考えるとき，視覚的な認識を低く見る現代数学の証明の理念を，そのまま教育に押し付けるのは，一種の《現代数学帝国主義》であるから，数学の側も，慎重に警戒しなければならない．言い換えれば，図形をいろいろと描きながら「論証」の組み立てをあれこれと試行錯誤する実験的な思索は，たとえ「現代数学」の思想と方法とは矛盾する[2] としても，**知的に余裕をもった若者**には是非とも大いに体験してほしいと願う．それは，認識効率はよさそうに見えるが，奥深い理解には結び付かない可能性の高い視覚に頼った直観的な認識を，きちんとした演繹的な論理で補強するという，《矛盾した人間の認識》を統合する偉大な体験でもある．

　とはいうものの，筆者は，一部の知的に特に恵まれた若者は別として，同世代のほとんどすべての若者が高校に (そして最近は大学，専門学校に) 進む時代に，すべての中学・高校の学生が，彼らの貴重な青春の時間を捧げてでも是非とも体験すべき学問的出会いとして，ユークリッド流の古典的な総合幾何があるべきかどうかについては，否定的 (より正確には悲観的) である．

　それは第一に，言葉を用いた図形についての証明が，情報伝達のよさとしてあ

　2）　その結果，その道の受験秀才となってしまうと，現代数学の思想と方法がかえって理解できなくなってしまう可能性もある．

げられる図形を通じた直観的な認識とは裏腹に，言葉で記述される内容があまりに判読・伝達しにくいからである．角の二等分線の作図の証明のような単純なものですら，記号で示される線分や角が図のどれに相当するか，それらをきちんと追うのは結構面倒である．その大変さは，紙に図を描かずに頭の中だけで証明を追ってみるとさらにはっきりするだろう．このような，図形に対する言語的論証の非効率性は，代数的記号法を用いた議論，たとえば方程式，不等式，関数などについての議論と比較すると鮮明に分かる．学校教育という時間に対する厳しい制約のある場面では，どちらか一方を選ばざるを得ないとすれば，代数的な方法論を優先するのは，現代であれば何重もの意味で正しいだろう．

第二には，この初等幾何の証明の見掛け上の複雑さが，一般の学校において実施される幾何教育の低俗化，貧困化に繋がってしまうという深刻な問題を産み出すことがある．近頃の学校でやたらに強調されると聞く「完全な証明の書き方指導」は，あまりにも簡単自明な命題の証明しか扱われないことの結果として，表層の「厳密性」以外には教育目標を見出し得ない学校教育の現状を象徴する現象である．面白い幾何教育を実践するには，教育する側に，《創造性》と《想像力》，そしてこれらを裏付ける《厖大な知識》と《惜しみない時間》が求められる．それができない現状を考えるとき，教科数学が無意味で脅迫的な学校教育の代表と見なされないためには，数学の側でも，「身を切る改革」を覚悟すべきである．

第三には，学校教育全体の中での位置づけの曖昧さも深刻な問題である．たとえば，二つの 1 次関数 $y = ax + b$, $y = a'x + b'$ のグラフの幾何学的関係 (平行，垂直) などと，初等幾何の平行線の議論は，論理的に整合的にきちんと組み立てる必要があるが，一つの科目「数学」が，「数量編」，「図形編」のように分解され，複数の教師によって分担して教えられることが当然のようになってしまっている今日，たとえ教科書の中で論理的に首尾一貫して書かれたとしても (それ自身が難しいことはすでに指摘した通りであるが)，それは絵に描いた餅になってしまう危険が大きい．数学的知識が分断されて伝達されることのリスクは甚大である．なぜなら，個別的な知識の統合にこそ数学的な思考の魅力があるからである．

先進国を中心に，初等幾何 (正確には古典的な総合幾何) の教育への力点が減少する傾向にあることには，このようにそれなりの理由がある．

そうはいっても幾何学の出発点となったという土地測量術 (三角法) や，円の基本性質など，解析幾何をはじめ他の方法では迫ることの難しい主題など，外すにはあまりに惜しい主題があるのもまた疑いない．数学教育に関して全般的にいえることであるが，特に初等幾何に関しては，《あれかこれか》という実存的判断に強く責任を意識する必要がある．

第2回
解析幾何をめぐって

> ### 表の心

　教科書では「式と図形」という名前の単元があって，昔から多くの高校生が苦手としてきた難関単元の一つなんだけど，僕の考えでは，「式」という代数的な主題と「図形」という幾何的な主題が入り交じるので，頭の中で混乱が起きてしまう，というのがみんながここで苦しむ原因なんだな．

　ということは，その関係をすっきりさせれば，たいしたことはない！　図形なんて，小学校に上がる前の子どもだってお絵書き帳に描いているくらい身近なものなんだから，まったく難しいはずがない．一方，式というのは中学生のとき以来親しんできたはずの文字式の延長にあるので，中学の文字式で躓いてしまった人はまずここから復習すべきだね．ここでは，そういう人はいないとして，中学の文字式の「延長部分」を理解するポイントをピシッピシッと教えてあげよう．

　重要なポイントは，本当に数えると，わずかにあるだけだ．

　最も基本は，直線を表す式だよ．直線についての注意点は次の3点だ．

　まず第一点は，直線についてはそのほとんどは，1次関数 $y = ax + b$ のグラフとして中学2年生で学んでいるので，高校数学になってはじめて入ってくる直線は，y 軸平行の直線だけだということだね．こういう直線は $x = p$ という方程式で表される．$x = p$ というと x 軸上の1点しか表さないと思い込みがちだけれど，1次関数 $y = ax + b$ でたまたま $a = 0$ の場合は，$y = b$ となって，これは傾きが0，つまり x 軸平行の直線になるから，座標軸の一方に平行な二つの場合を関連

付けて憶えるといい. つまり, まとめて,

$$\begin{cases} x = \text{一定} \implies y \text{ 軸平行} \\ y = \text{一定} \implies x \text{ 軸平行} \end{cases}$$

とすると, よく分かるだろう. ただし, $\implies$ の左右で, x と y が逆転するので, 注意が必要だね.

次に重要なポイントは, 直線の方程式の公式として暗記すべきは,

$$\text{傾きが } m \text{ で, 点 } (p, q) \text{ を通る} \implies y = m(x - p) + q$$

だけだということだね. これが意外に大きな盲点だ. 「直線は, 傾きと 1 点」と憶えよう. 「進んだ参考書」を謳う本などに, よく「2 点 (x_1, y_1), (x_2, y_2) を通る直線の方程式」とか, 「x 切片が p, y 切片が q の直線の方程式」とかの公式が, さも大事そうに載っているけれど, これらは上の公式から直ちに導かれるので, 気にする必要はまったくないんだ. 暗記すべきものはきちんと暗記するとしても, 要らないものまで憶えていたら頭の記憶容量がパンクしてしまう. 携帯電話だって, 写真や動画をやたらに保存していたら, メモリがいっぱいになってしまうだろ. 不必要なのは消せばいい. そもそも保存しなければもっといい, ということだよ.

直線に関する最後の第 3 のポイントは, 2 直線

$$l : ax + by + c = 0, \qquad l' : a'x + b'y + c' = 0$$

の位置関係についての公式だね.

$$\begin{cases} l /\!/ l' \iff ab' - a'b = 0 \\ l \perp l' \iff aa' + bb' = 0 \end{cases}$$

これらは, 2 直線が $l : y = mx + n$, $l' : y = m'x + n'$ である場合の条件 $m = m'$, $m \times m' = -1$ から導かれる公式なんだけど, 憶えておいたほうがいいね.

直線に関する最後のポイントは, 直線 $ax + by + c = 0$ と点 (x_0, y_0) の距離の公式

$$\frac{|ax_0 + by_0 + c|}{\sqrt{a^2 + b^2}}$$

だね．たぶん高校数学の中で最も複雑な公式なので，きちんと憶えるには練習問題を反復するのが最良だよ．

直線の次は，円だよ．円についての注意点は次の 3 点だ．

まず，円は，中心となる点を決めて，さらに半径が決まれば，描くことができるだろ．「円は中心と半径」——これが出発点だ．点 (a, b) を中心とする半径 r の円の方程式が

$$(x - a)^2 + (y - b)^2 = r^2$$

となる，ということが出発点といっていい大事な公式だね．

次に円に関する問題で難しいのは，円に対する接線の話題だ．接線というのは，円と 1 点のみを共有する直線なんだけれど，それに関する重要公式は次の一つだけだね．

円 $(x - a)^2 + (y - b)^2 = r^2$ の周上の点 (x_1, y_1) における接線の方程式は，

$$(x_1 - a)(x - a) + (y_1 - b)(y - b) = r^2$$

登場する文字の個数が多いので，憶えられないという人も多いだろうけれど，何回も何回もノートに書き写す勉強をすれば，自然に体に入ってくるというものだ．特に試験に出やすいのは，$a = b = 0$ の場合，つまり，原点を中心とする円の場合だよ．このときは上の公式も，

円 $x^2 + y^2 = r^2$ の周上の点 (x_1, y_1) における接線の方程式は，

$$x_1 x + y_1 y = r^2$$

のように単純になる．これも大切だ！

このような直線と点についての基本事項の他に，「図形と式」では，それらの総合問題も重要だ．

直線と円との位置関係は，

「2 点で交わる」，　「1 点で接する」，　「共有点をもたない」

の 3 通りに分類される．「1 点で接する」のが，この三つの分類の境界にあたることを理解すること，そして，「1 点で接する」ための条件が，円の中心から，直線に至る距離の公式を使ってきれいに表現できること，すなわち

158

直線 l と円 C とが接する　$\Longleftrightarrow$　(円 C の中心から直線 l に至る距離) = (円 C の半径)

という関係をマスターしておけばほとんどコワイものはない！

　しかも，こういう基本事項をしっかり暗記すれば，計算だけで，これまで苦労して習ってきた幾何の証明が要らなくなるんだ！　すごくない?!

裏の心

　解析幾何といわずに「図形と式」といった中途半端に大衆的な表現を使うという大衆迎合が，そもそも「図形と式」という単元を分かりにくくする理由の一つではないか．これはもちろん少しいい過ぎであることは分かっているが，「解析幾何」と聞けば，従来から馴染んできた「幾何」とは趣きの異なる，少し難しそうな新しい幾何を勉強するのかと，想像がしやすく，**学習者にとって最も大切な心の準備も整う** (well–prepared) と思うからである．「図形と式」に限らず，最近の日本では，中学以上では，術語が妙に通常の普通名詞であることが多い[1]．言葉の難しさで偉そうにふるまう衒学傾向は厳に謹まねばならないが，親しみやすさを演ずるだけで親しみが湧くわけではないこと，特に学習に向けての勇気が鼓舞される (well–motivated) わけではないことは，心する必要がある．

　「解析幾何」という言葉の由来を数学史的に説明するのは簡単ではない．一言でいえば，図形の諸性質を論ずる幾何という主題において，古代ギリシャ以来の，

---

1)　対照的に小学校では，奇妙に専門的な術語が使われる．掛け算の「乗数」と「被乗数」，割り算の「除数」と「被除数」はその代表格であろうか．後者は概念的な区別が付けやすいのでまだいいが，乗法 $a \times b$ において，a, b のうち，どちらをどちらというのか，このような数学としては気を配るに値しない問題について，「算数教育の専門家」と自称する人々が狂信的な教条を振り回しているらしい．これなどはまだ軽症のほうで，割り算に関する「等分除」，「包含除」の区別に至っては，算数の応用場面での区別の意味は想像できないわけではないが，業界外の普通の人には理解できない世界である．漢字だけではない．デシリットルとかヘクタールという単語の接頭詞 (deci–, hect–) の意味を介して，これらの概念を理解している教員，生徒ははたしてどれだけいるのだろうか．多くの子どもたちがここで苦しむと聞くが，指数表現を学んだ後に学習すれば苦労する意味がないほど単純な話ではないだろうか？

言葉を用いた演繹的，総合的な論証 (弁証) の代わりに，代数的な式を使った計算的＝分析的で発見的なアプローチをしようというものである，といえば大概の部分はカバーできよう．有名な哲学者 R. デカルトは，彼の著書『幾何学』においてこの手法がいかに古代からの難問を解決する上で強力であるかを雄弁に語ったが，この手法が，単なる幾何学を超えて，数学全般を刷新する強力な数学の新しい方法論であることを見抜いていたのは，同時代の P. フェルマーであり，高校数学において解析幾何が重要単元であるのは，まさにこれを通じて開かれる近代数学の世界 —— 微積分法 —— がその後に控えているためである．

　解析幾何の学習の難しさは，この時点では知る由もない，後に控える重大な展開を無意識に予感しつつ学習されなければならないという点にあるのに，実際の学習場面では，次々に登場する公式など重要事項の，その場かぎりの細かい機械的な知識の修得＝暗記に終始してしまい，最小限の流れを理解することもなく終わってしまうことであろう．

　解析幾何の核心を一言でいえば，2 個の未知数 x, y についての 1 個の方程式 $F(x, y) = 0$ では，古典的な意味での解は一意的に決まらないが，それらの不確定な解の全体，今風に記号を使って表現すれば，$\{(x, y) \mid F(x, y) = 0\}$ は，集合として確定し，それは，xy 平面に描かれる図形 (一般には曲線) になるということである．ここにおいて，関数のグラフでない，グラフの新しい考えが登場することが重要である．言い換えると，

　　関数 $y = f(x)$ グラフは，$F(x, y) = y - f(x)$ とおくことによって，
　　方程式 $F(x, y) = 0$ のグラフ としてとらえなおされる．

ということである．

　x, y についての 1 次方程式

$$ax + by + c = 0 \qquad (ただし (a, b) \neq (0, 0))$$

において，$b \neq 0$ のときは既知の 1 次関数のグラフに還元できることは間違いではないが，$b = 0$ のときについての説明はしばしば間違っている．実際，そのときは，$p = -\dfrac{c}{a}$ として，与えられた方程式は $x = p$ と変形できる．x と y についての方程式

160

であるのに y を明示的に含まないから，y が任意であることになるので，y 軸平行の図形 (結果的には直線) を表すというだけの自明の話である．初学者が分からなくなるのは，$x = p$ を x についての方程式と見てしまうことによるのであろう．

x, y についての1次方程式 $ax + by + c = 0$ を考えるとき，$b \neq 0$, $b = 0$ と場合分けするのは，本来は，筋のよい話ではない．$ax + by + c = 0$ は，$\vec{n} = (a, b)$, $\vec{v} = (x, y)$ とおけば，

$$\vec{n} \cdot \vec{v} = -c$$

と変形できることから分かるように，基本的には，法線ベクトルと呼ばれる $\vec{n}$ と直交する直線としてとらえるほうがよい．ベクトルが未履修の場合にも，似た筋道でこの捉え方をすることはできるが，筆者は，個人的には，ベクトルをいっしょくたにして学習するほうが総合的でかつ能率的であると思っている．最近の学習指導要領では解析幾何の数学 II 単元「図形と式」が，数学 B の選択単元「ベクトル」と完全に分離されている現実も深刻である．というのも，ベクトルは理論的には，座標の概念を，線型独立なベクトルの線型結合の係数として一般化するところに (のみ!?) 重要な意義があり，ベクトルの大きさといった，計量 (metric) をもったベクトルと混在して教えてしまうと，通常の座標幾何と何も変わらないからである．

ただし，以上とは反対に，微積分法，特に微分法への準備としては，

$$y - q = m(x - p)$$

が，点 (p, q) を通る，傾き m の直線を表現する方程式であることは大いに強調する価値がある．これこそ

$$\Delta y = m \Delta x, \quad \text{すなわち，} \quad \text{接線の公式} \ \ y - f(x_0) = f'(x_0)(x - x_0)$$

の原形であるからである．微分法への発展の意義を考慮すれば，$ax + by + c = 0$ において $b = 0$ の場合をやたらに強調する**例外注意教育**が，**理論的な意味でも，実用的な意味でも馬鹿馬鹿**しいことに注意が向くと思う．

また2直線の位置関係として，平行と垂直の二通りが強調されるが，正接 (tan) の加法定理や，ベクトルの内積の知識が期待できれば，なす角 θ についての一般

的な議論を展開することは自然にできる．わざわざ，特別の場合について，詳しい条件

$$l \parallel l' \iff ab' - a'b = 0, \qquad l \perp l' \iff aa' + bb' = 0$$

を展開するのは，$ab' - a'b = 0$, $aa' + bb' = 0$ が，l, l' の法線ベクトルのそれぞれ直交条件，平行条件であるからである．ある単元の中で，他の単元の文脈ではじめて意味の分かる概念が不当に大きく取り上げられる傾向は，検定教科書という厳しい制約の中で，学習者の利益を無視してでも実現されなければならないと教科書編集者が思い込んでいる，できるだけ包括的な知識を限られたスペースに詰め込むための結果である．

直線の後に円が来るのは，ギリシャ以来の幾何の伝統である．直線が1次方程式で表現できるのは，斜交座標と呼ばれる一般の座標の世界であるのに対し，円を論ずる上で基本となるのは，2点 $A(x_1, x_2)$, $B(x_2, y_2)$ 間の距離 $d(A, B)$ が

$$d(A, B) = \sqrt{(x_1 - x_2)^2 + (y_1 - y_2)^2}$$

で与えられるという，平面のユークリッド性といわれる基本性質に基づく．もちろん，学校数学的には，上の等式は，三平方の定理から証明できるというのが自然であろうが，三平方の定理は，多くの命題が前提されてそこから証明されるものであるから，三平方の定理を自明の前提とするのではなく，「三平方の定理が成立するような世界で2点間の距離を考えている」というほうがよい．実際，通常の座標系をほんの少し一般化した斜交座標の世界では，この公式はもはや成り立たない．

円を考えるのは，距離公式が使える世界で，「1点 $A(a, b)$ からつねに距離 r にある点の全体」と考えた瞬間である．点 $P(x, y)$ がこの条件 $d(A, P) = r$ を満たすとは

$$\sqrt{(x - a)^2 + (y - b)^2} = r$$

となることであるから，これこそが円の方程式である．どういうわけか，学校数学では，両辺を2乗して得られる[2] 方程式

---

2) 一般には，両辺を2乗するという変形は同値でないので，注意せよ，と指導されるもので

$$(x-a)^2 + (y-b)^2 = r^2$$

が強調される．これに当惑する学習者がいれば，まことに宜なるかな，というところである．代数的にいえば，x, y の 1 次方程式 $ax + by + c = 0$ の表す図形の後に続くとすれば，最も自然なのは，x, y の 2 次方程式

$$ax^2 + by^2 + cxy + dx + ey + f = 0 \qquad (\text{ただし } (a, b, c) \neq (0, 0, 0))$$

の表す図形であろうが，円は $a = b$ かつ $c = 0$ という特別の場合にすぎないことがほとんど意識されないのは，解析幾何といいながら，中学校幾何のレイルの上をそのまま走っているだけだからだ．その結果として，円と直線，円の接線についても，中学校幾何的な扱いに止まり，微分法への発展はほとんど意識されない．

　一番残念なのは，解析幾何の一番の魅力である，幾何学的な関係への多様なアプローチの可能性——ほんの一例であるが，

- 　直線 $ax + by + c = 0$ を，xyz 空間内の平面 $z = ax + by + c$ と 平面 $z = 0$ との交線として見ることによって拡がる可能性，
- 　共有する 2 点 (x_1, y_1), (x_2, y_2) が限りなく接近した場合としての接線への接近の可能性，
- 　代数的な立場から見ると，関数のグラフとしてとらえることができるという意味で，学習者にはより自然な順序として，直線と円の中間にあるべき 2 次曲線 (放物線 $y = ax^2$，双曲線 $y = \dfrac{a}{x}$, etc.) の基本の準備．

が，一切排除されて，ひたすら無味乾燥な公式の暗記が強調されてしまうことである．もちろん，解析幾何の基礎の上に，微積分法の知識が確立されて，その後になってはじめて，もう一度解析幾何に戻ってくる，という教育もあっていいが，受験勉強以外では，なかなかそういう機会を作るのは難しかろう．「図形と式」が公式ばかりで訳が分からない嫌いな単元となってしまうことには，容易には解決できない問題がたくさんある．

あるのに！

> コラム

学校幾何の狭さを克服する可能性
── 幾何学の歴史的展開

　学校数学における幾何は，小学校段階での長さ，面積・体積の計算(本来は小学校レベルでは扱うことのできない円の周長・面積，扇形の弧長・周長などまで扱われている！)という古代の実用幾何，中学校における論証幾何(総合幾何)，そして高等学校における解析幾何の3本柱で構成されているので，幾何の歴史的な展開をカバーしていると考えられがちである．しかし，それはいくつかの点ではなはだしい誤解といわなければならない．

　まず第一に，最近の小学校の幾何には，論理的体系性を欠いた[1]幾何学的な概念(直線，平面，平行，垂直，対称，移動，etc.)が紹介され，定規とコンパスという道具を使った正確な作図法[2]が指導される．

　他方，小学校幾何の最重要テーマである求積問題については，長さ，面積，体積の考え方の基本から出発しつつも，教育成果としては，この基本とは無関係の平板な公式主義で収斂してしまっている，という問題がある[3]．これは，求積に限らず，多くの場面に見られる，数学教育の《普及を通じた低俗化》の問題であるが，求積特有の問題もある．それは，小学校教育でしばしば叫ばれる「身近な実用性」という教育理念からははるか

---

[1] むしろ「避けた」というべきであろう．たしかに，一般的な小学生に論理的な議論は馴染まないのかも知れない．

[2] 二つの三角定規を接触させながら行なう平行線の作図など，理論的というよりは実用的な側面も強いことも忘れてはならない．

[3] 文教行政はこれを憂えて台形の面積公式を学習指導要領からはずした．たしかに，三角形の面積公式があれば，台形公式はいらないという見解には，一応ながら，理論的に聞くべきものがないわけではないが，教育現場を知らない行政の「理想主義」の失敗例である．実際，これは，「ゆとり教育」批判の分かりやすい標的として，世論からの強い反発を受け，次の改訂ではまた公式が復活するという茶番劇があった．他方，学校教育を通じて世間に定着している公式主義の根強さを感じる場面でもあった．

に逸脱して，奇妙に「学校数学化」していることである．特にデシリット
ルとかアールなど，小学校以外ではまず使われることがない単位の学習で
ある．これは，小学生の生活世界 (教室や体育館，運動場で小学生が実際
に体感することのできる規模のサイズ) と，数学的な国際単位系 (Système
international d'unités, SI) とを強引に調和させようとするための「工夫」
であるが，そのためにかかる学習コスト (時間・労力) と学習のベネフィッ
トの問題は，共感の余地がないほど深刻である．最も深刻な理論的な問
題は，求長に関して，センチメートルを基本単位として，$1\,\mathrm{m} = 100\,\mathrm{cm}$,
$1\,\mathrm{mm} = 0.1\,\mathrm{cm}$ を教えるという馬鹿馬鹿しさである．SI における規約に
従えば，centi は $\dfrac{1}{10^2}$ を意味する接頭詞であるから，それに基づけば，上
の換算公式は，

$$1\,\mathrm{m} = 100 \times \frac{1}{100}\,\mathrm{m}, \quad \frac{1}{1000}\,\mathrm{m} = 0.1 \times \frac{1}{100}\,\mathrm{m}$$

という馬鹿馬鹿しいほど自明な関係を教えていることになるからだ．

　少なくとも，単位換算のようなつまらない話題[4]で数学嫌いが増える
なら，あまりにもったいないと思う．

　第二に，中学校の幾何は，しばしばユークリッドが参照されるが，古
代ギリシャ人が達成した厳しい論証性とは掛け離れたものである．実際，
最近の教科書では，公理と定理の違いすら不明瞭にされている[5]．そもそ
も，証明の基礎となる，相等性や大小関係につての記述すら存在しない．
線分と線分の長さ，正方形と計算された正方形の面積，角と角度とがまっ

---

4) 単位換算がつまらないのではない！ 反対に，単位換算はいろいろな場面で重
要である．たとえばであるが，尺貫法とメートル法の換算は，文化的に重要で，数学的
にも発展的ではないだろうか．尺貫法という歴史的な文化のもつ意味と不合理性，ま
たメートル法という近代合理主義の精神の光と闇を学ぶのによい素材だと思うからだ．
そして数学的には，この種の単位換算は，「単位として (あるいは，1 として)……を選
ぶと」という除法の基本的な応用に親しむためにも有効であると思う．

5) これはおそらくは意図的である．論理性を厳しく要求すると「付いて来られな
い生徒がいる」という心優しき配慮と，公理を真正面から取り上げると，定義されて
いない用語の登場が避けられないという現代数学的な遠慮が働いているのであろう．

たく区別されることなく同一視されるような，よくいえば，実用的な幾何
(土地測量術) の流れを汲んだ素朴な計量的幾何であり，論証としては，お
作法のレベルに止まっている[6] のに対し，幾何の有名な定理 (とりわけ有
名なのは三平方の定理であろうが，もっと基本的な「二等辺三角形の両底
角が等しい」という定理でもよい) の証明を詳しく見れば，ユークリッド
の『原論』と中学数学の「図形編」がどれほど隔たっているか，すぐに分
かる．

　第三に，高等学校の解析幾何は，「図形と式」という単元で学ぶ直線と
円の解析幾何だけと思われているが，実際には，もっと広い．実際，高等
学校レベルでも，三角比 (現在の指導要領では一部は三角関数) やベクト
ル，そしていまは複素数平面，一昔前は平面の 1 次変換も合わせて，解析
幾何的な世界が大きく紹介されている．

　しかしながら，解析幾何の本質である曲線，曲面は，例外的な一部 (現
在は，数学 II に含まれる 3 次関数のグラフと数学 III に含まれる 2 次曲
線) を除いてはまったく扱われていない．その結果，あるいはその原因と
して，まことに遺憾ながら，近代の解析幾何の発見によって可能になった
微積分法との関連がほとんど意識されず，パッポスの中線定理など古典的
な総合幾何の定理の別証を与えることがその教育意義と思われているよ
うである．しかるに，後者はよく点検すれば，前者の表層的な言い回しの
変更にすぎない．

　他方，数学苦手の生徒にとって暗記しにくい「内分点，外分点の座標公
式」は強調されるが，中学生のときから，経験的な事実として学んできた
数学の基本事項，たとえば，「1 次関数のグラフは直線である」に対して解
析幾何の立場からその根拠に迫る，という発想は欠落してしまっている．

---

　6)　「二つの三角形において，対応する 2 角の大きさと間の辺の長さがそれぞれ 等
しいので合同である」において，三つの下線部分が必須であり，いずれかを欠くごと
に減点されるという．このように，奇妙に厳しい言葉遣いが要求されるのがその証で
ある！

最も残念なのは，実数全体の集合 $\mathbb{R}$ の作る数直線 (＝完備な順序集合) という素朴な直観に依拠した平面，空間に対するわずかな接近に止まっていて，直線，平面，空間の相違点が強調されるものの，それらの類似性には目が行かない[7] のは，それと無関係ではないだろう．

　以上，日本で扱われている学校幾何には，幾何の歴史的発展を考慮すると，余剰なものがたくさんある一方，決定的に欠けているものも少なくない．もちろん，人類史的な経験を個人がすべて再度経験する必要はまったくないのだが，そんな意見を十分承知の上でいくつか重要な主題を概観してみよう．

　まずは古代に探求された円錐と平面の作る曲線の幾何である．これは，現在の解析幾何的なアプローチでは単なる 2 次曲線があるが，古代の総合幾何的なアプローチのエレガンスさは格別である．有名なニュートンの『プリンキピア』[8] は，この古代人の幾何の知識に基づいているため，その種の知識に疎い現代人には読みにくく，ニュートンがなぜ，彼自身も発見に関わった当時の新数学，いまでいう微積分法を使わなかったのか，謎めいて見える．しかし，古代の幾何の知識に造詣が深いニュートンにとっては，その基礎の危なさが否定できない新数学よりは，よほど安心して使える数学の基本であったのだ．

　円錐曲線以上に，教育的に重要だと思われるのは球面幾何である．今日の立場からは「リーマン型の非ユークリッド幾何の一つ」に分類されてしまうのだが，天 (今日でいえば宇宙) が球面であると考えられていた時

---

　7)　「いわゆる現代化」以前のカリキュラムでは，平面座標を学ぶ 1 年生科目「数学 I」と空間座標を学ぶ 2 年生科目「数学 IIB」とに分かれていたものが，近年の学習指導要領では，2 年生科目「数学 B」に統合されてしまったために，かえって「平面ベクトル」と「空間ベクトル」の区別が際立ってしまったようである．

　8)　原題を和訳すれば『自然哲学の数学的原理』となる．この表題には，有名な哲学者デカルトの『哲学原理』を念頭に，デカルトとのアプローチの違いを強調するニュートンの狙いが込められている．ニュートンは，万有引力の法則 (逆 2 乗法則) と運動の基本法則から，(太陽系の) 惑星についての「ケプラーの法則」が数学的に＝幾何学的に演繹できることを証明したのである．

代には，不動の恒星を乗せた天球上を惑う (ギリシャ語の$\overline{\pi\lambda\alpha\nu\omega}$，現在の「惑星 (planet)」の語源) ように運動する惑星の位置とその変化を正確に追跡するために，天文学や占星術に不可欠な数学であった．

球面の世界では，直線 (測地線，すなわち 2 点を結ぶ最短経路) が，大円 (球の中心を通る平面での球の切り口) のことであり，現在でも航空機の世界では燃料を最小にするために地球を球と見立ててこの "直線" に沿って飛行経路が決められていることなどは，《平面と直線の本質》に現代的に迫るのによい教材である．また，地表に暮らしつつ，平行線の存在を自明なものと考える現代人の認識に対する警鐘としても面白い話題ではないだろうか．

最近ではすっかり教育から追放されてしまった感がある画法幾何も，近代絵画で大きな注目を浴びる遠近法を含めて教材化しても面白い話題であると思う．特に，画法幾何の延長上に自然に導かれる無限遠点という考え方は，多くの発展的な話題との結合が多様に実現できるので，オイラーの多面体定理くらいしか (これでさえ，図を見ながら単に数え上げるだけのものになっている！) 応用のない「位相幾何入門」よりははるかに学び甲斐があると思うのだが，どうだろう？　まとまった単元で，しかしながら，互いに独立して教えられているメネラオスの定理とチェーヴァの定理も，双対性の話題 (3 点が 1 直線上にある ≡ 3 直線が 1 点で交わる) を交えて扱うことができれば，はるかに豊かな教材になると思う．

夢想していると笑われそうであるが，19 世紀に発見された非ユークリッド幾何 (これはリーマン幾何や微分幾何という分野に発展している) と射影幾何 (これは現代では射影空間という多様体の重要な例を提供する源となってはいるものの，わが国ではいまやほとんど顧みられない) に触れる機会があってもよい．これらの話題は，決して数学とその周辺に自らの専門を探す若者だけでなく，数学を専門としないより広い範囲の人々にとって，現代人の数学的教養として重要な意味をもつのではないだろうか．

実際，文化としての数学を考えるとき，自然学の偉大な天才ニュートンや大哲学者カントですら，世界を論ずるための論理的な前提として，直観的な空間を絶対化したのに対し，そのような偉人すらを相対化できる視点を経験する舞台を用意できれば，数学教育が，教育の最重要目標といわれている《批判的思考力 (critical thinking) 》への確実なアプローチを与えることになる．

VII

指数・対数について

第1回
指数概念の拡張をめぐって

表の心

「数学は，頭で考える科目だから，自分のような頭が良くない人間には数学は分からない」と諦めている人が多いのだが，とんでもないことだ！　**数学は暗記で済む科目なんだ！**　諸君が納得できるように，この特徴がはっきり出てくる話題を取り上げよう．それは指数の定義だ．

一般に，数 a に対し，

$$\underbrace{a \times a \times a \times \cdots \times a \times a}_{n \text{ 個}}$$

のように，a を n 個かけたものを a^n と表す——これが基本だ．たとえば

$$(-2)^2 = (-2) \times (-2) = 4,$$
$$(-2)^3 = (-2) \times (-2) \times (-2) = -8,$$
$$(-2)^4 = (-2) \times (-2) \times (-2) \times (-2) = 16,$$
$$(-2)^5 = (-2) \times (-2) \times (-2) \times (-2) \times (-2) = -32,$$
$$\cdots\cdots$$

という具合いだ．

ともかく初心者のうちは，最終の答に － の符号がつくか，つかないか，面倒臭そうに見えるかもしれないけど，それは n の偶奇で決まることを心に止めておこう．このように a^n を，この記号の意味に従って書き換えると，n が増えるにつ

第 1 回　指数概念の拡張をめぐって　　171

れて長くなるけれど，定義さえしっかり憶えていれば，いつでも計算できるね．
ただし，数学で大切なのは，こういう数の計算ではなく文字式の場合だ．その場
合には，この定義にしたがって計算するというよりは，まず次の**指数法則**という
名の三つの公式を憶えることが大切だ．

$$(1)\ a^m \times a^n = a^{m+n} \qquad (2)\ (a^m)^n = a^{mn} \qquad (3)\ (ab)^n = a^n b^n$$

これらの公式の形をしっかり暗記して，これに正確にあてはめて計算するんだ
ぞ．たとえば，

$$(3a^4 b^3)^2 \times (-2ab^2)^3 = 3^2 a^8 b^6 \times (-2)^3 a^3 b^6$$
$$= \{9 \times (-8)\} \times (a^8 \times a^3) \times (b^6 \times b^6) = -72 a^{11} b^{12}$$

という具合いだ．基本原則は

ⅰ）　係数は係数としてまとめる．

ⅱ）　文字は，異なる文字ごとに指数を計算する．

の二つが鉄則だ．その際，公式 $(1), (2), (3)$ のそれぞれをどこで使っているか意識
しなくても計算がすらすらと進むくらい練習を積むことが大切だ．$\left(-\dfrac{5}{2} a^4 b^3 c^2\right)^2$
のように係数が複雑になってきたり，文字の種類が増えても，同じようなものだ．

少し難しくなるのは，a^n は，n が 0 以下の整数のときでも，たとえば $n = -3$
のときも定義されるということだ．しかもこのときは，「-3 個の a」を掛け合わ
せるなどと考えてはいけない．そんなこと，できっこない！　では，どうするか
というと，たとえば，a^{-3} は，単に $\dfrac{1}{a^3}$ と計算するんだ．$2^3 = 8$ だから $2^{-3} = \dfrac{1}{8}$
という具合いだ．同じように a^0 については，これは $= 1$ であると約束する．こ
れらは単なる**約束**なんだから，「なぜ？」と疑問をもってはならない．**約束は守る
ことが大切であって，疑問をもつものではない！**

少し難しいのは，指数が有理数のときだね．$a^{\frac{n}{m}}$ は，a の m 乗根の n 乗，つまり
$(\sqrt[m]{a})^n$ と約束する．たとえば，$4^{\frac{3}{2}}$ は，$(\sqrt[2]{4})^3 = 2^3 = 8$，$8^{\frac{2}{3}}$ は，$(\sqrt[3]{8})^2 = 2^2 = 4$

という具合いだ．

　不慣れなうちは，これがひどく難しく見えるものだけれど，しっかりと暗記すれば恐くない！　約束をしっかり憶えるには，「$a^{\frac{n}{m}}$ は，a の m 乗根の n 乗」，……とありがたい念仏のように**繰り返し唱えるんだ**．必死に唱えた人には御利益があるぞ．

　さて，以上の定義に従って，有理数 x に対して

$$y = a^x$$

となる点を xy 平面にプロットしていくと，点を細かく取っていくにつれ下図のような滑らかな曲線が見えてくる．これをグラフにもつ関数を，a を底とする**指数関数**というんだ．下の図は $a = 2$ の場合だ．

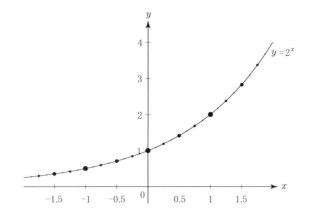

　　　　　　　　　　　　　　裏の心

　a^x という記号は，古くはデカルト (René Descartes, 1596–1650) に由来するものである．彼はこの記号法を介して，今日，代数方程式と呼ばれる数学の分野を開拓する重要な第一歩を記したのであるが，ウォリス (John Wallis, 1616–1703)

は，この記号法が x が有理数の場合にまで拡張されることを発見し，その奥に潜む美しい数理世界を開拓した．

ウォリスのアイデアは，自然数 n が 1, 2, 3, 4, $\cdots$ という**等差数列**をなしているとき，x^n が $x, x^2, x^3, x^4, \cdots$ という**等比数列**をなすという規則を，負の整数の側に自然に延長したり (n が負の整数の場合)，整数の間を補間したり (n が有理数の場合) することで，

$$x^{-1} = \frac{1}{x}, \quad x^{-2} = \frac{1}{x^2}, \quad \cdots$$

や

$$x^{\frac{1}{2}} = \sqrt{x}, \quad x^{\frac{2}{3}} = \sqrt[3]{x^2}, \quad \cdots$$

という定義が自然的に導かれるということを基礎とするものであった．現代の目から見れば，

$$(1) \ \ a^x \times a^y = a^{x+y}, \qquad (2) \ \ (a^x)^y = a^{xy}$$

という指数法則が，x, y が 0 以下の整数や有理数になる場合においても成り立つように，**指数の定義を拡張**したといってもよい．

実際，(1) において $y = 0$ とすれば，$a^x \times a^0 = a^x$ が成り立つことから，a^0 は 1 と定義するのが自然であり，また (1) で $x = n$, $y = -n$ とすると，$a^n \times a^{-n} = a^0 = 1$ より $a^{-n} = \frac{1}{a^n}$ とするのが自然である，ということである．(2) において $x = \frac{1}{q}$, $y = q$ とおけば，$(a^{\frac{1}{q}})^q = a^1 = a$ であるから，$a^{\frac{1}{q}}$ は $a^{\frac{1}{q}} = \sqrt[q]{a}$ であると，また，$x = \frac{p}{q}$, $y = q$ とすれば，$\left(a^{\frac{p}{q}}\right)^q = a^p$ より，$a^{\frac{p}{q}}$ は $a^{\frac{p}{q}} = \sqrt[q]{a^p}$ であると定義するべきである，ということである．

このように指数が有理数の場合までの定義は，無理やり記憶するというような手間をかけるまでもない，ごく自然なものである．ただし，この自然さを納得するまでは，しっかりと考えることが必要である．この思考の手間を惜しむと，**ウォリスの発見の感動を追体験する好機を逸してしまう．定義には，定義が誕生する根拠がある**．

ところで，x が有理数の場合の a^x の上に述べた定義には，数学的には問題がある．

まず一つは，$x = \dfrac{p}{q}$ $(p, q : 整数)$ のとき，$\dfrac{p}{q}$ は，$p \times \dfrac{1}{q}$ でも $\dfrac{1}{q} \times p$ でもあるので，$\sqrt[q]{a^p} = (\sqrt[q]{a})^p$ という関係が成り立つべきところであるが，たとえば，$a = -1, p = 3, q = 2$ として形式的に $\sqrt{a^3}$ と $(\sqrt{a})^3$ を計算すると，

$$\sqrt{(-1)^3} = \sqrt{-1} = i, \qquad (\sqrt{-1})^3 = i^3 = -i$$

となってしまい，両者は一致しないということである．これは累乗根を考える範囲を虚数まであまりに気楽に拡大してしまったために発生する問題であるので，これを回避するために，a^x における **a を正の数に限定する**ことにすれば，任意の正数 $p, q \, (q > 0)$ について等式

$$\sqrt[q]{a^p} = (\sqrt[q]{a})^p$$

の成立が保証されて，問題はとりあえず解決する．

だが，まだ問題がある．それは有理数を分数で表現するときに，表現は一意的ではないという問題である．実際，任意の 0 でない整数 k に対し，$\dfrac{p}{q}$ と $\dfrac{kp}{kq}$ は有理数として等しいので，$\sqrt[q]{a^p}$ と $\sqrt[kq]{a^{kp}}$ が一致することが証明されないと，有理数 x に対する a^x の定義が「定義として正しい (well defined)」とはいえないという問題である．技術的詳細はここでは省くが，a を正に限定すると，この問題も一応クリアされる．

「とりあえず」とか「一応」というのは，q 乗根という概念のもつ真の困難がまだ解決されていないからであり，この困難の解消のためには，大学で学ぶ「リーマン面」という不思議なつながりをもつ《曲面》の概念が必要だからである．

学校数学流の指数の定義の最大の弱点は，x が実数である場合にまで a^x の定義を拡張することである．すべての有理数 x について $y = a^x$ が定義できれば，それらのすべての点 (x, y) を通る，**実数 x の連続関数**として $y = a^x$ が定まる，ということなのであるが，これは，高校レベルでは直観的理解で済ますほかない高級すぎる話題である．幸いこの拡張を必須とする微積分法も，高校までは理論的扱いは避けることになっているので，有理数 x まで a^x が定義されたなら，「x を実数としてもかまわない」と信じても，実際上，困ることがない．初等数学には，

このように「有理数から実数への飛躍は可能である」とする一種の信仰が必要な場面が結構たくさん存在する．ただし，正しさを保証する厳密な証明が大学数学には用意されているので，怪しい新興宗教ではない．

ところで，上の指数法則 (1), (2) は，x, y が自然数の場合には，和についての，名前のない法則

$$(1')\quad ma + na = (m+n)a \qquad (2')\quad n(ma) = (mn)a$$

と全く同様に，演算 $(\times, +)$ の**結合法則のみから導かれる自然な性質**であるが，(1), (2) と一緒に教えられることの多い指数法則

$$(3)\quad (ab)^m = a^m b^m$$

は，和の場合なら，

$$(3')\quad m(a + b) = ma + mb$$

に相当するもので，いずれもその導出には，演算の結合法則だけでなく交換法則も必要である．その意味では，理論的には (1), (2) とは分離するほうが筋がいいのだが，初等数学のレベルでは $(3a^4 b^2)^2 = 3^2 \times (a^4)^2 \times (b^2)^2$ のように，(3) が最初に必要とされる問題が強調されてしまうために，このような理論的に重大な差異に学習者の目が向きにくいのが，苦しいところである．

第2回
対数の考え方をめぐって

表の心

これから学ぶ対数関数は，おそらく数学で躓く最初のきっかけになっているようだ．たしかに「対数」という言葉の意味が分かりにくいね．**指数関数**に「対」してその**逆関数**を**対数関数**というだけなんだ．1次関数，2次関数といったこれまでに習ってきた関数とは違って，簡単な式で表現することができない，数学的な約束で定義される人工的な関数だから，基礎から一つずつ理解を積み上げていくことが大切だ．

まず，対数について理解するためには，指数についてしっかりマスターしておかなくてはならない．特に指数に有理数が入ったときの計算

$$a^{\frac{p}{q}} = \sqrt[q]{a^p} = (\sqrt[q]{a})^p$$

をマスターしておくことが絶対条件だね．

そしてもう一つは，指数関数 $y = a^x$ のふるまいをグラフで直観的に理解することだ．留意すべき重要なポイントは，$a > 1$ のときと $0 < a < 1$ とを**分けて考**えることだ．$a > 1$ のときは，右上がり (単調増大)，$0 < a < 1$ のときは，左上がり (単調減少) となるんだったね．とはいえ，いずれも

i) 点 $(0, 1)$ を通る．

ii) つねに x 軸より上にある．

iii) 遠方で x 軸に漸近する．

という共通の特徴があることも大切だ．

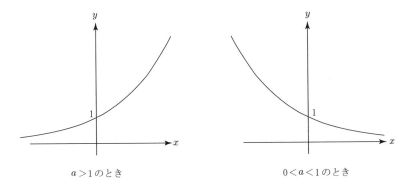

$a>1$ のとき $0<a<1$ のとき

　こうして，$a>1$ のときも $0<a<1$ のときも，指数関数 $y=a^x$ では，任意の実数 x の値を決めると，正の実数 y の値が一つ決まる $(x \to y)$ のであるが，グラフを見れば分かるように，逆に任意の正の実数 y の値を決めると実数 x の値が一つ決まる $(x \leftarrow y)$．そこで，正の実数 y の値に対して $y=a^x$ という関係で決まる x の値を

$$\log_a y$$

と表して，これを「a を底，y を真数とする対数」というんだ．言い換えると，**$\log_a y$ とは，底に来ている a を何乗したら真数の y に等しくなるか，それに必要な指数を表しているんだよ．**

　「検定教科書」風にいうと以上のようになるんだけれど，しかしこのようにいわれてもピンとこないよな．定義を憶えないと何も始まらない，と教える，昔風の数学の先生がよくいるけど，学習者の立場に立つと，定義をマスターすることが，特に，初学者には一番大変だということがわかっていない．まずは対数の計算が分かるような簡単で具体的で，基本的な例をたくさんやるといいね．

　一番簡単な底が 2 の場合で考えてみよう．

$2^0 = 1$ であるから　$\log_2 1 = 0$,
$2^1 = 2$ であるから　$\log_2 2 = 1$,
$2^2 = 4$ であるから　$\log_2 4 = 2$,

$2^3 = 8$ であるから $\log_2 8 = 3,$

$\cdots\cdots$

という具合いだ．同様に，

$2^{-1} = \dfrac{1}{2}$ であるから $\log_2 \dfrac{1}{2} = -1,$

$2^{-2} = \dfrac{1}{4}$ であるから $\log_2 \dfrac{1}{4} = -2,$

$2^{-3} = \dfrac{1}{8}$ であるから $\log_2 \dfrac{1}{8} = -3,$

$\cdots\cdots$

となる．さらに

$2^{\frac{1}{2}} = \sqrt{2}$ であるから $\log_2 \sqrt{2} = \dfrac{1}{2},$

$2^{\frac{3}{2}} = 2\sqrt{2}$ であるから $\log_2 2\sqrt{2} = \dfrac{3}{2},$

$2^{\frac{1}{3}} = \sqrt[3]{2}$ であるから $\log_2 \sqrt[3]{2} = \dfrac{1}{3},$

$\cdots\cdots$

という具合いになる．

　このようにていねいに練習すれば，簡単に納得できるだろ．ここであげた例を「一般に $\log_2 2^p$ の値は p である」と一般化することができたなら，諸君はもう対数について初心者脱出だ．ここまで分かってきたら，上にあげた教科書的説明に戻り，「底にきている 2 を何乗したら真数の 2^p に等しくなるか，それに必要な指数を $\log_2 2^p$ が表している」ことを思い出そう．そうすれば，$\log_2 2^p = p$ はごく自然な関係であると理解できるんじゃないか．

　対数というのは，難しいといわれているけれど，このように，指数の計算さえきちんと分かっていれば，後は，**対数法則**と呼ばれる計算のための基本公式を憶えるだけさ．

裏の心

　対数という数学的な手法は，その英語名であるロガリズム (logarithm) がギリシャ語の logos (比例 ≒ 乗法・除法) と arithmos (数 ≒ 数論 ≒ 加法・減法) の合成語に由来することにも現れているように，乗法・除法のような面倒な計算を，より簡単な加法・減法に還元するという意図でその数表を作成するという面倒な仕事に人生の時間を捧げた昔の偉人——特に，ネピア (John Napier, 1550–1617)，ブリッグス (Henry Briggs, 1561–1630)，ビュルギ (Jost Bürgi, 1552–1632) たち——の貢献によって人類が手に入れた偉大な発明である．対数の発明は，「数ヵ月もかかる計算を数日に短縮したことで，天文学者の寿命を2倍に延ばし，長い計算につきものの誤謬と嫌悪から解放した」とラプラス (Pierre–Simon Laplace, 1749–1827) が述べたように，当時は画期的なものであった．電子計算機の発明や電卓の普及を通じて，今日では，対数のこの実用的な価値はまったくなくなってしまったが，逆に対数の理論的な価値はむしろより鮮明になっている．

　対数の考え方は，最初に数学を通じて出会う人には，少し異様な印象をもたれてしまうことがある．指数関数の逆関数という形での対数関数の導入はオイラー (Leonhard Euler, 1707–1783) 以来の伝統的なものであるが，逆関数の考え方によほど親しんでいないとこの導入法が自然なものに映らないという教育的な欠点が存在することがあまり気づかれていない．しかし，導入の仕方を少し変更すると，意外にも，対数は数学の中で最も身近なものの一つであることが分かるのではないかと筆者は思っている．

　まず第一に，「刺激」に対する人間の「感覚」は，対数的である．ひどく卑俗な話で恐縮だが，誰にも分かる収入の話を取り上げよう．

　たとえば，年収が200万円の若き A 君が，日頃の働きぶりを評価されて，年収が100万円増えて300万円に増額されたとすると，その嬉しさは大変なものであろう．しかし年収1000万円の B 課長が，同じく100万円増えて年収1100万円になっても，B 課長の嬉しさは A 君のものと比べると随分小さいのではないだろ

うか．年収 1 億円の法人理事長 C 氏であれば，年収が 100 万円増えてもそれに気づかない程度の喜びしかないだろう[1]．

　要するに収入増の喜びは，収入増の絶対額ではなく，相対的な収入増，すなわち，収入増 ΔI[2] の，元の収入 I に対する比

$$r = \frac{\Delta I}{I}$$

で計るのが合理的であろう．上に述べたケースで，相対的な収入増は A 君の場合は 1.5 倍であるのに対し，B 課長の場合は 1.1 倍であり，法人理事長 C 氏の場合はたったの 1.01 倍にすぎないということになる．「嬉しさ」の違いがこのような数値で表現できる．

　では，年収が 200 万円の A 君が年収 300 万円になったとき，つまり収入が 1.5 倍になったときの嬉しさが，"そのまた 2 倍の嬉しさ"になるのは，どれほどの年収になったときであろうか．

　年収 300 万円になった A 君がもう一度前と同じように嬉しがるためには，もう 100 万円増えて年収 400 万円になっても足りない．前と同じくらい嬉しがるのは，最初の年収 200 万円の 1.5 倍 (5 割増し) のまた 1.5 倍，つまり $1.5^2 = 2.25$ 倍，つまり 150 万円増えて，450 万円になったときである．同様に，嬉しさが n 倍になるのは，年収が 1.5^n 倍になったときであると一般化できよう．宗教家ならここで「人間は，同じ金額の収入増では嬉しさが逓減する貪欲なものであるので，欲望からの自立なしには真の満足は得られない」との説教を組み立てるに違いない．

　人間の収入増に対する嬉しさの増加のように，人間の感覚には，一般にこのような関係が成立することをフェヒナー (G. T. Fechner, 1801–1887) の法則[3] という．要するに，騒音のような刺激が，感覚器官に 2 倍，3 倍，4 倍，……と知覚されるのは，刺激の量が 2 乗倍，3 乗倍，4 乗倍，……となる場合であるという法則である．これを数学の言葉でいえば，「刺激に対する人間の感覚は，刺激の対数で

---

　1)　残念ながら，いろいろな法人理事長については，筆者にとって親しい交友関係の範囲を超えているので，そうであるに違いないと想像するだけである．
　2)　ΔI は，I の増分を表す記号で「デルタ・アイ」と読む．$\Delta \times I$ の意味ではない！
　3)　より広くはヴェーバー–フェヒナーの法則という．

ある」ということなのである.

地震の大きさを表すいわゆるマグニチュードは,リヒター (C. F. Richter, 1900–1985) の提案した地震の大きさを表す尺度 (Richter magnitude scale) であり,いろいろな修正バージョンがあるようであるが,基本は「地震のエネルギーが 1000 倍になるごとに 2 ずつ増える」というものである.フェヒナーの法則で対数の考え方が分かった人なら,マグニチュードが 1 増えるというのは地震のエネルギーが $\sqrt{1000} = 31.62\cdots$ 倍に,マグニチュードが 0.5 増えるというのは $\sqrt[4]{1000} = 5.62\cdots$ 倍になるということであることが理解できよう.ゆえに,マグニチュード 5 (軽度 Light と中規模 Medium の境界) のそれなりに大きな地震と比べると,マグニチュード 7 の地震はエネルギーにして 1000 倍,2011 年 3 月 11 日の東日本大震災のマグニチュード 9 の地震は 100 万倍のエネルギーということになる.

地球上で発生する最大規模の地震はマグニチュード 10 と想定されているようであるが,マグニチュード 9 を超える巨大地震が地球のどこかで発生する頻度は 10 年から 50 年に一度ということである.地球のどこかではあのような災害がしばしば発生するということを心に刻み,震災からの復興支援を自分自身の問題として考えていきたい.

対数は,このように乗法的な関係を加法的な言葉に変換する道具である.これがしっかり見えないと,対数の理解はなかなか始まらないのではないだろうか.

第3回
対数法則をめぐって

表の心

対数については，**対数法則**と呼ばれる，見るからに難しそうな公式があるね.

$$(1) \quad \log_a M + \log_a N = \log_a MN$$

$$(2) \quad \log_a M - \log_a N = \log_a \frac{M}{N}$$

$$(3) \quad \log_a M^n = n \log_a M$$

というものだ．意味から理解しようとすると難しいけれど，**使い方を通じて体で憶えるようにするといいね**．$\log_a 2 = A$, $\log_a 3 = B$ として $\log_a 4$, $\log_a 6$, $\log_a 8$, $\log_a 9$, $\log_a 12$ などを A, B で表す，というような練習問題を反復するのがおすすめだ．このような基本問題を反復していると，この規則が自然に身につくからだよ．答はそれぞれ $2A$, $A + B$, $3A$, $2B$, $2A + B$ となる．**数学は「習うより慣れろ！」**だ．法則の証明なんか試験に出ないからいちいち気にしないで，要領よく勉強しないと損だぞ.

さて，実践的に重要なのは，$\log_a M$ のような対数の値を計算することだ．といっても，この値が実際に計算できるのはごく限られた場合だけであることは，教科書にも書かれていないし，意外に知られていない．たとえば $\log_2 3$ なんて値を求めることはできないんだ．ということは，対数法則以外で大切なのは，試験に

第 3 回　対数法則をめぐって　183

出題される，値が求められる対数だ．その基本となるのは

$$\bigstar \quad \log_a 1 = 0, \qquad \bigstar \quad \log_a a = 1, \qquad \stackrel{\star}{\small\vartriangle} \quad \log_a a^p = p$$

の三つだけなんだ．二つの公式は，☆の $p = 0$ とか $p = 1$ の場合だから，憶えて
おかなければならないのは☆だけといってもいいけれど，**記憶の手間を惜しむの
は馬鹿げているね**．

これら三つ以外でさらに重要なのは，公式

$$\log_a b = \frac{\log_c b}{\log_c a}$$

だ．この公式は，左辺にある対数を右辺のように別の定数 c を底とする対数に変
更して表現する公式なので，**底の変換公式**と呼ばれる．

この公式を利用すると，$\log_{16} 32$ のような，一見，値を見つけることが難しそ
うな対数が現れたとしても，簡単に求めることができるんだ．実際，この場合は，
新しい底として 2 を選べば，元の対数は $\dfrac{\log_2 32}{\log_2 16}$ と変形できるだろ．ここで上に
挙げた基本公式☆を使うと，分子は 5，分母は 4 だから，$\log_{16} 32$ の値は $\dfrac{5}{4}$ であ
ると分かる，というわけだ．与えられた問題に応じて，どんな底を選ぶとうまく
いくのか，これも練習を通じて体で憶えるのがいいね．

多くの諸君に共通する意外な盲点は次の公式だ．

$$a^{\log_a b} = b$$

この公式は，きちんと使えない人が多い．多くの諸君が不得意としているので，
この証明は試験で狙われる可能性があるから，要注意だ．証明の書き方のポイン
トを教えてあげよう．といってもそんなに難しくはない．左辺の累乗の肩に乗っ
ている $\log_a b$ を，適当な一文字，たとえば L と置くんだ．つまり $\log_a b = L$ とす
るわけだ．するとこの式は，対数の最初の定義に立ち返ると，$a^L = b$ という関係
に書き換えることができるだろ．そこでこの式で L をもともとの $\log_a b$ に置き換
えれば，それが証明すべき目標の等式というわけさ．簡単だろ！　最初の置き換

えが証明の命だね.「複雑な式を簡単な文字に置き換える」——この数学の証明法の鉄則をよく憶えておこう!

そのほか,別証として,証明すべき等式の両辺の対数をとって両辺が等しいことを示すという方法もあるね.a を底とする対数をとると,左辺は $\log_a(a^{\log_a b})$,すなわち,$\log_a b \cdot \log_a a$ となるね.でも,ここで基本公式★より $\log_a a = 1$ だから,これは $\log_a b$ と等しい.つまりこれは,証明すべき公式の右辺 b に対して a を底とする対数をとったものだ.でも,**証明は,両方憶えなくても一方だけでいいぞ**.

裏の心

指数関数の逆関数として対数関数を定義するのが,学校数学における対数の標準的な導入である.間接的すぎて数学的には最善とはいえないが,これが標準になっているので,とりあえずは従わなくてはなるまい.しかし,昨今の高校の学習指導要領では,逆関数の概念を学ぶのは,「数学 II」で対数関数を学ぶ前であるどころか,ずっと後の「数学 III」においてである.そのためもあってか,対数の基本がますます正しく理解されない傾向にあるようだ.

たとえば,対数関数の性質として強調されることの多い $\log_a a^p = p$ や $a^{\log_a b} = b$ という「公式」であるが,これらは,関数 $f(x) = a^x$ と,その逆関数 $g(x) = \log_a x$ について

$$g(f(p)) = p, \quad f(g(b)) = b$$

が成り立つという,**逆関数の概念が分かっていれば証明するまでもない,まったく自明な性質**にすぎないのであるが,そのことが見えないようである.

たしかに,対数 $\log_a b$ の値 x が初等的な方法で分かるのは,指数方程式 $a^x = b$ が初等的に解ける場合であり,指数方程式の初等的解法は,指数関数 c^x の単調性に由来する,指数関数の単射性 ($1:1$ 性):

$$c^{x_1} = c^{x_2} \iff x_1 = x_2$$

に根ざすものであるという基本に帰れば，$a = c^{\alpha}$, $b = c^{\beta}$ となる c, α, β が存在して $a^x = b$ が $c^{\alpha x} = c^{\beta}$ と変形できる場合，つまり a と b がともにある実数 c の累乗で表現できる場合なら，$x = \dfrac{\beta}{\alpha}$ として，$\log_a b = x$ の値が求められる，というわけである．$\alpha = \log_c a$, $\beta = \log_c b$ であることを思い出せば，これが「底の変換公式」と呼ばれるものである．

因みに，「底の変換公式」は，対数の底は任意の 1 以外の正の実数に変更し得ること，したがって対数においては，いろいろな数を底とする対数を考えることには理論的な意味がないことを保証するものである．$\log_{16} 32$ のようなものの値が初等的に求められるのは，底の 16 と真数の 32 がたまたま同一の数の有理数乗 ($32 = 2^5$, $16 = 2^4$) で表される (上述のような c が存在する) ことの帰結であって，「底の変換公式」とは論理的に無関係である．実際，2 以外の数 a を底にとって

$$\log_{16} 32 = \frac{\log_a 32}{\log_a 16} = \frac{5 \log_a 2}{4 \log_a 2} = \frac{5}{4}$$

と求めることもできる．

このように，対数関数を指数関数の逆関数として捉えるのであれば，対数に関する性質は，すべて指数についての性質の逆として導かれる．最も基本となる対数法則

$$\log_a xy = \log_a x + \log_a y \qquad \cdots\cdots (\text{☆})$$

を，難解な記号 $\log_a x$ を使わずに，通常の関数記号 $g(x)$ を用いて，

$$g(x \times y) = g(x) + g(y) \qquad \cdots\cdots (*)$$

と表すと，対数は，この関係 $(*)$ と，1 以外のある正の定数 a について $g(a) = 1$ が成り立つことを仮定するだけで，ほぼ定められるということを見てみよう．

まず，$(*)$ で $x = y = 1$ とおけば，$g(1) = 2g(1)$ より，$g(1) = 0$ である．

次に，$g(a) = 1$ と仮定したことから，$(*)$ より任意の整数 n に対して $g(a^n) = n$ であることがわかる (厳密な証明は数学的帰納法を用いることで簡単にできる)．$a = 1$ 以外の任意の正の実数 α に対しても，これと同様の方法で，$g(\alpha^n) = ng(\alpha)$

であることが導かれる.

$(\sqrt[n]{a})^n = a$ という自明な等式の両辺に対する g の値をとり，それに上で得た結果を適用すると $ng(\sqrt[n]{a}) = 1$，したがって，

$$g(a^{\frac{1}{n}}) = \frac{1}{n}$$

が得られる．同様にして，

$$g(a^{\frac{m}{n}}) = g((a^{\frac{1}{n}})^m) = mg(a^{\frac{1}{n}}) = \frac{m}{n}$$

が分かる．つまり，すべての有理数 x に対して，$g(a^x) = x$ であることが示される．ということは，$g(x)$ が連続であることまで仮定すれば，すべての正の実数に対して $g(a^x) = x$ であること，つまり，$g(x)$ が，関数 a^x の逆関数であることが分かるということである．このように，**対数は，理論が分かれば数学的にはごく自然なものなのである．**

なお，たしかに，初等的な方法で対数関数の厳密値を求めることは一般には可能でないが，実用的には大切な近似値ならば，学校数学のレベルでも接近可能である．たとえば $\log_2 3$ の値 $1.5849\cdots$ を求めるのは面倒だが，小数第一位まで正しい値が 1.5 であるという程度の粗い評価でよければ，不等式 $1.5 \leqq \log_2 3 < 1.6$ を示せばよく，そのためには $2^{1.5} \leqq 3 < 2^{1.6}$，すなわち，暗算でも分かる不等式 $2^3 < 3^2$，$3^5 < 2^8$ を示せばすむ．しかし，さらに精密な不等式 $1.58 \leqq \log_2 3 < 1.59$ となることを示すには，前と比べるとかなり計算が面倒な $2^{158} \leqq 3^{100} < 2^{159}$ を示すことになる．$1.584 \leqq \log_2 3 < 1.585$ となるとさらに面倒であることが容易に想像できよう．

対数表を作った対数の発明者は，このような累乗の計算を繰り返すという，垢抜けない初等的な努力を通じて人類に偉大な発明をもたらしてくれたわけである．

第4回
対数方程式と対数不等式をめぐって

$$\boxed{\text{表の心}}$$

今回は，対数の問題で一番大切なポイントを解説しよう．

それは対数 $\log_a M$ において，底である a は $a > 0$ かつ $a \neq 1$ であり，真数である M は，$M > 0$ でなければならない，ということだ．これらを「底の条件」，「真数条件」というんだ．対数の典型問題である

$$\log_2(x-2) + \log_2(x+1) = 2$$

のような対数方程式や

$$\log_x 2 + \log_x(x+1) \geqq 2$$

のような対数不等式の問題では，**必ず答案の冒頭で，底の条件，真数条件を断る．これを忘れると減点されるぞ．**

最初の問題では，底は定数 2 だから底の条件は要らないけれど，真数条件を忘れると大変だ．**模範解答**を示そう．この通り書けば，満点がもらえるぞ．

『真数条件から

$$x - 2 > 0, \quad x + 1 > 0$$
$$\therefore \quad x > 2 \quad \cdots\cdots ①$$

底を 2 に統一すると，

$$与式 \iff \log_2(x-2)(x+1) = 2$$
$$\iff (x-2)(x+1) = 4$$

$$\iff x^2 - x - 6 = 0$$
$$\iff x = -2, 3 \quad \cdots\cdots ②$$

①,② より，求める答は $x = 3$ 』

同値変形を意味する記号 $\iff$ は教科書には，「集合と論理」の単元でしか出てこないけれど，このように，他の単元でも使いこなすととても便利なものだ.

対数不等式は，対数方程式の等号を不等号に置き換えること以外で気をつけるべきは，**底と 1 との大小で場合分けして不等号の向きに注意**することだ．しかしこれはうっかり忘れると失敗する危険があるから，**絶対失敗しないうまい方法**を伝授しよう．それは，1 より大きい定数，たとえば 2 を底に，自分で変更してしまう，ということなんだ.

『底の条件と真数の条件から
$$x > 0, \quad x \neq 1, \quad x + 1 > 0$$
$$\therefore \quad x > 0, \quad x \neq 1 \quad \cdots\cdots ①$$

対数の底を 2 に統一すると
$$\frac{\log_2 2}{\log_2 x} + \frac{\log_2(x+1)}{\log_2 x} \geqq 2$$
$$\therefore \quad \frac{\log_2 2(x+1)}{\log_2 x} \geqq 2$$

左辺の分母にある $\log_2 x$ の符号に注目して，

ⅰ) $x > 1 \cdots ②$

のときと，

ⅱ) $0 < x < 1 \cdots ③$

のときとに場合分けして，分母を払えば，それぞれ
$$2(x+1) \geqq x^2, \qquad 2(x+1) \leqq x^2$$

つまり
$$1 - \sqrt{3} \leqq x \leqq 1 + \sqrt{3} \quad \cdots\cdots ②'$$
$$x \leqq 1 - \sqrt{3}, \quad x \geqq 1 + \sqrt{3} \quad \cdots\cdots ③'$$

が導かれる．すると①, ②, ③, ②', ③' より

$$1 < x \leqq 1 + \sqrt{3} \,\rfloor$$

　この方法だと，「底と 1 との大小」を気にしなくていいから，安全だろ？

裏の心

　数学では，論理的に落ち度があるべきではない．それゆえ，単なる試験答案にしても，明白な論理的な欠点がないほうが好ましいことは明らかである．他方，高校以下の学校数学は，健全な良識を基本としているので，論理的な完全さを求めることはもともとできるはずもない．しかし，この当り前の話が，教育現場にはなかなか伝わらない．思えば，「論理的な完全さ」を答案の理想と見なす傾向は，その昔，筆者が高校生の頃も存在していた．論理的な飛躍をうっかり見逃すと，とんでもない間違いに至るのを意図的に誘導する，「教育的配慮に満ちた」というか，「若者いじめの大人の意地悪」というか，なんとも形容は難しいが，そのような数学の問題もあって，この種の「罠に落ちない」ための「教育的注意」が，教育の中心主題の一つと考える人々もいたようである．

　しかし，最近は，進学率の向上に伴う受験の大衆化を通じて，「罠にはまらない」対策が「減点されない答案の書き方」にまで矮小化している．そのために，論理的な完全さという「素朴な理想主義」が，「狭量な正解主義」の方向にねじれてしまっているようである．その代表格が対数方程式，対数不等式における「真数条件」などの過度に神経質な注意である．

　対数関数が中に含まれる方程式は，

$$\log_X Y = Z$$

において，X, Y, Z の中に未知数 x の関数が入っているようなものにすぎないのだが，$\log_X Y = Z$ を対数の定義に戻って

$$Y = X^Z$$

と書き換えてしまうと，Z の値によっては，X や Y が負であっても成り立つようなことが起こってしまう (たとえば，$Z = 3$ なら $X = -2$, $Y = -8$ でも $Y = X^Z$ は成り立つ．$Z = 4$ なら $X = -2$, $Y = 16$ でも成り立つ) という問題が起こるに過ぎない．

さらに単純なのは，高校数学によく登場する，《表の心》に引用されたような場合である．$\log_2(x-2) + \log_2(x+1)$ と表しているときには，真数である $x - 2$ や $x + 1$ が正であるという条件が，与えられた式の中に暗黙に仮定されているのに，それを $\log_2(x-2)(x+1) = 2$ と変形してしまうと，条件 $(x-2)(x+1) > 0$ は仮定され続けているものの，$x - 2$, $x + 1$ の両方がともに正であるという仮定はなくなってしまう，というのが，この種の問題に仕掛けられた「罠」である．ということは，先の解答のように二つの「真数条件」を連立して $x > 2$ を導かなくても，積の一方の因数の真数条件，たとえば $x + 1 > 0$ を仮定するだけでよい．$x + 1 > 0$ であるからといって $x - 2 > 0$ であるとは一般には限らないが，$(x-2)(x+1) = 2^2$ と $x + 1 > 0$ をともに満たしながら $x - 2 \leqq 0$ となる x が存在するはずもないからである．つまり，実数 x について

$$\log_2(x-2) + \log_2(x+1) = 2$$
$$\Longleftrightarrow \log_2(x-2)(x+1) = 2 \ \ \text{かつ} \ \ x + 1 > 0$$

ということである．

因みに，同値な条件への変形を $\Longleftrightarrow$ という論理記号を使って表すなら，同値性が自明の変形に使うのではなく，このように，一見，そうは分からないところで，同値であることを強調するという，意味のある使い方をしたい．

なお，対数方程式だからといって，たとえば，$\log_2(x-2)(x+1) = 2$ という問題なら「真数条件を忘れて」解いても，問題が起こるはずがない．このことは，より単純な方程式 $\log_2 X = 2$ が単に $X = 4$ と同値であることを考えれば明らかであろう．つまり，$\log_2(x-2)(x+1) = 2$ は端的に $(x-2)(x+1) = 4$ と同値であり，「真数条件」は，意味のない「余計な心配」なのである．$\log_2(x^3 - 3x + 4) = 2$ のように，「余計な心配」をすると解けなくなってしまう問題もある (解いてみよう！) ので，**中途半端な形式的理解は危険極まりない**．

第4回　対数方程式と対数不等式をめぐって　191

　最後に，高校数学で《論理》を強調するなら，せめて，論理の一番の基本である「かつ」と「または」の区別に敏感であってほしい．高校数学ではしばしばあまりに無造作に使われる記号「，」(comma) であるが，先の対数方程式の「模範解答」での最初の「，」の出現は「かつ」，②におけるそれは「または」，最後のまとめの行における「，」は「かつ」である．対数不等式の解法のほうの「①，②，③，②′，③′より」という，あまりにいいかげんな表現を正しいものに修整することは，読者の課題として残そう．

VIII

三角関数について

第1回
出発点となる三角比をめぐって

表の心

　三角比というのは，サイン，コサインというカタカナで表現される数学だ．そのせいか，この単元に入った途端，「難しくてわけがわからない！」と感じて数学嫌いになってしまう人が昔から多い．たしかに僕が若い頃は，「正弦は斜辺分の対辺」「余弦は斜辺分の隣辺」なんて，やたらに小難しくて古くさい表現で習ったものだ．でも，今はもっと現代的に勉強するといいね．

　よく参考書や，最近では検定教科書にも右のような図が載っているだろう．サイン sin，コサイン cos，タンジェント tan の頭文字 "s"，"c"，"t" と対応させて「どの辺分のどの辺」が憶えやすいように描かれているね．アルファベットの筆記体を知っている人ならば，これだけで

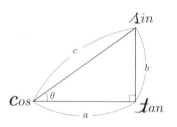

$$\sin\theta = \frac{b}{c}, \quad \cos\theta = \frac{a}{c}, \quad \tan\theta = \frac{b}{a}$$

という関係が憶えられるので便利だ．

　このように角 θ を一つの角にもつ直角三角形で考えた2辺の比を**三角比**というのさ．重要なことは，三角比の正確な値がわかる角 θ はほとんどないということだ．結論的にいえば，鋭角の範囲では $\theta = 30°, 45°, 60°$ を「**有名角**」と呼ぶ．そ

第1回　出発点となる三角比をめぐって　195

れらの三角比は**表を丸暗記すれば**，もうコワイものはない.

θ	$30°$	$45°$	$60°$
$\sin\theta$	$1/2$	$\sqrt{2}/2$	$\sqrt{3}/2$
$\cos\theta$	$\sqrt{3}/2$	$\sqrt{2}/2$	$1/2$
$\tan\theta$	$\sqrt{3}/3$	1	$\sqrt{3}$

　これら有名角以外の場合はどうするか，心配する人のために，$\sin\theta$, $\cos\theta$, $\tan\theta$ の間にはいつも成り立つ関係式

$$\text{i)}\ \sin^2\theta + \cos^2\theta = 1 \quad \text{ii)}\ \tan\theta = \frac{\sin\theta}{\cos\theta} \quad \text{iii)}\ 1 + \tan^2\theta = \frac{1}{\cos^2\theta}$$

がある. ここで，$\sin^2\theta$ とか $\cos^2\theta$ のように，累乗の指数 "2" が変な位置についているけど，これらは $(\sin\theta)^2$ や $(\cos\theta)^2$ を表すというのが昔からの約束だ. 昔からの伝統に若者は素直に従おう！　そして，$\sin\theta$, $\cos\theta$, $\tan\theta$ のどれか一つがわかると，他の二つの値も i) ～ iii) を使って計算できるんだぞ. そういえるのは，θ が鋭角のときに限るんだけどね.

　たとえば $\sin\theta = \dfrac{4}{5}$ とすると，i) により $\cos^2\theta = 1 - \left(\dfrac{4}{5}\right)^2 = \dfrac{9}{25}$ であるから $\cos\theta = \dfrac{3}{5}$. この結果と ii) を合わせて使えば $\tan\theta = \dfrac{4}{3}$ というわけだ.

裏の心

　土地の測量は，公平な課税のために必須の知恵であったに違いない. 幾何学 (geometry［英］) という言葉が，ギリシャ語の土地 (geo) の測量 (metron) に由来することにもそれは現れている.

ところで，その測量は土地を基準となる点を頂点とする三角形で覆うことを基本としている．実際，現在でも，土地の台帳の地積測量図は三角形を基本に描かれている (面積の計算への用意のためか，3 辺の長さのほかに 1 頂点から対辺への垂線の長さも記入されている).

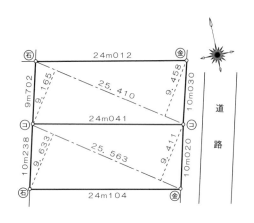

滑らかな曲面で作られる立体図形も，その基本にあるのは三角形を面とするワイヤフレームと呼ばれる多面体であることは，コンピュータ・グラフィック (CG) が普及した今日では説明の必要もあるまい．この意味で三角形は，すべての図形の基本中の基本である．

ところで，我々に親しみのある平面の世界 (ユークリッド平面) においては，三つの辺の長さを決めれば，三角形は "大きさ" も "形" もただ一つに決まる (ただし，回転など移動することはできる) が，"形" だけなら，3 辺の長さの比か，二つの角の大きさによって決まる．だから下図のような一般の三角形 ABC に対し，"大きさ" を無視してその "形" $a:b:c$ だけを考えるには，二つの角の大きさ x, y を指定するという考え方があるだろう．しかし，三角形を二等辺三角形とか直角

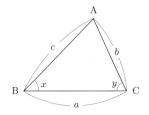

三角形に限定すれば，一つの鋭角だけで済ますことができる．二等辺三角形が二つの直角三角形に分割できることを考えれば，出発点として直角三角形を考えるのは悪くない．

以上が現代の (といっても古代以来の長い伝統をもつ) 三角比の考え方であるが，正弦とか余弦という呼び名にその痕跡を残しているように，三角比の思想はもともとは，円の弧と弦の関係に由来するようである．実際，下図の円で半径 r の扇形 OAB の中心角の大きさを 2θ とおくと，長さ $2r\theta$ の弧 AB に対応する弦 AB の長さは $2r\sin\theta$ であり，したがって特に $r = \dfrac{1}{2}$ とすれば，弧が θ，弦が $\sin\theta$ となる．$\sin\theta$ を「正弦」と呼ぶ理由が少し納得できよう．

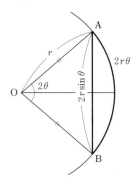

しかしながら，このような簡単な歴史的なアプローチを通じて三角比がわかりやすくなることは，あまり期待できないと筆者は思う．というのも，三角比は，「角の大きさ」と「2 辺の長さの比」という論理的に曖昧な二つを強引に関係づけようとするものであるため，その修得には時間のかかる本格的な修業を必要とする，という本質的困難は，この程度の簡単な歴史秘話では何も解消しないからである．実際，「交わる 2 直線の作る図形」である「角」に対し，「角の大きさ」がどのように定義されるか，という根本問題は，学校数学ではあまり触れられない，意外に難しい話題の一つである．「2 線分の長さの比」も同様である．かつてピュタゴラース教団の人々は，美しい和音を奏でる弦の長さの間には簡単な整数の比が存在するのに，単純な図形の辺と対角線の間にはそのような比が存在しないことを発見して，それを深遠な真理として教団の秘密としたといわれているが，近代に入って十進小数が普及するにつれ，

無理数に対して格別の畏怖の感情なく扱えるようになって，三角比の考えも一気に大衆化するのである．

しかし，「角の大きさ」と「線分の長さの比」の概念が受容されたとしても，両者を関係づけるためには，関数的理解が不可欠である．しかしながら，それは，変数 y が変数 x の式で表されるような「1次関数」，「2次関数」，……のような単純なものではない．そこで，本格的な関数の概念へと深入りすることなく，「鋭角 θ が与えられたときに決まる直角三角形の2辺の長さの比」として，言い換えると三角測量のような実用的立場で記号の使い方を教えてしまおう，というのが「三角比」の教育の目的と目標であった．たしかに土地測量から砲術に至るまで，三角比は昔から実用的数学の代表格であった．実用的技術にすぎないなら，数学の理論的背景はとりあえずは措いておいて，技術の習得に専念すればよさそうであるが，わが国の数学教育の世界では，奇妙なところで (だけ？) 数学的な厳密さを求める傾向がある．たしかに三角比の厳密値を簡単に知ることができる角 θ は限られてはいるが，$30°$，$45°$，$60°$ 以外にも，$15°$，$7.5°$，$\cdots$ などをはじめ，本当は無数にある．しかし，実用的な意味で大切なのは厳密値ではなく精密値である (誰が「A 氏の身長は $\sqrt{3}\,\mathrm{m}$ である」などというだろうか？) はずだ．実用から入るなら，一昔前なら「三角比の表」，最近なら，電卓あるいはスマートフォンを使って三角比を教えるほうが正しい筋というものであるし，そうすれば「有名角」の三角比の丸暗記という，到底，正気の沙汰と思えない愚劣な勉強から若者が解放されると思うのだが，どうだろうか？ $(\sin\theta)^2$ と書けば済むところを $\sin^2\theta$ と表すとか，
$$(\sin\theta)^2 + (\cos\theta)^2 = 1$$
という関係 (理論的には極めて重要！) を強調しすぎるところなど，「教育」と名がついた途端に，数学の場合でさえ，意味のよくわからない些細な「お約束の世界」が急に肥大化し，それを学習することの意味への根本的な批判的視座が霞んでしまうのは，なんとも残念だ．

鋭角を決めれば，直角三角形はその大きさによらず，3辺の長さの比，したがって特に任意の2辺の長さの比が決まるというのが三角比の基本的な意味である．つまり，三角比はまずは直角三角形についての相似にすぎない．しかし，じつは，

すぐ後にくる鈍角までの三角比への発展を視野におくと，$\sin\theta, \cos\theta, \tan\theta$ は，高さ，底辺，隣辺などの日常的表現を使って

$$\sin\theta = \frac{\text{高さ}}{\text{隣辺}}, \quad \cos\theta = \frac{\text{底辺}}{\text{隣辺}}, \quad \tan\theta = \frac{\text{高さ}}{\text{底辺}}$$

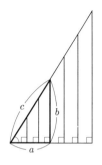
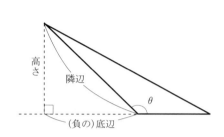

と定義するのがよいと筆者は思うのだが，どうだろう？　筆記体の s, c, t に基づく機械的な理解が，いまや検定教科書にまで登場するほど「普及」しているようであるが，鈍角や直角の三角比ですぐに躓いてしまうような，その場かぎりの「憶え方」のようなものを率先して教える，という姿勢には，どうも違和感を禁じ得ない．

第2回
三角比と三角関数の違いをめぐって

表の心

　三角関数は，高校数学の話題の中で最も嫌われているものだけれど，それは，学習指導要領に準拠した学習スケジュールでは三角比を忘れたころに三角関数を勉強するからなんだ．三角比の学習をしたら，忘れないうちにすぐに三角関数の話題に進むことができれば，本当は簡単なんだ．

　直角三角形で定義された鋭角の三角比を鈍角の範囲に拡張する際に，下左図のような原点を中心とする半径 r の半円を利用して，P の座標 (x, y) を使って

$$\cos\theta = \frac{x}{r}, \quad \sin\theta = \frac{y}{r}, \quad \tan\theta = \frac{y}{x} \quad \cdots\cdots (*)$$

と定義しただろう？　このとき半円に限定しないで円全体を考え，P が原点 O の周りに，左回り (正の向き) にも，右回り (負の向き) にも何回転してもよいと考えれば，もうこれだけで立派な三角関数なんだ．

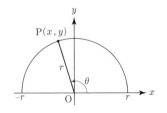
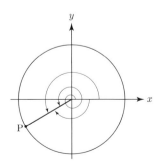

たったそれだけであるはずなのに，多くの諸君が躓くのは，ここで角の大きさを測るのに，皆が子どもの頃から親しんできた 90° とか 180° のような**度数法**でなく，**ラジアン**という耳慣れない単位で考えるためであるに違いない．僕の考えでは，この弧度法のラジアンなんてのを教えるのを止めてしまえば，三角関数からの脱落者は絶対に減る！　僕が文部科学省の人間なら，若い人たちのために真っ先に弧度法を廃止してあげるのにな．

しかし，少なくとも現在は入試も弧度法で出題されるので，諸君はマスターしなければならないぞ．といっても，単なる単位の換算なんだから，大切なのは，

$$180° = \pi \text{ ラジアン}, \quad \text{したがって}$$
$$1° = \frac{\pi}{180} \text{ ラジアン}, \quad 1\text{ラジアン} = \left(\frac{180}{\pi}\right)°$$

という**換算**だ．これを何度も声に出して繰り返すか，何回もノートに書き写すかして，まずしっかり暗記しよう．「1 回転は 2π ラジアン」と憶えるのもいいだろう．

角 θ ラジアンに対して，三角比 $\sin\theta, \cos\theta, \tan\theta$ の値を対応させる関数を，それぞれ

$$y = \sin x, \quad y = \cos x, \quad y = \tan x$$

と書くんだ．それぞれのグラフが下のようになることは基本だ．何度もグラフをノートに写してしっかり憶えよう．いずれも周期関数だけれど，$\sin x$ と $\cos x$ は周期が 360° つまり 2π，$\tan x$ は周期が半分の $180° = \pi$ だ．

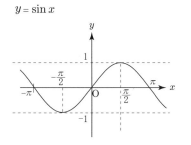
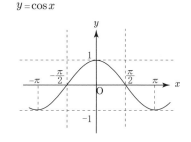

$y = \tan x$

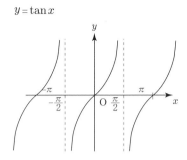

このような三角関数に関して特に重要なことは

$$\begin{cases} \sin^2 x + \cos^2 x = 1, \quad \tan x = \dfrac{\sin x}{\cos x} \\ -1 \leqq \sin x \leqq 1, \qquad -1 \leqq \cos x \leqq 1 \end{cases}$$

という等式と不等式で表される基本の関係式だ.

裏の心

歴史的には，三角比が基になって三角関数が生まれたことは疑いないが，単なる三角形の相似関係を精密化しただけの三角比と，任意の実数 x に対してそれに応じてある実数を対応させる三角関数では，見かけは似ていても理論的にはかなり違う.「三角関数」という表現が「三角形」を連想させるせいであろうか．三角関数の学習でも，弧度法が角度を表すための新しい方法として最初に強調されることが多い.

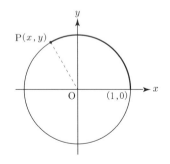

しかし弧度法というのは，角度を表現する新しい単位というよりは，その角を中心角にもつ扇形における

$$\frac{弧長}{半径の長さ}$$

という比によって角という古典的概念を代替しようという手法である．分子，分母に長さという同じ次元の量をもつ分数比で定義されているので，この値は，単位 (物理的次元) が付かないいわゆる無名数，つまり単なる実数である．ラジアンという呼称は，角の大きさについての素朴な理解をいきなり実数概念に移行させる際に生ずる初学者の抵抗を減らすための教育的方便であって，ラジアンという名で呼ばれる量の次元があるわけではない．半径が 1 のいわゆる単位円では，弧度法の角は単位円の円弧の長さであるから，三角関数は，単位円における円弧の弧長の関数であるといってもよい．「三角関数」という歴史的表現を止めて，円関数と呼ぶ国もあるくらいである．

さて，三角関数において基本の一つとして強調されることの多い $-1 \leqq \sin x \leqq 1$ であるが，これは単なる不等式ではない．$y = \sin x$ の値が -1 から 1 までを変化するということである．このことは $\sin x$ の定義や $y = \sin x$ のグラフから明らかである．

これと $y = x^2$ の合成関数が $y = (\sin x)^2$ であるから，$y = (\sin x)^2$ のグラフを想像することは，頭の中で，丹念に値の変化を追っていけば，それほど難しくない．特に $\sin x < 0$ になっても $(\sin x)^2 > 0$ であること，$y = x^2$ のグラフの $x = 0$ のごく近くでのふるまい ($|x|$ が微小のとき x^2 はそれよりはるかに微小であること，たとえば $|x| = 0.01$ なら $x^2 = 0.0001$ となること) や，x が ± 1 に接近していくときの x^2 の値の変化する (x^2 は $|x|$ より常に小さいが，急速に追い上げて，最後に $x = \pm 1$ で $|x|$ に追いつく) ことを考えると，$\sin x$ の値が 0 に近いときに

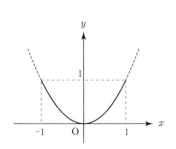
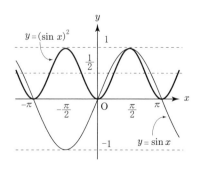

は，$(\sin x)^2$ は $|\sin x|$ より遅れて増加を開始しながらも次第に急ピッチを上げて1に接近していって1で追いつくことなどから，前ページの下右図のようなグラフを想像できよう．じつは，驚くべきことに，これは元の $y = \sin x$ のグラフと相似な曲線 (サインカーブ) である $\left(\text{相似比 } \dfrac{1}{2}\right)$ ことが簡単に証明できる．

$y = (\cos x)^2$ についても，これと同様に $y = \cos x$ と $y = x^2$ のグラフの考察から下図のようになることが分かる．元となっている $y = \sin x$ と $y = \cos x$ のグラフが，平行移動すれば重なる合同な曲線であることを考えれば，以上から $y = (\sin x)^2$ のグラフと $y = (\cos x)^2$ のグラフは合同で，しかも水平な直線 $y = \dfrac{1}{2}$ に関して対称であるはずである．これが等式

$$(\sin x)^2 + (\cos x)^2 = 1$$

で主張されているのである．

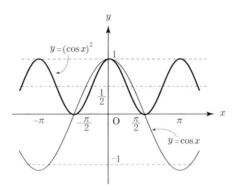

なお，「2本の半直線の作る図形」という角についての素朴な幾何的概念から解き放たれて，角の大きさの代わりに扇形の弧と半径の比を考える，という弧度法の基礎にあるアイデアが本当に分かれば，それを3次元に発展させることは容易である．すなわち，点Oを中心とする半径 r の球に対し，球面上に面積 S の図形を底面にもつ錘状立体を考えるとき，頂点Oにおけるこの錘状立体の「中心角」ともいうべき立体的な広がり具合いを $\dfrac{S}{r^2}$ という比に

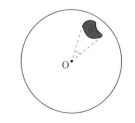

よって定義するのである．球の半径が 1 なら，面積 S そのものである．これは**立体角**と呼ばれ，大学で重要な役割を果たす概念である．空間の全方向に向かう立体角は 4π というわけである．

第3回
加法定理をめぐって

> ## 表の心

　多くの人が三角関数が苦手になってしまうもう一つの原因は，重要公式がたくさん出てくるからだ．検定教科書や参考書を開いてみてもすぐに分かるだろうけれど，太字 (ゴシック体) の式が次から次に出てくる．**基本となるものを正確に暗記すること**が最初の一歩だね．

　特に，**加法定理と呼ばれる 4 つの公式**，

$$
\begin{array}{ll}
(1) & \sin(\alpha + \beta) = \sin\alpha\cos\beta + \cos\alpha\sin\beta \\
(2) & \cos(\alpha + \beta) = \cos\alpha\cos\beta - \sin\alpha\sin\beta \\
(1') & \sin(\alpha - \beta) = \sin\alpha\cos\beta - \cos\alpha\sin\beta \\
(2') & \cos(\alpha - \beta) = \cos\alpha\cos\beta + \sin\alpha\sin\beta
\end{array}
$$

が基本中の基本だ．これらを正確に憶えていれば，《他のすべての公式》はこれらから簡単に思い出すことができる．でも，これらを憶えていないとどうしようもないね．こういうときは，歴史の年号と同じで，うまいフレーズに関連づけて暗記するのがいい．

　僕が高校生のころ友達に聞いたのは，(1), (2) に対応する「**咲いたよコスモス，コスモス咲いた**」と「**コスモスコスモス，咲いた咲いた**」だったな．cos, sin を「コスモス」，「咲いた」に結びつける，なかなか綺麗な台詞ではあるけれど，sin, cos

の順序を示唆しているだけで，これらが (1),(2) のどちらであったか忘れると致命傷になってしまうし，＋ と － の符号の情報が台詞の中にまったく含まれていないのは残念だ.

　少し複雑なんだけど，僕が編み出した憶え方は，もっと強力だぞ！　(1) と (2) をそれぞれ「和裁は，最古に小才の和」，「倭寇は古々よりひく角々」と憶えるんだ．えっ，日本語が難しすぎる？　たしかに，ね．でも，符号情報も入っているから，きちんと憶えるならこれは便利に使えるぞ！

　さて，《他のすべての公式》の件だけれど，(1),(2) でそれぞれ $\beta = \alpha$ とおけば，

$$\begin{cases} \sin 2\alpha = \sin \alpha \cos \alpha + \cos \alpha \sin \alpha \\ \cos 2\alpha = \cos^2 \alpha - \sin^2 \alpha \end{cases}$$

となるね．それぞれの右辺をじっと見て書き換えると

$$\begin{cases} \sin 2\alpha = 2 \sin \alpha \cos \alpha \\ \cos 2\alpha = 2 \cos^2 \alpha - 1 = 1 - 2 \sin^2 \alpha \end{cases}$$

という新しい公式を作ることができるだろ．これらは**二倍角の公式**と呼ばれるものなんだ．一方，$(1'),(2')$ で $\beta = \alpha$ とおけば，今度は

$$\begin{cases} \sin 0 = 0 \\ \cos 0 = \cos^2 \alpha + \sin^2 \alpha \end{cases}$$

という式が出てくるね．よく見れば，これらはいずれも昔から知っているものだ．特にこの 2 番目は基本中の基本だね．さらに，(1),(2) で $\beta = 2\alpha$ とおいて，さっき導いた二倍角の公式を代入すれば，公式

$$\begin{cases} \sin 3\alpha = 3 \sin \alpha - 4 \sin^3 \alpha \\ \cos 3\alpha = 4 \cos^3 \alpha - 3 \cos \alpha \end{cases}$$

を導くこともできる．これが**三倍角の公式**だ．同様にして検定教科書には載っていない，四倍角，五倍角，……の公式を導くこともできる．このように **4 つの基本公式さえ憶えていれば**，その他は**全部導くことができる**んだ．

　「数学は基礎が大切！」というだろう？　公式がたくさん出てくる三角関数の単

元を征服するには，必ず憶えなければならない基本公式をしっかりと憶え，その基本公式から他の公式を導く**導き方を一緒に憶えるのが極意**だね．最初は難しそうに見えるけれど，**何回もノートで繰り返してやっていると，いつしか自然に身**につく．反復練習は勉強の要(かなめ)なんだよ．数学は**体で憶える**ものなのだ！

裏の心

　三角関数というのは，"波" と呼ばれるさまざまな周期的な現象を記述する数学的な道具であり，その基本は xy 平面上の原点 O を中心とする半径 r の円周上を，一定の速さで回転する点 P の運動である．点 P が O の周りに単位時間内に角 ω ［オーメガ］だけ回転するとき，「P は角速度 ω で回転する」という．時刻 $t = 0$ で点 A$(r, 0)$ を出発した点 P の時刻 t にある位置が P$(r\cos\omega t, r\sin\omega t)$

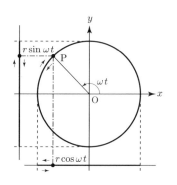

である，という**円運動を使った定義**が三角関数の最も自然な導入の一つであるが，学校数学は奇妙なところで「純粋数学的」で，ωt を θ と簡素化したり，回転運動の位相 (phase) のずれのような「物理的話題」を避けて加法定理を扱う傾向があるように思う．

　数学的な意味に限定すると，加法定理は三角関数というよりは三角比の延長で論じられるべきもので，歴史的にも，三角比の値を計算し，その表を作るための基本原理なのである．しかしそのことが隠されて，三角比の学習を一旦終了した段階でこれを扱うことが無理解をもたらす一因となっている，そういう可能性はないだろうか．そもそも三角関数についての公式というなら，関数 $f(\beta)$ を表す式と関数 $f(-\beta)$ を表す式を区別すること自身がおかしい．

加法定理は学校数学の中で最も複雑そうな公式の代表格ではある．修得の抵抗感を少しでも減らし，効率よく教えよう (習いたい)，という気持ちに逸る人が多いが，「加法定理は難しい」と感じさせる最大の理由は，見かけのよく似た公式がいくつも同時に現れるということであろう．たしかに，複雑でしかも外観のよく似た公式が一気に現れたなら，パニックに陥る！　というのもわからなくはない．

加法定理に対しては，数学的にはいろいろな接近方法がある．最近の高校生なら，普通は 4 番めに位置づけられている

$$\cos(\alpha - \beta) = \cos\alpha\cos\beta + \sin\alpha\sin\beta \quad \cdots\cdots (*)$$

から出発するのが，最も自然なアプローチの一つであろう．xy 平面上の原点 O と，O を中心とする単位円周上の 2 点 A$(\cos\alpha, \sin\alpha)$, B$(\cos\beta, \sin\beta)$ で作られる △OAB に，余弦定理から導かれる

$$\cos\angle\mathrm{AOB} = \frac{\mathrm{OA}^2 + \mathrm{OB}^2 - \mathrm{AB}^2}{2\cdot\mathrm{OA}\cdot\mathrm{OB}}$$

を適用するとか，ベクトル $\overrightarrow{\mathrm{OA}}, \overrightarrow{\mathrm{OB}}$ について内積を考えると，上の関係がただちに得られるからである．

$(*)$ から加法定理の他の基本公式を導くのは，よい練習問題である．しかしどういうわけか，そういう道は推奨されず，一群の「基本公式」の偏平な暗記が推奨されることが多いようである．**公式を導出することは，数学における偉大な発見を追体験するという晴れがましい機会**であるから，これが疎かにされているのは残念である．

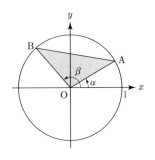

もちろん，他の道もある．一例であるが，符号つきの面積を理解できる人を相手にするなら，$\overrightarrow{\mathrm{OA}}, \overrightarrow{\mathrm{OB}}$ で張られる平行四辺形の符号つき面積から $\sin(\alpha - \beta) = \sin\alpha\cos\beta - \cos\alpha\sin\beta$ を導く，というのはどうだろう．

ただし，これらはいずれも加法定理への三角比的アプローチである．少し「無茶」な意見だが，単なる機械的な暗記を推奨するくらいなら，**オイラーの公式**

$$e^{i\theta} = \cos\theta + i\sin\theta$$

を「丸暗記」させ (「ふつう」の高校生では証明は困難であろう), 「指数法則」

$$e^{i(\alpha+\beta)} = e^{i\alpha} \cdot e^{i\beta}, \qquad e^{i(\alpha-\beta)} = e^{i\alpha} \cdot e^{-i\beta}$$

の両辺を, 上の公式にしたがって

$$\cos(\alpha \pm \beta) + i\sin(\alpha \pm \beta) = (\cos\alpha + i\sin\alpha) \cdot (\cos\beta \pm i\sin\beta)$$

と書き換え, 両辺の実部と虚部を比較する, という「計算的証明」(しかし, より三角関数らしい証明) を教えるほうがまだしも数学的ではないだろうか. 虚数を利用することによって実の世界の秩序をいとも容易に証明できた, という不思議な体験は, おそらく青年の中に眠る数学的精神を覚醒し, その後の知的な成長に強い影響を残すという可能性も大いにある.

　三角比ではなくて三角関数の加法定理としては, **単振動の合成**[1] がその核心であるが, 「合成」のための表面的な技巧が強調されるわりに, その意味が理解されていない. それは, そもそも $a\sin x$, $b\cos x$ が, 位相が $\dfrac{\pi}{2}$ ずれた, しかし周期が同じ正弦波の振動であるから, これらの和 (**重ね合わせ**) が同じ周期をもつ正弦波となるという, **最も興味深い事態**の理解が共有されていないためではないだろうか.

---

1) a, b を任意の実数として, 振幅 a, b で, 位相が $\dfrac{\pi}{2}$ だけずれた二つの周期の等しい単振動 $a\sin x$, $b\cos x$ が重ね合わされると, $a\sin x + b\cos x$ という波になる. この波について恒等的に, つまり任意の実数 x について, $a\sin x + b\cos x = \sqrt{a^2+b^2}\sin(x+\alpha)$, すなわち

$$\frac{a}{\sqrt{a^2+b^2}}\sin x + \frac{b}{\sqrt{a^2+b^2}}\cos x = \sin(x+\alpha)$$

となる実数 α が存在することが加法定理からわかる. このように運ぶ変形を単振動の合成と呼ぶ. 近年では物理現象を連想させる単振動という用語を避けた「三角関数の合成」という奇妙な表現が定着している.

IX

数列について

第1回
等差数列と等比数列を中心に

> ## 表の心

　「数列」は「三角関数」と並んで，多くの高校生が苦手としているが，入試で差がつく問題が出題されるから，諸君にとって要注意の最重要単元だ．数列には，特有の攻略の基本があるぞ．これからの授業でそれを伝授してあげるから，頑張ってついてくるんだよ！

　まず最初の基本中の基本は，数列の**重要語句**と**基本公式**だ．

　正の奇数を小さいほうから順に並べていくと，1, 3, 5, 7, … という数の並びができるね．こういう数を一列に並べた並びを**数列**というんだ．数列の中で一番基本となるのは，いま述べたタイプのものだ．つまり，上の数列は，

　　　「直前の数に 2 を加えると次の数ができる」

という規則でできているね．このように「直前の数にある定数を加えると次の数ができる」という規則で作られる数列を**等差数列**という．「等差」という表現は，各項の直前の項からの「差」がつねに「等しい」ということなんだね．

　数列を構成している各々の数を，この数列の**項**という．与えられた数列において n 番目に位置する項を**第 n 項**と呼ぶ．特に，最初の項を**初項**という．考えている数列の項が有限個で終わるとき，そのような数列を**有限数列**という．有限数列の場合には，その最後の項を**末項**というんだ．

　等差数列で特に重要な語句は，「初項」「公差」「項数」「一般項」「和」の 5 つだ．これらを普通，記号 "a"，"d"，"n"，"a_n"，"S" で表す．d, S はそれぞれ

difference, sum の頭文字だ. これらの間には

$$a_n = a + (n-1)d, \qquad S = \frac{1}{2}n\{2a + (n-1)d\}$$

という関係がある. 初項 a と公差 d と項数 n の三つで a_n と S が表されている. これらがいわば**等差数列の基本3要素**だな. 特に有限数列では, 末項を l と表すと, 上に述べた第2式よりも見やすく憶えやすい関係式

$$S = \frac{1}{2}n(a + l)$$

ができる.

　以上の公式が等差数列で大切なもののすべてだ. 繰り返し練習して, しっかりと身につけるようにしよう.

　等差数列の規則を少し変更した規則

　「直前の項にある数をかけると次の項になる」

で作られる数列を**等比数列**という. 「等比」の意味は「等差」から容易に想像できるね. 等比数列でも「初項」「公比」「項数」「一般項」「和」を同じように "a", "r", "n", "a_n", "S" と表す. r は ratio の頭文字だ. すると, 一般項 a_n は

$$a_n = ar^{n-1}$$

と表される. 一方, 等比数列では, 一般項の公式以上に和 S の公式に注意が必要だ. $r \neq 1$ のときは S は

$$S = \frac{a(r^n - 1)}{r - 1} \quad \text{あるいは} \quad S = \frac{a(1 - r^n)}{1 - r}$$

と表される. しかし, $r = 1$ のときは分母が 0 になるので, この公式は使えない. しかし, そのときは

$$S = na$$

となる. 「**等比数列では, $r = 1$ の落とし穴に注意!**」とノートに赤字で大きく書いておこう.

　数列に関して多くの人が苦手とするものに**シグマ記号**があるのだけれど, これについては次回にまわそう.

裏の心

　図形的な規則に従って並べられた数の間に面白い秩序があることは，古代から知られていた．その中で最も単純なものは**三角形数**と呼ばれていた 1, 3, 6, 10, 15, ⋯

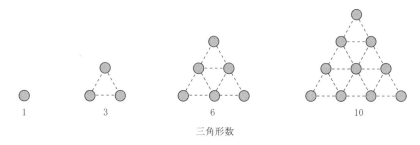

三角形数

である．

　これらそれぞれは，連続する二つの整数の積の半分 $\frac{1}{2}n(n+1)$ と表されるものであること，これら三角形数を最初から順番に加えていくと，**三角錐数**と呼ばれる数 1, 4, 10, 20, 35, ⋯ が作られ，このそれぞれが連続する3整数の積の $\frac{1}{6}$ 倍，すなわち $\frac{1}{6}n(n+1)(n+2)$ と表されることなど，これらの数の並びのもつ秩序は，小石を並び替えるような日常的な手段を通じて理解されていたようである．

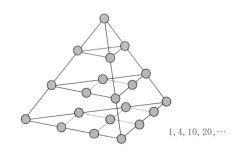

三角錐数

　数列は歴史的には，このように自然数の並びに発したものであろうが，数学的に見ると，じつは単に，自然数全体の集合 $\mathrm{N} = \{1, 2, 3, \cdots\}$ 上で定義された関数にすぎない．小さいほうから n 番目の三角形数を関数記号で $f(n)$ と表すなら，

$$f(n) = \frac{1}{2}n(n+1) \qquad (n = 1, 2, 3, \cdots)$$

というわけである.

　等差数列, 等比数列は, 古えより, 数論的 (あるいは算術的) 数列 (arithmetic progression), 幾何的数列 (geometric progression) と呼ばれて長く親しまれてきたものである. これらは現代的に見ると, $f(n)$ が定数 a, b を用いて,

$$f(n) = an + b \qquad (n\,\text{の高々}\,1\,\text{次関数}),$$
$$f(n) = a^n b \qquad (a\,\text{を底とする指数関数})$$

と表されるのだが, 数列としてはあまりに特殊なものにすぎない. 学校数学ではこの特殊性がほとんど意識されず, これらの歴史的概念があまりに大きく強調されすぎているように見える.

　また, 等比数列といいながら, 「公比 $= 1$」などという, 等比数列として考察するに値しない馬鹿馬鹿しい場合に学習者の注意を大きく向けるのは, いかがなものかと思う. むしろ, $r \neq 1$ の場合と $r = 1$ の場合が, 極限

$$\lim_{r \to 1} a \cdot \frac{r^n - 1}{r - 1} = na$$

を通じて結び付けられるという不思議に注目するほうが, ずっと楽しいのではないだろうか.

　因みに, 等差数列と等比数列は, それぞれ加法 (+), 乗法 (×) という違いを除けば, **本質的には同じものである**のに, 学校数学では, 対等の扱いがない. 等差数列について項の和

$$a_1 + a_2 + \cdots\cdots + a_n$$

が考えられるのであれば, 等比数列については項の積

$$a_1 \times a_2 \times \cdots\cdots \times a_n$$

が考えられるべきである[1] のに, これは標準的な数列の指導から脱落している.

---

1)　この値は, 等差数列の和の計算に相等する簡単な計算で, 初項 a, 公比 r として, $a^n r^{\frac{1}{2}n(n-1)}$ となる. 対数を知っている人なら, これが等差数列の和の公式 $\frac{1}{2}n\{2\log a + (n-1)\log r\}$ に

等比数列に対し，この積をやらずに各項の和を考えるのは，この後に，高校数学では扱われないすばらしい数理的展開が続くからであるが，初学者にとってここが躓きの石になるであろうことは，「等比数列の和」に対応するものを等差数列で考えるとわかる．それは等差数列の各項の積 $a_1 \times a_2 \times \cdots \times a_n$ である．これが案外考えにくいものであることは，最も単純な等差数列である自然数列の場合ですら，$1 \times 2 \times \cdots \times n$ すなわち $n!$ となることを挙げれば明らかであろう．

対応していることがすぐにわかる

第2回
シグマ記号 $\sum$ をめぐって

> **表の心**

　数列が苦手という諸君がじつに多い．しかし，ほとんどの諸君が苦手とするのは $\sum$ 記号 (シグマ記号) に関連する部分だ．学習指導要領の解説書にすら，「難解さに躓かないように適切な指導が望まれる」のようなことが書かれているほどだから，教科書の内容を「適切に」指導できない現場があると文教行政の「リーダー」を任ずる人々も考えているのだろう．

　たしかに，$\sum$ 記号は，抽象的で初学者には分かりにくい面があるね．だから，今回は，$\sum$ 記号をマスターするための重要なポイントを僕が明確にして教えてあげよう！　ポイントは，$\sum$ 記号の**意味** (つまり，いわゆる定義だね！)，$\sum$ 記号を使う上での**基本性質** (記号の応用の基本となるものだ！)，そして，$\sum$ 記号を使いこなすための**基本公式とその使い方** (これこそが大切だ！)，の三つだけだ．

- まずは $\sum$ 記号の意味だよ．$\displaystyle\sum_{k=1}^{n}$ という記号は，それだけでは意味がないことを理解することが大切だ！　言い換えると，

$$\sum_{k=1}^{n} a_k$$

という形になってはじめて意味が生ずるということだね．ここで，a_k という記号だが，数列 $\{a_n\}$ の第 k 項であるということを忘れてはいけない．ここがしっかり理解できるためには，次のように具体的に書き出してみるのが一番いいね．

$k=1$ のときは第 1 項である a_1, $k=2$ のときは第 2 項である a_2, $k=3$ のときは第 3 項である a_3, …… という具合いに続いていって, $k=n$ のときの第 n 項である a_n までの全体を加え合わせると, $a_1 + a_2 + a_3 + \cdots + a_n$ となる. これが記号 $\displaystyle\sum_{k=1}^{n} a_k$ の意味なんだ.

こういう一般論ではまだピンと来ないという人は, 是非, 次のような具体的な例をやってみよう.

$\displaystyle\sum_{k=1}^{n} (2k-1)$ だったら

$$(2 \times 1 - 1) + (2 \times 2 - 1) + (2 \times 3 - 1) + \cdots + (2 \times n - 1),$$

$\displaystyle\sum_{k=1}^{n} k^2$ だったら $\quad 1^2 + 2^2 + 3^2 + \cdots + n^2$

という具合いだね. 数学は抽象的で分からない, と文句をいう人は, こういう自分でできる具体化の作業を怠っているんだよ. **数学を勉強するには, こういう垢抜けない努力が必要**だいうことを教えてもらっていない人が, 最近はますます増えているようだが, これはまずいね.

- さて, $\sum$ 記号の意味が分かったら, 次はこれを使いこなす上で最も重要な $\sum$ 記号の性質だね.

$$\sum_{k=1}^{n} (a_k + b_k) = \sum_{k=1}^{n} a_k + \sum_{k=1}^{n} b_k, \qquad \sum_{k=1}^{n} \alpha a_k = \alpha \sum_{k=1}^{n} a_k$$

という関係だ. 最初の性質は, $\displaystyle\sum_{k=1}^{n}$ という記号を分配法則として憶えるといい. 2 番目の性質は, 定数 α が $\displaystyle\sum_{k=1}^{n}$ 記号の前に出せるということだ. $\displaystyle\sum_{k=1}^{n}$ と α と a_k の交換法則のようなものだと憶えるといい. 教科書などでは, 上のように, × という記号が省略されている簡潔な表現が一般的になっているが, かえってこの性質の意味が見えないんだ.「学習者に分かりやすく書く」という親切が「学習者に分かり難くなる」という仇となる, という教訓だね.

僕なら, 最初の段階では,

$$\sum_{k=1}^{n} \alpha \times a_k = \alpha \times \sum_{k=1}^{n} a_k$$

という具合いに × という記号をあえて補って書くことを勧めたい．$\alpha\times$ を括り出すという変形がよく見えるだろ！　最初のうちは，僕が教えるようにていねいな表現で勉強していって，慣れてきたら，× を省いた能率的な表現のほうに乗り換えるといいんじゃないかな．当然，公式として暗記するには，省いた形のほうがいい．

そして，これら二つを合わせると，実用的にとても大切な

$$\sum_{k=1}^{n}(\alpha a_k + \beta b_k) = \alpha \sum_{k=1}^{n} a_k + \beta \sum_{k=1}^{n} b_k$$

という公式が出てくる．最初のうちは，これは憶えにくいので，$\sum$ 記号の定義に戻って考えてみればいい．実際，最後の関係式は，

左辺は　　$(\alpha a_1 + \beta b_1) + (\alpha a_2 + \beta b_2) + (\alpha a_3 + \beta b_3) + \cdots + (\alpha a_n + \beta b_n)$

であり，他方，

右辺は　　$\alpha(a_1 + a_2 + a_3 + \cdots + a_n) + \beta(b_1 + b_2 + b_3 + \cdots + b_n)$

となるから，上の等式が成り立つことは明らかだろ？　項の順番を変更して，α や β で括っただけだからだ．

他方で，いちいちこのような元の和の形にすることなく，さっと計算できるのも魅力的だね．

「分からなくなったら最初の定義に戻る」．「分かったなら，抽象的で簡潔な表現を能率的に使いこなす」――この二つが抽象的な数学をマスターするための基本原則なのだ．

● そして，最後のポイントは次の 4 つの基本公式だ．

$$\sum_{k=1}^{n} 1 = n, \qquad \sum_{k=1}^{n} k = \frac{1}{2}n(n+1),$$

$$\sum_{k=1}^{n} k^2 = \frac{1}{6}n(n+1)(2n+1), \qquad \sum_{k=1}^{n} k^3 = \frac{1}{4}n^2(n+1)^2$$

これらについては，やや技巧的な証明が教科書などには載っているが，その教科書のような証明が試験で出題されることはまずあり得ないから，無駄な心配を

220

するよりも，この公式のありがたみを感ずるようにするのがいいね．

　というのは，$\sum$ 記号がすごいのは，上で述べた基本性質とこの基本公式を憶えるだけで，たくさんの数列の和が計算できるようになる，ということなんだ！

　たとえば，

$$S = 1 \cdot 3 \cdot (n-1) + 2 \cdot 5 \cdot (n-2) + 3 \cdot 7 \cdot (n-3) + \cdots + n \cdot (2n+1) \cdot 0$$

なんていう複雑な形の和を求めよ，と聞かれたら，一瞬ビビるよね！　でも，$\sum$ 記号をマスターしている人ならなんでもない！　実際，和を作っている k 番目の項がどのように表されるかと考えれば

$$S = \sum_{k=1}^{n} k(2k+1)(n-k) = \sum_{k=1}^{n} \{n \cdot k(2k+1) - k^2(2k+1)\}$$

$$= n \times \sum_{k=1}^{n} k(2k+1) - \sum_{k=1}^{n} k^2(2k+1)$$

$$= n \times \left(\sum_{k=1}^{n} 2k^2 + \sum_{k=1}^{n} k\right) - \left(\sum_{k=1}^{n} 2k^3 + \sum_{k=1}^{n} k^2\right)$$

$$= n \times \left\{2 \times \frac{1}{6}n(n+1)(2n+1) + \frac{1}{2}n(n+1)\right\}$$

$$- 2 \times \frac{1}{4}n^2(n+1)^2 - \frac{1}{6}n(n+1)(2n+1)$$

と計算できる．最終の結果は，n について整理してさらに因数分解すべきだね！

　減点されない答案を書くことはいつも僕が強調することだけれど，君たちの将来を考えてのことなんだからね．

$$\boxed{\text{裏の心}}$$

　「シグマ記号が高校生には難しい」という声はしばしば耳にする．「難解さに躓かないように適切な指導が望まれる」という声すら聞こえてくる．しかし，そもそもこの記号の定義すら与えられていないことに気づく人は少ない．$a_1 + a_2 + a_3 + \cdots + a_n$

が $\displaystyle\sum_{k=1}^{n}$ の定義だと思っている人も多いのではなかろうか.

そもそも,もし,毎回,$a_1 + a_2 + a_3 + \cdots + a_n$ のように書いてもかまわないということなら,$\sum$ 記号は使わなくてもすむことになるので,あえてこの「分かりにくい表現」を「数列を嫌いにさせる」という《巨額の代償》を支払ってまで教える意義があるかどうか,はなはだ疑問である.

しかし,$a_1 + a_2 + a_3 + \cdots + a_n$ という式の $\cdots$ の部分は,よく考えてみると,論理的には何を表現しているのか不明である.n が十分大きいとして,もう少し続けるなら,$a_1 + a_2 + a_3 + a_4 + a_5 + a_6 + \cdots + a_n$ となるだろうが,やはり $\cdots$ は省略するわけにはいかない.$\cdots$ という曖昧な表現で,「添字が1ずつ大きくなる自然数であるような項の総和」を意味させているわけであるが,そのようなていねいな解説を書いている本はまずないだろう.

では,$\cdots$ という曖昧な表現を避けてこのような概念を定義することはできるだろうか.じつは「数列」の単元で,一般には,これよりあとに学ぶ漸化式 (あるいは帰納的定義) を用いれば簡単に定義できるのである.

実際,数列 $\{a_n\}$ に対して,大学以上では数列 $\{a_n\}$ の**部分和** (あるいは **n 部分和**,ときには **n 和**) と呼ばれる数列 $\{S_n\}$ を

$$\begin{cases} S_1 = a_1, & n = 1 \\ S_n = S_{n-1} + a_n, & n \geqq 2 \end{cases}$$

と定義すれば,数列 $\{S_n\}$ の第 n 項 S_n が $\displaystyle\sum_{k=1}^{n} a_k$ に他ならない.

そもそも記号 $\displaystyle\sum_{k=1}^{n} a_k$ において $\sum$ 記号の上下の記号が非対称なのは,本来は異様である.$\displaystyle\sum_{k=1}^{k=n} a_k$ と対称性をもたせるか,意味を汲んで $\displaystyle\sum_{1 \leqq k \leqq n} a_k$ と書くか,いずれかにしたほうがよいのだが,上の $\{S_n\}$ が念頭にあるので,n への依存をはっきりさせる記号法が好まれてきたようである.

$\sum$ 記号についての分かりにくさの理由は,この他いろいろあるだろうが,純粋に論理的な視点に立つと,漸化式の考え方が必要になる部分和の本来の定義を避

けて，部分和を漸化式の前に指導するという，論理的な順序と矛盾する教育的順序を見過ごすことができない．生徒の $\sum$ 記号への無理解を嘆く前に，このような「意図的な論理的な順序の逆転」が，「学習者の学習のしやすさのために」(?!)行われているという恐るべき《教室の現実》に，もう少し配慮があってもいいのではないだろうか．

　反対にいうと，少々論理的な無理を押してであっても，$\sum$ 記号とその使い方を前もって教えておきたい《教育的な動機》があるのである．それは，

$$\sum_{k=1}^{n}(a_k+b_k)=\sum_{k=1}^{n}a_k+\sum_{k=1}^{n}b_k, \qquad \sum_{k=1}^{n}(\alpha a_k)=\alpha\sum_{k=1}^{n}a_k$$

と書く[1] ことを通じてはじめて明らかになる**線型性**と呼ばれる数列の部分和の基本性質である．二つの数列を「加えて」から「部分和を取る」のと，数列の「部分和を取って」から「加える」のは同じであること，また，一つの数列を「定数倍して」から「部分和を取る」のと，数列の「部分和を取って」から「定数倍する」のは同じである，ということである．

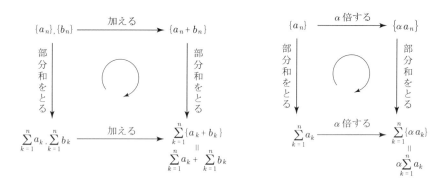

　この基本性質を通して，数列全体が**ベクトル**のもつべき基本性質をもっていることが分かるというのは大学以上で重要な話題であるが，高校数学でも，この性質が成り立つときは，より長い等式

---

[1]　わが国では，第二の公式では，左辺で括弧記号が使われることは稀である．しかし，これほどの「小さな親切」を節約することにどれほどの価値があるのか，教育の硬直性を象徴しているようで，筆者には少々不安である．

$$\sum_{k=1}^{n} (\alpha_1 a_{1,k} + \alpha_2 a_{2,k} + \alpha_3 a_{3,k}) = \alpha_1 \sum_{k=1}^{n} a_{1,k} + \alpha_2 \sum_{k=1}^{n} a_{2,k} + \alpha_3 \sum_{k=1}^{n} a_{3,k}$$

が，さらにより一般には，いくらでも長い関係式

$$\sum_{k=1}^{n} \left(\sum_{i=1}^{j} \alpha_i a_{i,k} \right) = \sum_{i=1}^{j} \alpha_i \sum_{k=1}^{n} a_{i,k}$$

が成り立つので，複雑な一般項をもつ数列に対してもそれを構成する数列の和が分かれば，それを利用して求めることができる，ということである．ベクトルの言葉でいえば，基底を構成するベクトルについて分かれば，それらの線型結合 (基底を構成するベクトルの定数倍の和) についても分かる，ということである．

このように $\sum$ 記号を使うからこそ達成できる理論的な理解の地平が開拓できることが，しかしながら，「基本公式を知っていれば，$\sum$ 記号を使うだけで，どんな数列の和でも計算できる」と誤解されている．たしかに $\sum_{k=1}^{n} k^\alpha$ は，任意の 0 以上の整数 α については簡単に計算できる (高校数学では一般に，$\alpha = 1$, $\alpha = 2$, $\alpha = 3$ の場合だけが強調される) が，$\alpha < 0$ となると途端に計算不可能になる．より正確にいうと，n の簡単な式で表現することができなくなる，ということである．最も基本的な $\sum_{k=1}^{n} \dfrac{1}{k}$ ですら絶望的である．

また，$\sum_{k=1}^{n} k$, $\sum_{k=1}^{n} k^2$, $\sum_{k=1}^{n} k^3$ の公式を強調するのも「筋が悪い」．というのも，数列和を考える限りでは，歴史的にも，そして数学的にも，

$$\sum_{k=1}^{n} k = \frac{1}{2!} n(n+1),$$

$$\sum_{k=1}^{n} \frac{1}{2!} k(k+1) = \frac{1}{3!} n(n+1)(n+2),$$

$$\sum_{k=1}^{n} \frac{1}{3!} k(k+1)(k+2) = \frac{1}{4!} n(n+1)(n+2)(n+3),$$

$$\cdots\cdots$$

を基礎として考えるほうが，正統的であるからである．

$\displaystyle\sum_{k=1}^{n} a_k$ という記号の最も難解なところは，ここに登場する文字の中で文字 k には固有の意味がないことである．たとえば，$\displaystyle\sum_{k=1}^{n} 3k^2$ において，k を他の文字，たとえば i や j に置き換えて $\displaystyle\sum_{i=1}^{n} 3i^2$, $\displaystyle\sum_{j=1}^{n} 3j^2$ などとしても一向に差し支えない．しかし，「どんな文字にも書きかえることができる」といっても，k を n に置き換えて $\displaystyle\sum_{n=1}^{n} 3n^2$ とすることはできない．このあたりの主題は，近頃の高校数学の「集合と論理」という単元では扱われない[2] **束縛変数**，**従属変数**という用語があれば簡単に説明できることである．そのような区別の曖昧さに付け込むかのように，$\displaystyle\sum_{k=1}^{n} k(2k+1)(n-k)$ のような煩雑な問題が，実力僅差の受験生の間に差をつけることが目的の入試ではなく，検定教科書にも好んで取り上げられるのは，学校教育において**シゴキ**[3]と**イジメ**[4]の区別がつかなくなっているような気がして心配である．

---

　[2]　この単元でこそ扱うべきであるのに，である！　実際，$\{x \mid x^2 < 1\}$ のような束縛変数の使い方を扱っているのであるから！
　[3]　少々無理があっても学習者の気概を信じて高い課題の達成を要求すること．
　[4]　自己の権威を確立するために，達成不可能な課題を要求して，相手を屈服させること．

第3回
漸化式の考え方をめぐって

表の心

　今回は数列で最も難しい峰の一つに登るぞ！　漸化式だ.

　数列 $\{a_n\}$ があるとき，隣り合う項の間に成り立つ関係式を**漸化式**というんだ.

　漸化式の基本は

$$a_{n+1} = 3a_n + 2 \quad \cdots\cdots ①$$

のような形のものだ. n を任意の自然数として，左辺の第 $n+1$ 項 a_{n+1} が右辺のように第 n 項 a_n で表されているだろう. この関係を利用して，a_n を n の式で表すことができるんだ. 少し高級なテクニックは次回に回して，今回は基本となる考え方を理解しよう.

　まず，① において，「n を $n-1$ で置き換えた式を作る」. ここが最初のポイントだ. すると

$$a_n = 3a_{n-1} + 2 \quad \cdots\cdots ①'$$

となるだろ. 関係 ①$'$ を用いて式 ① の右辺の a_n を a_{n-1} の式に書き換えると

$$a_{n+1} = 3(3a_{n-1} + 2) + 2$$

となるね. ここまでの変形を理解することが大切な第一ステップだ.

　ここまでわかったら，次は右辺の整理だ. 計算して整理すると

$$a_{n+1} = 3^2 \cdot a_{n-1} + 3 \cdot 2 + 2 \quad \cdots\cdots ②$$

となるね．a_{n+1} を a_n で表す式 ① から，a_{n+1} を a_{n-1} で表す式 ② が得られたということだ．このとき「整理」するといっても，$3^2 = 9$ とか $3 \cdot 2 + 2 = 8$ のように**最後まで計算しないこと**がその後のためにとても大切だ．ときには計算できるのにしないほうがよいということがあるんだ！

つぎに，いま得た式 ② で，右辺にある a_{n-1} に，① で n を $n-2$ で置き換えた式

$$a_{n-1} = 3a_{n-2} + 2 \quad \cdots\cdots ①''$$

を代入すると，

$$a_{n+1} = 3^2 \cdot (3a_{n-2} + 2) + 3 \cdot 2 + 2$$
$$\text{すなわち} \quad a_{n+1} = 3^3 a_{n-2} + (3^2 \cdot 2 + 3 \cdot 2 + 2) \quad \cdots\cdots ③$$

のように，a_{n+1} を a_{n-2} で表す式が得られるね．念のために，もう一回，同様の作業を行うと，今度は

$$a_{n+1} = 3^4 a_{n-3} + (3^3 \cdot 2 + 3^2 \cdot 2 + 3 \cdot 2 + 2) \quad \cdots\cdots ④$$

となることがわかるかい？

このように ① → ② → ③ → ④ の変形では，左辺の a_{n+1} を，右辺の数列の項の番号を一つ下げて表すごとに，右辺の括弧の中に現れる定数項が一個ずつ増えていくね．この $a_n \to a_{n-1} \to a_{n-2} \to a_{n-3} \to \cdots$ という添字下げの操作を繰り返していくと，いつかは a_1 に行き着くはずだ．その最後の右辺はどうなっているだろうか？

この問題を考える際，たとえば，④ のように a_{n-3} まで来たときに，a_{n-3} の係数の 3 の累乗の指数が 4 であり，定数項に表れる $2 \cdot (3 \text{の累乗})$ の指数が 3 まで来ていることを考えれば，a_1 まで下りてきたときには

$$a_{n+1} = 3^n \cdot a_1 + (3^{n-1} + 3^{n-2} + \cdots + 3 + 1) \cdot 2$$

となることがわかるね．右辺の括弧の中身は等比数列の和だから，それを求めると

$$a_{n+1} = 3^n \cdot a_1 + (3^n - 1) \quad \cdots\cdots ⑤$$

となる．**与えられた式 ① を変形して式 ⑤ が得られた**というわけだ．

でも，まだこれは最後の答じゃないぞ．求めるものは a_n なのだから，上の結果⑤で $n+1$ を n と書き換えて

$$a_n = 3^{n-1} \cdot a_1 + (3^{n-1} - 1) \quad \cdots\cdots ⑥$$

としないといけない．しかも $n+1$ を n と書き換えたのだから，最後の式における n は $n \geqq 2$ の整数のはずである．言い換えれば，$n = 1$ のときも含めて⑥が成り立つかどうかを確かめて初めて満点がもらえるんだ．

しかし，毎回毎回このように手間のかかる解法をしていては大変だね．**漸化式は頻出**だから，**能率よく正解に達し，しかも減点されない答案を書く技**を知らないと損するぞ．これについては次回に説明するから，楽しみにしたまえ！　ただし，こういう苦労を一回はした経験があるからこそ，よい解法のありがたみも理解できる．人生とはそういうものだ．

裏の心

　数列を定義するときに基本となるのが**漸化式**という手法であり，等差数列や等比数列も，本来はそれぞれ

$$a_{n+1} = a_n + d, \qquad a_{n+1} = r a_n$$

という漸化式で定義されるものである．ここで，d, r は定数である．

　漸化式で最も重要なことは，"**任意の自然数について**"（以後，簡単のために，これを $\forall n \in \mathbb{N}$ という記号で表す．$\forall$ は「任意の」を意味する arbitrary の頭文字 A に由来する）の関係式の成立が仮定されていることである．

$$a_{n+1} = f(a_n)$$

という単独の式で表現されているように見えるが，実際は

$$a_2 = f(a_1), \quad a_3 = f(a_2), \quad a_4 = f(a_3), \quad \cdots\cdots$$

という**無数の等式**が仮定されていることである．a_5 の値を知るには a_4 の値が知られていればよく，a_4 の値を知るには a_3 の値が，そのためには a_2 の値が，……という具合いに，最終的には a_1 の値がわかっていれば，どんな自然数 n についても a_n の値がわかる．「元に帰ればわかる」という意味で，このような定義を**回帰的定義**と呼ぶ．回帰的定義はコンピュータ・プログラミングの世界でもとても大切な概念である．

ところで，$\forall n \in \mathbb{N},\ a_{n+1} = f(a_n)$ という最も単純な回帰的定義で定められた数列 $\{a_n\}$ の第 n 項 a_n を，もし a_1 を用いて表すとすれば，単に

$$a_n = \underbrace{f(f(\cdots f(f(a_1)\cdots)))}_{n-1\,個}$$

となるだけである．$n-1$ 個の関数 f の**合成関数**を表す記号 $f^{(n-1)}$ を用いれば，上式の右辺はより短く $f^{(n-1)}(a_1)$ と表される．ただし，残念ながら，与えられた関数 f に対して $f^{(n-1)}$ を求める (= 簡単な式で表現する) ことは，一般には絶望的に困難な仕事である．

ただし，例外的に簡単に済ますことができる場合が存在する．それは $f(x)$ が

$$f(x) = px + q \qquad (p,\ q：定数)$$

という特殊ケースである．等差数列, 等比数列は, それぞれ $f(x) = x+d,\ f(x) = rx$ という, この特殊ケースの特別の場合である．数学的に面白いのは, じつは, この特殊ケースの特別の場合が一般の特殊ケース $f(x) = px + q$ を解決するための十分な前提となることである．これが等差数列, 等比数列を漸化式に先立って学習することの意味であるかもしれない．

一般の $f(x) = px + q$ の場合の解決は次回に譲るとして, ここでは, これらの二つの特殊な場合について $f^{(n-1)}$ が計算できることを確認しておこう．それは, 結論的にいえば,

$$f(x) = x + d \text{ については } \quad f^{(n-1)}(x) = x + (n-1)d,$$
$$f(x) = rx \text{ については } \quad f^{(n-1)}(x) = r^{n-1}x$$

ということである．これらは, $\forall n \in \mathbb{N},\ a_{n+1} = a_n + d$ で定められる数列 $\{a_n\}$

の一般項が $a_n = a_1 + (n-1)d$, また $\forall n \in \mathbb{N}$, $a_{n+1} = ra_n$ で定められる数列 $\{a_n\}$ の一般項が $a_n = a_1 r^{n-1}$ であることに対応している.

回帰的定義 $\forall n \in \mathbb{N}$, $a_{n+1} = f(a_n)$ において決定的に重要なのは,

$$\text{``}\forall n \in \mathbb{N}\text{''}$$

の部分である. これを欠いた $a_{n+1} = f(a_n)$ という式が単独で与えられただけでは, それを $a_{n+1} = f(f(a_{n-1}))$ と変形することすら許されない. $a_{n+1} = f(a_n)$ から $n+1$ を n に置き換えて "$a_n = f(a_{n-1})$" を導くことはできない. 「$n+1$ を n に置き換える」という言い回しが文字式の代入の基本ルールを逸脱する, という表面的問題もあるが, そもそも

$$\text{``ある } n \text{ について } a_{n+1} = f(a_n) \quad \cdots\cdots (*)\text{''}$$

という主張は

$$\text{``ある } m \text{ について } a_{m+1} = f(a_m)\text{''}$$

とか

$$\text{``ある } k \text{ について } a_{k+1} = f(a_k)\text{''}$$

と書き換えることができ, その延長上に

$$\text{``ある } n \text{ について } a_n = f(a_{n-1}) \quad \cdots\cdots (**)\text{''}$$

という書き換えも考えられるが, $(*)$ と $(**)$ の中に含まれる文字 n を同じものとして扱うことは許されない (数理論理学の言葉を使うと, 束縛変数は, 変縛域の範囲を超えて使うことはできない) という, より重要な問題もある.

しかし, "$\forall n \in \mathbb{N}$, $a_{n+1} = a_n + d$" は, 端的に "$\forall n \in \mathbb{N}$, $a_n = a_1 + (n-1)d$" と同値なのである. $\forall n \in \mathbb{N}$, $a_{n+1} = ra_n$ と $\forall n \in \mathbb{N}$, $a_n = r^{n-1}a_1$ の同値性についても同様である.

記号 $\forall$ を欠いていることに象徴される**述語論理からの逃避**が, 学校数学における漸化式の理解を困難にする原因の一つなのではないだろうか.

第4回
漸化式の「解法」をめぐって

表の心

　初項と漸化式が与えられたとき，その数列の一般項を求めることを「漸化式を解く」というんだ．漸化式の解法は，能率よく運ばないとひどく面倒であったり論理的に不完全になって減点されたりするので，今回は漸化式の**解法のテクニック**を伝授しよう．超有名な話題であるけれど，正しく理解していない人が多い．

　たとえば，前回に取り上げた漸化式

$$a_{n+1} = 3a_n + 2 \quad \cdots\cdots \text{①}$$

が与えられたとしよう．このままでは一般項を考えるのが難しいので，①が

$$a_{n+1} - \alpha = 3(a_n - \alpha) \quad \cdots\cdots \text{①}'$$

と変形することができたらいいのにな，と考える．なぜかというと，もし①′の形になったら，数列 $\{a_n\}$ に対し，その各項から α だけ引いた数で作られる数列を $\{b_n\}$ とすると，①は，それより簡単な漸化式

$$b_{n+1} = 3b_n \quad \cdots\cdots \text{②}$$

に書き換えることができる．② を満たす $\{b_n\}$ は公比 3 の等比数列であるから

$$b_n = 3^{n-1}b_1 \quad \text{つまり} \quad a_n - \alpha = 3^{n-1}(a_1 - \alpha)$$

となる．これで，初項 a_1 がわかれば a_n もわかるというわけだ．

①を①′のように変形するところがポイントだ！　とはいえ，α の値がわからないと話にならないな．そのためには，①を変形して行く先の目標である①′を逆に解体・整理して，

$$a_{n+1} - \alpha = 3a_n - 3\alpha \quad すなわち \quad a_{n+1} = 3a_n - 2\alpha \quad \cdots\cdots ①''$$

とし，これともともとの問題の①とじっと見比べるんだ．すると，

$$2 = -2\alpha$$

となっていればいいことがわかるだろう．これから，$\alpha = -1$ であることがわかる．以上が基本的な考え方だ．

さて，問題はこれからだ！　少しでも答案を早く仕上げるべき君たちには，上のようにいちいち，「与えられた漸化式①を，①′の形に変形できると見て，その式を整理して①′′を作り，これと元の①を見比べて α についての方程式を立てる」なんて，少し回りくどいと感じないか？

α の値 $\alpha = -1$ を見つけさえすればいいのであるから，僕の教えるハイパー・テクをマスターするといいぞ．それは

"与えられた漸化式①において，$a_n = a_{n+1} = \alpha$ とおく"

というものだ．そうすると，いきなり α についての方程式

$$\alpha = 3\alpha + 2$$

が立つね．これを解いて $\alpha = -1$ がすぐに求められる．ただし，この計算プロセスを正直に答案に書く必要はない．答案用紙の裏などで α の値を求める 1 次方程式の解を計算しておいてから，答案は次のように手短かに書くんだ．

『与えられた漸化式①は $a_{n+1} + 1 = 3(a_n + 1) \cdots$ ②　と変形できる．よって数列 $\{a_n + 1\}$ は公比 3 の等比数列をなすので $a_n + 1 = 3^{n-1}(a_1 + 1)$ である．』

もし a_1 の値が与えられていれば，それをこれに代入して a_n の値を n の式で表すことができる．これまでの解答と比べてはるかに能率的だろう？

この解法の肝は，$\alpha = -1$ を見つけることなんだが，数列 $\{a_n\}$ において，隣

り合う項 a_n と a_{n+1} が等しいわけではないので，『$a_n = a_{n+1} = \alpha$ とおく』と書くのは数学的に正しくないから答案では許されない．けれど，このような α についての方程式を立ててそれを解くと，漸化式はサラリと解ける．そして，式①が式②と変形できるという主張自身は，いわれてみれば自明過ぎて誰も減点しようがないから，このように書くのは問題ない．数学の答案は正しい推論が書かれていればいいのであって，発見法の秘密を明かす必要はないんだ．

というわけで，これは，絶対にマスターしておきたい，受験生必携の裏技の代表格だね．といっても，大学で学ぶ高等数学では a_n と a_{n+1} の両方を α とおいて立てられる方程式のことを，**特性方程式**というんだけど．ときにはちょっと背伸びして大学の数学の言葉も知っておくといいね．

裏の心

漸化式 $\forall n \in \mathbb{N}, a_{n+1} = f(a_n)$ において

$$f(x) = px + q \qquad (p, q : 定数)$$

のとき，すなわち

$$\forall n \in \mathbb{N}, \quad a_{n+1} = pa_n + q \quad \cdots\cdots (*)$$

の一般項を求める問題は，等差数列，等比数列を定義する漸化式

$$(1) \quad \forall n \in \mathbb{N}, \ a_{n+1} = a_n + d, \qquad (2) \quad \forall n \in \mathbb{N}, \ a_{n+1} = ra_n$$

の一般項

$$(1)' \quad \forall n \in \mathbb{N}, \ a_n = a_1 + (n-1)d, \qquad (2)' \quad \forall n \in \mathbb{N}, \ a_n = a_1 r^{n-1}$$

を求める問題に帰着させることができることを示そう．

$(*)$ において，まず，$p = 1$ の場合は (1) で $d = q$ の場合であり，$q = 0$ の場合は (2) で $r = p$ の場合であるから，考えるべきは，"$p \neq 1$ かつ $q \neq 0$" の場合

である．特に $q \neq 0$ であるものを**非同次型**というのであるが，これがうまい技法により，$q = 0$ の場合 (**同次型**) に帰着できる．うまい技法というのは，漸化式を満たす数列そのもの (**一般解**) ではなく，漸化式を満たす数列の具体例 (**特殊解**) を一つ見つけ，それを利用して一般解を求めるという手法である．

たとえば，

$$\forall n \in \mathbb{N}, \quad a_{n+1} = 3a_n + 2$$

という漸化式を満たすものとしては $\{0,\, 2,\, 8,\, 26,\, 80,\, \cdots\}$ とか $\{1,\, 5,\, 17,\, 53,\, 161,\, \cdots\}$ などいくらでもある．いま，ある数列 $\{\alpha_n\}$ がこの漸化式を満たすとすると，$\forall n \in \mathbb{N},\ \alpha_{n+1} = 3\alpha_n + 2$ が成り立つ．与えられた漸化式とこの式で辺々差をとると，右辺の 2 が消し合って $\forall n \in \mathbb{N},\ a_{n+1} - \alpha_{n+1} = 3(a_n - \alpha_n)$ となる．つまり，数列 $\{a_n\}$ についての与えられた漸化式に対し，数列 $\{x_n\} = \{a_n - \alpha_n\}$ は，より単純な漸化式

$$\forall n \in \mathbb{N}, \quad x_{n+1} = 3x_n$$

すなわち，(2) のタイプの漸化式を満たすということである．これを解いて $x_n = a_n - \alpha_n$ がわかると，α_n がわかっているので，求めたかった a_n もわかるという次第である．

このテクニックにおいて重要なステップは，一般解に先立って特殊解の一つを見つけることである．(一般解がわかれば特殊解を求めるのはたやすいが，その逆は自明ではない！)

じつは，より一般化した非同次型漸化式

$$\forall n \in \mathbb{N}, \quad a_{n+1} = pa_n + q(n) \qquad (p \text{ は } 1 \text{ でない定数，} q(n) \text{ は } n \text{ の関数})$$

において，$q(n)$ が n に依らない定数であるという場合が考えるべき (∗) であったのであるが，上のような漸化式においては，関数 $q(n)$ の形によって，特殊解を探す範囲を限定することができる．たとえば，$q(n)$ が n の 2 次式であれば，

$$a_n = \alpha n^2 + \beta n + \gamma \qquad (\alpha,\ \beta,\ \gamma\text{：定数})$$

という 2 次式の特殊解が存在する．$q(n)$ が定数 (n の 0 次式) であれば，$a_n = \alpha$ という n の 0 次式の特殊解が見つかるということである．言い換えれば，単なる定

234

数 α を見つけたのではなく，初項からずっと同じ数が続く定数数列 $\{\alpha, \alpha, \alpha, \cdots\}$ で，漸化式 $a_{n+1} = pa_n + q$ を満足する数列 (漸化式の特殊解) が存在するので，そのような特殊な数列を利用することにより，漸化式を定数項のない形 (同次形)，すなわち (2) のタイプに変形することができる，というのがこの解法の基本である．

なお，しばしばいわれる「特性方程式」という概念は，ここで述べられたものより見かけ上少し複雑な，しかし理論的にはより単純な，たとえば，

$$\forall n \in \mathbb{N}, \quad a_{n+3} = pa_{n+2} + qa_{n+1} + ra_n \qquad (p, q, r \text{ は定数})$$

のような漸化式について有効な数学の重要概念であるが，ここで話題となっている漸化式 $\forall n \in \mathbb{N}, a_{n+1} = pa_n + q$ とはまったく無縁というべきである．若者が「大学の数学」への憧憬から背伸びして勉強する姿は見ていて清々しいが，学問の権威を僭称する安っぽい啓蒙主義者に，若い人々は警戒心をもってよいと思う．

第5回
数学的帰納法をめぐって

表の心

　僕たちが新しい命題を導くときの推論は2種類あるんだ．すでに真であると確認された知識を論理法則に従って組み合わせることによってある主張が正しいことを証明するという**演繹**と，過去の経験の蓄積や多くの事例に基づいてある主張が間違いなく正しいことを立証するという**帰納**とだよ．数学において定理を導く方法は演繹だね．演繹は論理的であるから，前提が正しい限り間違った結論が導かれる可能性はまったくない．それが数学のいいところだね！　これに対し，帰納では，想定していなかった事態に直面し，先に得ていた結論は間違いであったと判明することがありうるんだ．

　たとえば，「三角形の内角の和は $180°$ である」という命題には反例がない．これに対し，「カラスは黒い」という主張は，黒くないカラスが見つかると，もはや正しくないだろ？　カラスはともかく，日本で白鳥と呼ばれる swan には，黒い種がいるのだそうだ．日本語でいえば，論理的には「白鳥は白い」はずであるけれど，生物学的分類では「白鳥が白い」は偽の命題である．

　このように，帰納という推論には論理的に弱点があるが，弱点のない完全な帰納法があるんだ．たとえば

$$1^2 + 2^2 + 3^2 + \cdots + n^2 = \frac{1}{6}n(n+1)(2n+1) \quad \cdots\cdots (*)$$

は，数列和についての有名な基本公式だね．これは次のようにして厳密に証明す

ることができる！

『　［ I ］　$n = 1$ のときは $\begin{cases} (*) \text{ の左辺} = 1^2 = 1 \\[2mm] (*) \text{ の右辺} = \dfrac{1}{6} \cdot 2 \cdot 3 = 1 \end{cases}$

であるから，$n = 1$ のとき $(*)$ が成り立つ.

　　［ II ］　k を任意の正の整数として，$n = k$ のとき $(*)$ が成り立つと仮定すると

$$1^2 + 2^2 + 3^2 + \cdots + k^2 = \frac{1}{6}k(k+1)(2k+1)$$

である. この等式の両辺に $(k+1)^2$ を加えると

$$\begin{aligned} \text{左辺は} \quad & 1^2 + 2^2 + 3^2 + \cdots + k^2 + (k+1)^2 \\ \text{右辺は} \quad & = \frac{1}{6}k(k+1)(2k+1) + (k+1)^2 \\ & = \frac{1}{6}(k+1)\{k(2k+1) + 6(k+1)\} \\ & = \frac{1}{6}(k+1)(2k^2 + 7k + 6) \\ & = \frac{1}{6}(k+1)(k+2)(2k+3) \end{aligned}$$

となるので，これは，$n = k+1$ のときも $(*)$ が成り立つことを示す.

　　［ I ］，［ II ］から数学的帰納法により，すべての自然数 n について，$(*)$ が成り立つ.』

と，まあこういう風にやるんだ. ［ II ］の骨格ともいうべき

　「$n = k$ のとき成り立つ $\Longrightarrow$ $n = k+1$ のとき成り立つ」

という部分は，ドミノ倒しや将棋倒しを連想させるロジックだね. だから，［ I ］で最初の駒が倒れると，以下ずっと倒れ続けるということだ. そう考えれば特に難しいことはないね. これが**数学的帰納法**と呼ばれる証明方法なんだ.

　ところで，試験で数学的帰納法の証明問題の答案を読んでいると，とんでもないインチキを書く人がじつに多いんだ. 入試で数学的帰納法を出題できるのは，時間をかけてインチキ答案を見破る採点体制が整っている一流大学と，それらしく

書いていればすべて満点と判定する三流大学だね．一流大学を目指す諸君は，インチキを見破られないように，数学的帰納法の証明問題をよく練習して《論証の型》をしっかり摑んでおかないといけないぞ．

裏の心

　数学的帰納法という名称から誤解されやすいが，数学的帰納法の原理自身は，**自然数全体という無限集合**について我々が語る際に基本となるものであって，自然数の意味がわかっている人なら練習しないとマスターできないというものではない．自然数全体という無限に続く階梯に対し，「一段目から始め，一段ずつ登っていけばどこまでも行くことができる」というごく自然な論法である．

　これが取り立てて難しいものでないことは，学校数学において，数学的帰納法の学習に先立って，本来は数学的帰納法の考え方が必要な主題の学習が指導されていることがわかる．たとえば，数学的帰納法に先立って学習される漸化式

$$
\begin{cases}
a_1 = \alpha \\
a_{k+1} = f(a_k) \qquad (k = 1, 2, 3, \cdots)
\end{cases}
$$

で数列 $\{a_n\}$ が定められることを保証するのは，数学的帰納法である．

　漸化式どころの話ではない．じつは，数学的帰納法に先立つ数列のすべての学習項目で数学的帰納法が前提とされている．数列 $\{a_n\}$ において，初項から第 n 項までの和が $\sum_{k=1}^{n} a_k$ という記号で表されることがやたらに強調されるが，この記号は論理的には

$$
\begin{cases}
\sum_{k=1}^{1} a_k = a_1 \\
\sum_{k=1}^{n} a_k = \sum_{k=1}^{n-1} a_k + a_n \qquad (k = 2, 3, 4, \cdots)
\end{cases}
$$

（よりポピュラーには第 n 項までの和 S_n について $S_1 = a_1$, $S_n = S_{n-1} + a_n$）

のような漸化式 (回帰的定義) によって与えられるのである．$a_1 + a_2 + \cdots + a_n$ のような素朴な表現が許されるのなら，わざわざ $\displaystyle\sum_{k=1}^{n} a_k$ という表現を持ち込む意味は理論的にも実用的にもない．

そもそも，数列の章の冒頭で学習することの多い等差数列，等比数列の定義でも，このような漸化式，ひいては数学的帰納法が前提とされていることにも注意したい．

このように「何もいわなければ気付かれない」ほど，数学的帰納法自身は自然でわかりやすい論理のはずである．それがあまり理解されていない理由は，学校数学において，数学的帰納法が論理的に正しく提示されていないこと，さらに例として引かれる命題が数学的帰納法による論証の例として相応しくないほど馬鹿馬鹿しいことにあるのではないかと思う．

実際，自然数 k についての条件を $\mathrm{P}(k)$ と表すことにすると，数学的帰納法というのは

$$\begin{cases} (\mathrm{I}) & \mathrm{P}(1) \text{ が成り立つ} \\ (\mathrm{II}) & \forall k(\mathrm{P}(k) \Longrightarrow \mathrm{P}(k+1)) \text{ が成り立つ} \end{cases}$$

を示すことによって

$$\forall n \mathrm{P}(n) \text{ が成り立つ}$$

ことを示す論法であり，ここで肝となるのは (II) である．学校数学ではこの部分を「$n = k$ のときよいならば，$n = k+1$ のときもよい」というように，n が k から $k+1$ に移り替わるように表現する．n がまるで「生き物」であるかのようである．他方，ここで k が n と同じく生き物のように変化すると考えると，k と $k+1$ を区別する意味が見えなくなって訳がわからなくなってしまう．要するに，学校数学の標準的な表現は，論理的には適切で十全なものとは到底いえないということである．

しかし，この表現の不適切さ以上に深刻なのは，「教育的」な入門として取り上げられる $\mathrm{P}(n)$ の例の多くがあまりにもつまらないことである．

実際，上に引用された

$$\sum_{k=1}^{n} k^2 = \frac{1}{6}n(n+1)(2n+1)$$

をさらに単純化して，最も基本的な

$$1 + 2 + 3 + \cdots + n = \frac{1}{2}n(n+1)$$

を例にとると，馬鹿馬鹿しさはより明快になる．事態の本質を理解するために

$$A_n = 1 + 2 + 3 + \cdots + n, \qquad B_n = \frac{1}{2}n(n+1)$$

と定めるとよい．このとき，(Ⅰ), (Ⅱ) はそれぞれ

(Ⅰ)　$A_1 = B_1$

(Ⅱ)　$A_k = B_k \Longrightarrow A_{k+1} = B_{k+1}$

となる.

　この際, (Ⅱ) の論証の核心は，$A_k = B_k$ の両辺に $k+1$ を加えると，$A_{k+1} = B_{k+1}$ が導かれること，すなわち

$$A_k + (k+1) = A_{k+1}, \qquad B_k + (k+1) = B_{k+1}$$

となることである．しかるにこれは，数列 $\{A_n\}, \{B_n\}$ が，いずれも漸化式

$$\forall n \in \mathbb{N}, \qquad x_n + (n+1) = x_{n+1}$$

をみたすという主張である．(Ⅰ) で初項の一致が仮定されているのであるから，初項と漸化式で数列が定まることがわかっている人には，初項以後すべての項が一致することは，数学的帰納法を持ち出すまでもなく最初から自明である．裏を返せば，数学的帰納法を学ぶ前から理解していたはずの漸化式についての理解を完全に失った人でないと数学的帰納法の証明はありがたくない，ということになる.

　これでは，数学的帰納法のありがたさを理解しようにもできないだろう．勉強に余裕のある人には，数学的帰納法のありがたさを理解できるような本格的な例に接することを勧めたい.

　なお，一般に帰納と違って論理的な弱点がないと信じられている数学の演繹には決定的な「欠点」もある．それは前提が崩れると結論も崩れるということである．三角形の内角の和が2直角という前提の下で三平方の定理は正しいが，もし

内角の和が2直角でなかったならどうだろう？　内角の和が2直角でない三角形が存在することは，非ユークリッド幾何の発見という現代数学の誕生に関わる19世紀の大事件として有名である.

X

微積分について

第1回
無限をめぐって

表の心

　世代のエリートたちが集った旧制高校の時代ですら，「微分とは微かに分かること」，「積分とは分かった積もりになること」など，半ば冗談でいわれてきたようだから，昔から微積分は高校生には理解するのが難しいと思われてきたんだろう．たしかに，微積分は小学校から，中学，高校と12年間にも及ぶ数学教育の最終ゴールのようなものだ．さぁ，君たちは12年間の最終目標に向かっていくのだから，チョモランマのような高峰を登頂する登山家のようなものだ．登山家が登山の前にこれから登る高峰を見上げるように，まずは，大きく息を吸って山を見上げよう．といっても，残念ながら数学の高峰は目に見えない．でも，心に征服を誓うことが大事なんだよ．「必ず分かるぞ！」，「決して諦めないぞ！」，「絶対くじけないぞ！」「断固，初心を貫徹するぞ！」と気合いを入れよう！　人生は半分以上は希望と気合いで決まるんだからな．夢を実現するためには，まず夢をしっかりともつことだ．そうした夢さえしっかりもって頑張れば，微積分だって征服できる！　小学生にだって微積分をマスターすることはできるんだ！

　気合いを入れるために，今日は，微積分の勉強に先だって，それらの中心にある**無限**の考えを理解しよう．

　無限には，後に述べるように，**無限大**とか**無限小**の区別があるが，無限というのは文字通り，「限りが無い」ということだ．お坊さんたちは，「どんなものにも限りがある」「限りないものはない」というようだけれど，数学では，そういうも

のを考えるんだ！　といっても，実は意外に簡単だ！

　まず，数学で考えるのは，無限大，すなわち「限りなく大きい無限」と，無限小，つまり「限りなく小さい無限」の二種類の無限である．このうち，無限大のほうは ∞ という記号で表すんだ．数字の 8 を回転したようなものだけど，なんかかっこいいだろう！　随分昔の話になるけれど，あるテレビの人気ドラマのオープニングに「♂ ♀ ＊ † ∞」という記号の列がスクロールしながら表示され，その裏で「男，女，誕生，死，そして無限」というナレーションが流れたんだ．「男」とか「女」のような平凡な名詞に続いて「誕生」，「死」という $\overset{\text{おごそ}}{\text{厳}}$ かな言葉が登場し，その後に渋い声で告げられる「そして無限」の深遠な響きと相俟って，∞ という記号も視聴者の心を摑んだんだよ．そんなすごい記号が，数学で，無限大の記号として出てくるなんて，なにかわくわくするほどすごいだろ！　$\overset{\text{もっと}}{\text{尤}}$ も，一説には，∞ は 1000 を表すのに使われていたということだけれど，現代人にとっては，1000 程度では到底無限大の気分が出ないな．ほとんど無限といっていいくらいの個数であるアボガドロ数ですら，たったの $6.022\cdots \times 10^{23}$ だって化学で習ったろ！　いったいどうやって数えたのだろうね．

　他方，無限小のほうは，「無限大の反対」といいたいところだが，それはちょっとビミョーだ．というのは，「無限大の反対」には，無限大 ∞ と，符号だけが反対のマイナス無限大 $-\infty$ というのがあるからだ．数直線で考えると右側に限りなく行った先にあるのが ∞，反対に左側に限りなく行った先にあるのが $-\infty$ というわけだ．

　「無限大のもう一つの反対」である無限小のほうには，現代では特別の記号は使わないのだけれど，無限大の記号を利用して $\dfrac{1}{\infty}$ と考えるといいだろう．これは 0 と書くこともある．通常の零(ゼロ) と区別できるように，ニュートンの時代の伝統に似せて alphabet の o (ギリシャ文字のオミクロン，"微小な o") を用いることにしよう．負の無限小 $-o$ もあることはあるけれど，通常の意味では o と区別しない．$-o = o$ ということだね．

　これらの正負の無限大 ∞, $-\infty$ や無限小 o については教科書には書かれていないのだけれど，普通の数の計算とちょっと違うけれど，とてもよく似た計算法則

がある．これを知っていると，難しい「極限値の計算」が他人より速くできるので得するよ．たとえば，無限大 ∞ については，

$$\infty + \infty = \infty \quad \text{とか} \quad \infty \times \infty = \infty$$

となるんだ．

とはいうものの，上の公式は普通の計算と少しだけ 趣 が違うね．実際，両辺を ∞ で割ることができるとすると，

$$1 + 1 = 1 \quad \text{とか} \quad \infty = 1$$

のように，成り立ってはならない式が出てきてしまうからだ．この種のあまりにも素朴な計算は，してはならないけど，昔の人はこのような奇妙な話になるたびに，この事態を「無限の逆理」なんて難しい言葉で表現したりしていたんだよ．けれど，じつは，**有限の世界と無限の世界とで成り立つ法則が同じとは限らない**というだけなんだ．

同様に，a を普通の正の数とすると

$$\infty + a = \infty \quad \text{とか} \quad \infty \times a = \infty,$$

負の数とすると

$$\infty + a = \infty \quad \text{とか} \quad \infty \times a = -\infty$$

となることも，納得できるよな．こういう風に気分で理解することも大切だ．だが，

$$\infty - \infty \quad \text{とか} \quad \infty \div \infty$$

など，やってはいけない計算もある．これを納得するには，もう少し先まで勉強すれば分かるから，いまは心配しなくて大丈夫．

他方，無限小についても

$$o + o = o \quad \text{とか} \quad o \times o = o$$

となるという具合いだ．これは無限小 o などといわずに，単なる数の 0（零, zero）であると勘違いすれば，0 の基本性質だね．

だが，ここでもやってはいけない計算があるぞ！

$$\infty \times o \quad \text{とか} \quad o \div o$$

などという計算だ．初心者にはこれが意外に難しいのだけれど，これらは通常の計算と違って，式の中に登場する無限大や無限小の《種類》によって計算結果が変わってくるんだ！　このように，無限の種類によって結果が変わってくる無限大，無限小の組合せを**不定形**というんだ．試験に出されるのは，この不定形の極限値をそれぞれに応じた適当な変形によって上に上げた標準的な計算ですむように直すことなんだ．

その際，高校微積分で基本となるのは，

$$r > 1 \text{のとき，} \quad \lim_{n \to \infty} r^n = \infty$$

となること，そしてこの式の両辺の逆数を取った言い替えにすぎないけれど，

$$|r| < 1 \text{のとき，} \quad \lim_{n \to \infty} r^n = 0$$

という性質くらいだね．実際上，これらとの区別に神経を使う必要はないけれど，上に述べた「数列の極限値」に関する性質のほかに，

$$a > 1 \text{のとき，} \quad \lim_{x \to \infty} a^x = \infty, \qquad 0 < a < 1 \text{のとき，} \quad \lim_{x \to \infty} a^x = 0$$

のような「関数についての極限値」がある．関数の極限値の中にはもっと基本的な

$$\lim_{x \to \infty} \frac{1}{x} = 0 \quad \text{や} \quad \lim_{x \to \infty} \frac{1}{x^2} = 0$$

などもある．

さて，実践的に大切な注意を述べよう．

$\lim_{n \to \infty} r^n = 0$ は教科書には「n が**限りなく大きくなるとき** r^n は**限りなく 0 に近づく**」という読み方が指導されているけれど，これではあまりに面倒くさいよね．こんな言い方ではなく，「n が無限大のとき r^n は 0 に等しい」と理解するほうが，理解しやすくて実用的で使いやすいんだ！　つまり，記号 $\lim_{n \to \infty} r^n$ は「n が無限大のときの r^n の値を表していて，それが 0 に等しい」ということからだ．

このような数列や関数の極限的なふるまいは，グラフのような適当なイメージをもって直観的に納得するのがいいね．論理を貴ぶ数学だけれど，それは表向きの話で，本当は，直観的に気分よく納得することが一番大切なんだよ．

裏の心

　数学は，多くの学問の中で《無限》を正面から扱うという点に著しい特徴がある．とはいえ，数学での《無限》には特有の取り扱い方があって，それ自身は宗教的な悟りや不可思議，不可解あるいは難解というものでは決してないが，素朴な日常的な言語の延長上に考えることができるほど単純なものでもない．それを述べるために最小限の「哲学的な議論」を用意しておこう．

　地球上のいろいろな地域の文化から推定されることであるが，人類は，無限について，《憧憬と畏怖という矛盾した気持》をもって接してきた．たしかに「不老不死」という永遠の生命は，老いて死んでいく人々の決して叶わぬ夢であり，この永遠不滅の原理を定める存在への畏れを抱いた古代人の思索は現代でも通用する説得力を保ち続けている．尤も，近年は老いという自然の変化を「科学の力」で逆転させることを謳い文句にしたビジネスが急激に成長している．人間の弱点に付け込む商魂のたくましさにたまげるよりも，現代にすら生きる「不老不死」への人間の儚い願いの切なさをそこに見るべきであろう．

　しかし，生命はいかに儚いとはいえ，その反面，じつは意外なほど強いことも忘れるべきではない．驚くほどしぶとい，というほうがふさわしいかも知れないことは，植物，とりわけ私たち人間からは雑草と蔑称される植物の生命へのしぶとさを見れば納得できるであろう．

　そして，精神は，この生命と同様，無限の彼方まで広がる想像と思索というしぶとい翼を有していることも忘れるべきではない．実際，生命の有限性という絶対的条件に縛り付けられながらも，人類は，古代文明の時代から無限をさまざまな形で物語り，それを中心に文化を形成してきた．無限への憧れが無限の概念への接近を促してきたのであろう．

　しかしながら，想像や思索を除いては有限の世界に縛られている人間が，無限について語ることは知的な傲慢であり，緻密な論理性の観点から見るとそれ自身が矛盾といっていいような行為である．実際，紀元前3世紀頃に古代ギリシャで

成立した論証的な数学は，無限を巧妙に避けることを通じて論理的な厳密性を確保した．実際，編纂されたユークリッドの『原論』は，その記述の特徴の一つが無限を安易に語ることを極力避けようとしているという意味で《無限の忌避》といわれることが多い．

しかし，この『原論』にも例外的に無限が登場する場面がいくつもある．その一つが，線分がいくらでも延長できるという無限直線の概念と，いくら延ばしても交わることのない直線の平行性の概念などである．これらに関して，『原論』は「無限」(英語なら infinite) という用語を注意深く避けて「無際限」(あるいは「限りない」「限定できない」，英語なら indefinite) という表現を使っているということに注意しなければならない．ユークリッドとほぼ同時代の哲学者アリストテレスは，このような意味での無限はいくらでも先に続けていく可能性があるという意味での《可能的な無限》であって，それ自身として完結しているような《現実的な無限》(実無限) とはまったく異なると論じた．

「浮力の原理」という大発見の喜びの叫び「発見したぞ (ヒューレーカ)」で有名なアルキメデスは，数学においても巨大な業績を残している．とりわけ今日の積分法で話題となる求積 (面積・体積の計算) 問題において，球の体積を円錐と円柱に還元して求める手法など，独創的で鮮やかな発見法を開陳する一方で，「無限小」を「無限に多く集める」といった微積分法の黎明期の近代の数学者たちがしばしば気楽に使っていた発見的方法で満足することなく，極めて厳密な議論を構成していた．それは，近世の数学者たちがしばしば「古代人の方法」とか「二重帰 謬 法」[1] と呼んで敬遠したほど，論理的には非がない反面，理解するにも説明するにも手間のかかる議論であった．

アルキメデスの議論を具体的に紹介するのは，この紙面では不可能なので，要点を述べておこう．

アルキメデスは $S = T$ という等式を証明する際に，$S < T$ と仮定すると，$S + e < T$ となる $e > 0$ が存在することになる (不等式 $S < T$ から不等式

---

1) この方法は，method of exhaustion と呼ばれることもあるが，この用語自身が近世におけるアルキメデスの業績についての理解の変容を象徴している．わが国で一般に普及している「取り尽くし法」というこの用語の訳語を採用しなかったのはそのためである．

$S + e < T$ が演繹されるのではない！ e の存在が演繹されるということである）
が，これから矛盾を導き，反対に，$S > T$ と仮定すると，$S > T + e$ となる $e > 0$
が存在することになるが，これからも矛盾が導かれる，という論法を使ったので
ある．$e > 0$ が"存在する"という部分に彼の議論の数学的な核心がある．

とはいえ，これだけではアルキメデスの議論がよく分かるまい．アルキメデス
が展開した議論を思い切って単純化して，

$$S = 1 + \frac{1}{2} + \frac{1}{2^2} + \frac{1}{2^3} + \cdots\cdots$$

という無限に続くものが何に等しいか，を考えてみよう．近世の数学者の多くが，
そしていまの高校レベルの数学でやるのは，

$$S_n = 1 + \frac{1}{2} + \frac{1}{2^2} + \frac{1}{2^3} + \cdots + \frac{1}{2^{n-1}}$$

とすると，これについて簡単な計算で

$$S_n = 2 - \frac{1}{2^n}$$

が分かり，ここで $n \to \infty$ とすると $\frac{1}{2^n} \to 0$, したがって $\lim_{n \to \infty} S_n = 2$ となっ
て，「話は終わり！」とするものである．しかしながら問題は，

$$\lim_{n \to \infty} \frac{1}{2^n} = 0$$

とはどういうことか，である．

$\frac{1}{2^n}$ とは二等分を n 回繰り返した結果であるから，n が無限であれば，二等分を
無限回繰り返したときはまさに 0 になってしまうではないか，と考えるのは最も
素朴なアプローチである．少し精密に，$\frac{1}{2^n}$ は二進法小数で表すと $0.000\cdots0001$
のように小数点の後に 0 が $n-1$ 個続いた後に 1 が来る数であるから，n が無限
であれば，まさに 0 と等しい，と断定するのも無限についての考えが素朴すぎる
という点では大差ない．

いずれも，$n \to \infty$ を $n = \infty$ と誤解している．∞ を通常の数と同じように扱
えると思い込んでしまっているからである．その意味では，「小数点の後にいくら
0 がたくさん続いたとしても，本当の 0 と等しいはずはない」とこだわってしま

う小学生のほうが，筆者には，論理的には知的かつ誠実であるように見える．

$\lim_{n \to \infty} \dfrac{1}{2^n} = 0$ は，現代数学の立場では，少しもってまわった表現で恐縮だが，どんなに小さな誤差の限界 $\varepsilon > 0$ が与えられたとしても，それに応じて n の値を N より大きく取りさえすれば，という n の限界を示す自然数 N を取ることができて，$n > N$ でありさえすれば，つねに $\dfrac{1}{2^n} < \varepsilon$ となることである．

と定義される．これは今日，「アルキメデスの公理」と呼ばれる，極限についてのあらゆる議論の出発点となる最も基本的な主張と本質的に同じものであるが，これを明示的に抜き出して論じている点で，アルキメデスは，19 世紀後半になってようやく達成される厳密な現代数学的な微積分学の先駆者であった．

しかしながら，古代ギリシャの数学者が共有した無限に対する畏怖の感情を忘れ，無限大，無限小を対象とした計算の世界を近代の数学者は開拓していった．これが 17 世紀に開花する微積分法という新興数学である．最近の高校数学で扱う微積分法はこれをさらに単純化したものであるから，わが国の学習指導要領では 12 年間の学校数学の到達目標のように配置されているものの，論理的には，「必要」とか「十分」という用語が重要な役割を演ずる高校 1, 2 年生の「方程式」や「不等式」などと比べると，微積分法を知らない人から見て簡単そうに映るであろうこれらの単元よりは，じつははるかに簡単である．微積分法が英語で Calculus (詳しくは differential calculus＝微分法 と integral calculus＝積分法) と呼ばれることに象徴されるように，単なる計算 calculation ですむものであるからである．

とはいうものの，欧米先進国と比べると，日本の微積分教育の水準は極めて高いほうであり，明治以降の近代化や太平洋戦争後の奇跡的な復興を可能にしたのは，このような近代日本の学校数学のシステムであったに違いない．それは，学校数学においてその最終目標としておかれている微積分法が，その基礎に危なさを孕む，未完成の実用的な技術でありながら，その幅広い応用の可能性とそこに息づくダイナミックな思想を通じて近代的な科学と技術を支える基盤となっているからである．

このことを，少しでも数学的な思考に興味をもつ人，特に若い人は，力学や電磁気学などの身近な諸例との関連を通じて実感しながら勉強してほしい．高校微

積分法は，より専門的な科学と技術への応用に向かっての飛躍の踏み台であると同時に，完全かつ不可謬という数学の古典的な理想とは異なる，数学の新しい側面を体験するのによい舞台であると思う．

第2回
微分法をめぐって

> ## 表の心

　微積分の中心にあるのは，極限という考え方だ．そして，意外に大きな盲点に
なっているのは，極限の考え方の基礎にあるのが，さまざまな値をとりながら変
化していく変数の考え方であるということだ.

　たとえば，変数 x が $x = 1, 2, 3, \cdots$ という風に飛び飛びの値をとっていくの
は数列だね．これに対し，x が数直線上をジャンプしないで連続的に変化してい
くのが関数だ．数列は，関数の特別に簡単な場合にすぎないので，関数について
分かればそれで十分なんだ．教科書では，「数列の極限」，「関数の極限」なんて項
目を分けているけれど，それは能率的でないな.

　関数の極限で特に大切なのは，$x \to \infty$ のような極限よりもむしろ，たとえば
$x \to a$，つまり「変数 x が限りなく定数 a に近づいていく」ときの極限だ.

　たとえば $y = 3x^2$ という関数で，x の
値を右表のように

　$x = 1.9,\ 1.99,\ 1.999,\ 1.999, \cdots\cdots$

のように 2 に近づけていくと，y の値は
どんどん 12 に近づいていくね.

1.9	10.83000000000000
1.99	11.88030000000000
1.999	11.98800300000000
1.9999	11.99880003000000
1.99999	11.99988000030000
1.999999	11.99998800000300
$\vdots$	$\vdots$

x の値を，反対側から，つまり大きい側から

$x = 2.1,\ 2.01,\ 2.001,\ 2.0001,\ \cdots\cdots$
のように2に近づけていっても同様だね．つまり，x の値を2に限りなく近づけていくと，$y = 3x^2$ の値は12に限りなく近づいていくわけだ．

2.1	13.23000000000000
2.01	12.12030000000000
2.001	12.01200300000000
2.0001	12.00120003000000
2.00001	12.00012000030000
2.000001	12.00001200000300
⋮	⋮

このように，限りなく近づいていく値のことを**極限値**と呼び，

$$\lim_{x \to 2} 3x^2 = 12$$

と表すんだ．

「寒さの極限」とか「極限環境」のように，極限は通常の世界と断絶されたところにある世界だと連想する人も多いかも知れないけれど，数学の極限値は，そういうこの世の中から隔絶したものではないんだ．その証拠に，先ほどの $y = 3x^2$ についての極限だって，記号こそ，$x \to 2$ とか lim などと，いかにも厳めしいけれども，実際に行う計算は，$x = 2$ を $3x^2$ に代入するという計算にすぎないね．つまり，$\lim_{x \to a} f(x)$ という関数の極限は，**実際上，$f(a)$ を計算するだけ**のことなんだ！ とっても簡単だろ．

ただし，このようにすぐに代入できるものばかりではないことにも注意しなくてはならないぞ！ 実際，極限が一段落すると，すぐ次に**微分係数**という，これまた厳めしい言葉が現れるんだけれど，それは

$$\lim_{x \to a} \frac{f(x) - f(a)}{x - a}$$

という形の極限値のことなんだ．このときに，$\dfrac{f(x) - f(a)}{x - a}$ で $x = a$ を代入すると $\dfrac{0}{0}$ となってしまって，「これは絶対にダメ！」ということをしっかり憶えたい．よく参考書なんかに，$\dfrac{0}{0}$ の不定形なんて意味のよく分からない言葉が偉そうに載っているけれど，$\dfrac{0}{0}$ は数学的には定義されない，というのが数学的に正しい

表現で, $x = \dfrac{0}{0} \Longleftrightarrow 0x = 0$ となることから $x = $ 不定 が導かれることと混乱しやすいので, この表現は僕はあまり勧めないな.

大事なことは,

$$F(x) = \frac{f(x) - f(a)}{x - a}$$

とおくと, この関数は分母を 0 とする x の値 $x = a$ では定義されていないので, そのままの形では $F(a)$ を計算することはできないということ, そして, しかしながら $f(x)$ が具体的に与えられれば, $F(x)$ の**分子, 分母でうまく約分がなされ**て, $x = a$ を代入できるように変形できるということの二つなんだ.

たとえば, $f(x) = x^3$ であるとしよう. すると,

$$F(x) = \frac{x^3 - a^3}{x - a}$$

であって, この右辺は

$$\frac{(x-a)(x^2 + ax + a^2)}{x - a} = x^2 + ax + a^2$$

と変形できるね. 分子と分母を $(x - a)$ で約分しただけだよ. すると,

$$\lim_{x \to a} F(x) = \lim_{x \to a}(x^2 + ax + a^2) = a^2 + a^2 + a^2 (= 3a^2)$$

となるというわけだ. 最初は難しそうな言葉と式が現れるけれど, ちょっと変形して, 最後は単なる $x = a$ の代入計算になることがポイントだね.

なお, "$x \to a$" という記号は "$\to$" の左右両方に文字が登場してわかりにくいという人もいるかも知れない. そういう人は, $h = x - a$ とおいてやるといいね. すると, 微分係数の定義

$$\lim_{x \to a} \frac{f(x) - f(a)}{x - a} \quad \text{は} \quad \lim_{h \to 0} \frac{f(a + h) - f(a)}{h}$$

と書き換えることができる. この書き換えた式だって, 立派な微分係数の定義だ. 定義は数学の出発点だから憶えることが大事だけれど, 両方とも憶える必要はない. どちらか憶えやすいほうで憶えれば十分だよ.

こうして求められた値を $f'(a)$ と表して, 関数 $f(x)$ の $x = a$ における微分係数というんだ. 簡単だろ!

そして，この微分係数の値 $f'(a)$ が，曲線 $y = f(x)$ 上の点 A $(a, f(a))$ における**接線の傾き**を与えるんだ．接線が右上がりであれば，関数 $f(x)$ は点 A の付近で増加，反対に右下がりであれば，減少といえる．このことはいちいち暗記しなくても，下のような図を頭の中で描いて考えれば，ごく当たり前のことにすぎないと分かるだろう．

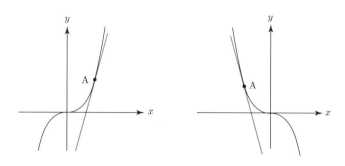

言い換えれば，微分係数の符号でその付近での関数の増加，減少が判定できる，ということなんだ．微分の応用はたくさんあるけれど，そのすべてはこれに尽きるといってもいいくらい大切だ．

でも，微分係数の計算は，じつはもっと簡単なんだ．**微分の公式**と呼ばれるものを暗記すれば，どんなに複雑な関数に対しても微分係数を簡単に計算できる．微分の公式と呼ばれているのは，**導関数**を求める公式なんだけれど，実体は単に

$$x^n \text{ の導関数は } \quad nx^{n-1}$$

というだけで，具体的に書けば x^3 の導関数は $3x^2$, x^4 の導関数は $4x^3$, …… というだけだ．こんな単純な公式が微分と関係するのは，導関数が分かると，その変数 x に具体的な値 a を代入するだけで，微分係数が計算できるからなんだ．ここが微分の最大のポイントだね．$f(x) = x^3$ の場合なら，その導関数は $3x^2$ だから，$x = a$ を代入すると $3a^2$ となるね．先ほどの面倒な極限値に関する議論を一気に飛ばして最終結果が得られるというわけだ．

関数 $f(x)$ の増減を調べたかったなら，導関数 $f'(x)$ が 0 となる x の値を探し，その値の前後で $f'(x)$ の符号を調べ，それが正 $(+)$ であるか，負 $(-)$ であるかによって，その結果を $f(x)$ の増減が一目で分かるように次ページのような表にす

る．この表を増減表というのだけれど，それが分かると，$y=f(x)$ のグラフは描けたも同然ということだ．

たとえば $f(x)=x^3-3x$ の場合なら，$f'(x)=3x^2-3=3(x+1)(x-1)$ という計算から，増減表と $y=f(x)$ のグラフは下のようになる，というわけだ．

x		-1		1	
$f'(x)$	$+$	0	$-$	0	$+$
$f(x)$	↗	2	↘	-2	↗

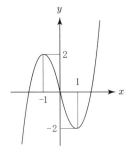

よく左右を見比べると，ほとんど同じであることに気づくだろう！

裏の心

微積分はしばしば難解な数学のように思われているが，理論的な難しさという点では，高校初年級で学ぶものと比べてもはるかに簡単である．微積分学が簡単だという意味ではない．学校数学の対象となる微積分法が，論理的に難しい微積分学の問題を避けているために，学習の仕方によっては，簡単な計算規則の暗記が学習のゴールのように見えてしまう，ということである．しかし，そうなってしまっては，《人類史上最も偉大な発見》として讃えられる微積分法という画期的な新しい数学も，到底，数学と呼べないほど貧困な内容になる．

微分法の最初の出発点は，次のような発想にある．

曲線 $y=f(x)$ 上の異なる 2 点 $\mathrm{A}(a,f(a))$ と $\mathrm{P}(a+h,f(a+h))$ を通る直線——これは 2 点 A, P で曲線 $y=f(x)$ と交わる直線であるから，しばしば割線と呼ばれる——は，傾きとして
$$\frac{f(a+h)-f(a)}{h}$$

をもつ．ここで h を変化させていくと，この割線 AP は，点 A をつねに通りながら，傾きを次第に変化させるのだが，h を限りなく 0 に近づけていくと，点 P は限りなく点 A に接近し，最終的・究極的には，点 P が点 A に一致し，割線 AP は，点 A における曲線 $y = f(x)$ の接線になるはずである，という発想である．

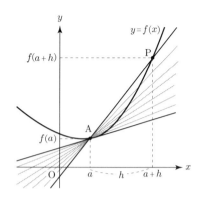

しかし，これには重大な論理的欠陥が含まれている．点 P が点 A と異なっている限りは，その直線はあくまで割線であって接線にはならない．しかし，点 P が点 A と一致してしまったなら，直線を定めることができない．

点 P ≠ 点 A としてもダメ，点 P = 点 A としてもダメ，という，埒が明かない事態を打開する方法として，割線を考えるときは P ≠ A として進み，割線を考え終えたら P = A という極限的な状況を考えるという，良くいえばダイナミックな，悪くいえばその場しのぎの ad hoc な発想がここで使われているのである．微積分法の創始者たちは，しばしば，この違いを「無限小」infinitesimal とか「瞬間」moment という言葉を使って説明しようとしてきた．しかし，これは論理的にはそのまま正当化できるものではない．ここに初期の微積分法の最大の問題点があった．

これを解決するために考え出された方法の中で，決定的に有利であったものは，《極限値》という概念の上に，接線の定義に相当する微分係数の概念を特徴づけるというものであった．

しかるに，基本的な極限値 $\lim_{x \to a} f(x)$ が，たとえば $f(a)$ と計算できるためには，関数 $f(x)$ が $x = a$ で連続であることが必要であり，他方，関数 $f(x)$ が $x = a$ で連続であることを示すには，$\lim_{x \to a} f(x) = f(a)$ が成り立つことを示す必要がある．このニワトリと卵 (chicken–egg) の論理的困難から逃れるためには，$\lim_{x \to a} f(x) = l$ とはどういうことかが事前に定義されているといいのだが，これが意外に難問で，その解決は，17 世紀における微積分法の発見から 19 世紀まで待たなければなら

なかったのである.

　高校微積分の最大の弱点は，19 世紀初頭になってはじめて発見された極限値の理論的重要性に鑑みて，極限値を微積分法の理論的な基礎としているものの，それは形の上だけで，「限りなく近づく」という運動の直観に訴える曖昧な表現で済ませていることである．しばしばこれは「直観的表現」と形容されるが，宗教的な悟りを開く「直観」という大切な言葉を，論理的ないい加減さをごまかすのに使うことは不適切ではないか，と筆者は思う．そもそも「限りある人間が，限りない世界を語る」ことは，畏れ多く不遜である．そのことに対して，少なくとも最小限の自覚，ないし，ためらいがあるべきだと思うのだが，いまどきの「明るいばかりの微積分教育」にはこれがない．微積分法の発見とその正当化のための苦闘という人類史の大きな転換点を瞥見するチャンスを与えられながら，それをまったく意識するもなく通過してしまうことは，いかにも虚しく，もったいない！

　たしかに，難しい極限の論理的な基礎を飛ばせば，微分係数から導関数の概念までをさっと飛ばすことができる．そして入門的な基礎概念は，後に学ぶ導関数の計算法など「高級な技法」を知れば，こだわる価値のないものと見なされてしまう．本書の狙いと紙面の都合から詳しく論ずることはできないが，増減表という手法の中に，理論的な問題が隠されてしまうことも少し残念である.

　「関数 $f(x)$ が区間 I で増加する」ことの簡単な定義

$$x_1, x_2 \in I, \ x_1 < x_2 \implies f(x_1) < f(x_2)$$

すら避けて，右上がりのグラフでそれを視覚的に理解させるだけで十分ということなのだが，そうすると，増減表を書いてそれに基づいてグラフを描くことはまた chicken–egg 問題を引き起こす.

　それを解消する方法が，普通は，平均値の定理と呼ばれる定理から証明される

　　　$a < b$ のとき，関数 $f(x)$ が

$$\begin{cases} \text{閉区間 } [a,b] \text{ で連続,} \\ \text{開区間 } (a,b) \text{ で微分可能でかつ } f'(x) > 0 \text{ であるならば,} \end{cases}$$

　　　$\implies$　関数 $f(x)$ が閉区間 $[a,b]$ で増加する.

などの一連の定理であり，これが増減表の基本原理であるのだが，学校数学で平

均値の定理を学ぶのは，増減表のずっと後になる．微積分法の歴史を辿れば，この順序での学習がまずいわけではないが，同じく，微積分法の歴史は，過去の数学者が，上に引用した定理のような基本命題をいかに定式化，一般化するか，苦闘を重ねていたことを教える．増減表は，微分法を大衆的に啓蒙するための，おそらくはわが国の数学教育の「発明」である．

しかしながら，「簡単で使いやすい微積分の使い方の啓蒙運動」には，全面的に賛同できない．それは，初学者にとって微積分法を学ぶ最大の意義は，微積分の創始者の苦労を偲び，擬似的であれそれを共有することであると筆者は思うからである．もし私たちがせっかく微積分法を学ぶという好運に浴しながら，微積分法を産み出した発想，文化，思想をまったく理解せずに終わるのであれば，まことに残念という他はない．**表面的な《技》の背後にある《想い》を理解しない**のは明らかにもったいないからである．

このように，微積分の教育は，**実用的な技術的知識の教育**と**英智を育む教育**という矛盾した側面をもっている．

第3回
積分法をめぐって

表の心

　積分の基本事項としてきちんと憶えたいのは「積分は微分の逆演算である」ということだ．たとえば x^3 を微分すると $3x^2$ になるね．ということは，逆に，$3x^2$ を積分すると x^3 になる，ということだよ．要するに，関数 $f(x)$ を積分するとは，微分したら $f(x)$ になるような関数 $F(x)$ を見つけるということなんだ．

　そのような関数 $F(x)$ が一個でも見つかると，このような関数は無数にたくさんあって，それらがすべて

$$F(x) + C \qquad (ただし，C は任意の定数)$$

という形で表されるので，まとめて

$$\int f(x)dx = F(x) + C \qquad (C は積分定数)$$

と表し，これを $f(x)$ の**不定積分**というんだ．$\int$ は積分を意味する英語にならって「インテグラル」と読むのが一般的だ．最後のおまけのようについている dx の意味は，もう少し経つと分かるだろうが，いまの段階では，$\int$ が積分を表す「開く括弧」，dx が「閉じる括弧」だと思っていてもいいね．

　上の例でいうと，

$$\int 3x^2 dx = x^3 + C \qquad (C は積分定数)$$

となる．この両辺を3で割ると

$$\int x^2 dx = \frac{1}{3}x^3 + C \qquad (C \text{ は積分定数})$$

となるね．一般に，

$$\int x^n dx = \frac{1}{n+1}x^{n+1} + C \qquad (C \text{ は積分定数})$$

が不定積分の基本公式だ．

なんのために不定積分を考えるのか，それが分からないと虚しいね．答は，簡単！　不定積分から考えられる定積分によって，小学校で学んだ，直線で囲まれた図形だけでなく，曲線で囲まれた図形の面積が計算できるようになるからなんだ．

まず**定積分**というのは，記号 $\int$ の上下に b, a などの定数をつけて

$$\int_a^b f(x)dx$$

のように表されるもので，不定積分 $\int f(x)dx = F(x) + C$ (C は積分定数) が分かったなら，

$$\int_a^b f(x)dx = F(b) - F(a)$$

と計算されるものなんだ．

このように抽象的に述べられると，意味がさっぱり分からないだろ．具体的な例で何回も何回も練習すれば，意味なんて分からなくても自然に正しい計算法が身につくものなんだ．

たとえば $\int x^2 dx = \frac{1}{3}x^3 + C$ (C は積分定数) だったから，

$$\int_0^1 x^2 dx = \frac{1}{3}1^3 - \frac{1}{3}0^3 = \frac{1}{3}$$

ということだ．同様に，

$$\int_1^2 x^2 dx = \frac{1}{3}2^3 - \frac{1}{3}1^3 = \frac{7}{3}$$

となる．

そして，これらが，それぞれ，なんと，右図のような放物線 $y = x^2$ と x 軸に挟まれた部分の，$0 \leqq x \leqq 1, 1 \leqq x \leqq 2$ の部分の面積なんだ．

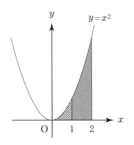

少し一般化された問題でも
$$\int_a^b x^2 dx = \frac{1}{3}b^3 - \frac{1}{3}a^3 = \frac{b^3 - a^3}{3}$$
のように，同様に計算できるね．この定積分で積分記号の上下にある a, b のことを，それぞれこの定積分の**上端**，**下端**という．

不定積分から定積分への計算は，さらに
$$\int_a^b x^2 dx = \left[\frac{1}{3}x^3\right]_a^b = \frac{b^3 - a^3}{3}$$
のような表し方を憶えると，その表現を通じて，計算の仕方までマスターできるので，これは実戦的にとても大切だ．

よく「頭でっかち」という表現があるね．理屈ばっかりいっている人，他人の行動を無責任に論評するけれど，自らの行動を伴わない人に対していう侮蔑言葉だと知っているかい？ 数学でも「頭でっかち」になってはいけない．定義や定理といった抽象的，一般的な記述だけ読んで躓いているのが典型的な「頭でっかち」だな．具体的な例を繰り返し反復する，こういう汗を流す勉強がとても大切だということだ．きちんと勉強で汗を流せば，一流大学に進学でき，そこを卒業して一流企業に就職できれば，汗を流さないで済む一流生活が待っているんだよ！

裏の心

面積や体積を求めるという問題は，古代文明の時代から，土地の分配，租税の確定，収穫された穀物の管理など，社会生活の上で最も基本的な問題として，数学的な思索が開始される契機となったものである．その意味で，面積や体積を求める計算術としての積分の起源は，人類が築いた古代文明にまで遡る．

といっても，円をはじめ曲線で囲まれた図形の面積，球をはじめ曲面で囲まれた図形の体積について最初に数学的な方法で厳密値(理論値)に接近し，それを使いやすい近似値で挟むという成果(最近流行の表現を使うなら，誤差評価つきの近似)に辿り着いたのは，アルキメデスが最初であるといっていいだろう．アルキメデス以降も，さまざまな図形に対して求積問題がアタックされたが，アルキメデスも含めて近代数学以前の方法は，個々の図形の性質に依拠するために，図形ごとに異なる工夫を要する，複雑で難解な解法であった．

　求積問題のこの厄介さを一気に解消したのが微分法の発見である．面積を求める計算が，この，接線を求める計算を逆に辿ることで達成できる，という発見は，今日**微積分の基本定理**の名前で呼ばれている．

　現状の学校数学の積分法は，最初の入門部分で，この点を強調せずに，計算だけで済む不定積分から入ってしまうために，学習者には，積分法の意味が伝わらないまま終わってしまうという，致命的な欠陥がある．下左図のような，曲線 $y = f(x)$ と x 軸との間に入る灰色部分の面積を S とおくと，X の変化に連れて S も変化するので，S は X の関数である．この X と S の関数関係 $S = F(X)$ をグラフにまとめたものが下右図である．このとき，曲線 $S = F(X)$ の導関数が $f(x)$ である，というのがこの定理の核心である．

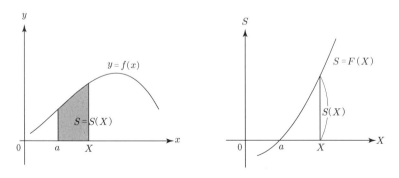

　これは，微積分法を開拓した初期の数学者のように，次のような図を考えることでより簡単に理解できる．

　a は定数として，次図左のように右上がりの曲線 $y = f(x)$ と x 軸，および直線 $x = a$, $x = X$ とで囲まれる部分の面積を X の関数として $S(X)$ と表すと，X の

値が微小量 h だけ増えると，面積は $S(X+h)$ となる．したがって面積の変化量は $S(X+h) - S(X)$ である．これが下右図の影つきの短冊状の図形の面積であるが，これは，h が小さいときは，ほぼ，縦 $f(X)$，横 h の長方形の面積と等しい（誤差は，上にある小さな三角形状図形の面積だけであり，これは縦 $f(X+h) - f(X)$，横 h の長方形の面積より小さい）ので，

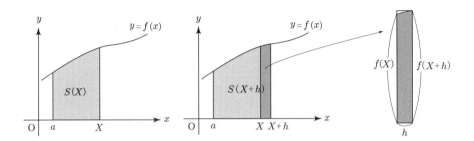

$$S(X+h) - S(X) \fallingdotseq h \times f(X)$$

$$\frac{S(X+h) - S(X)}{h} \fallingdotseq f(X)$$

であって，h が小さくなるほど両辺の近似はよくなり，したがって $h \to 0$ ときの極限について，等式

$$\lim_{h \to 0} \frac{S(X+h) - S(X)}{h} = f(X)$$

が成り立つ．ゆえに，$S(X)$ の導関数が $f(X)$ である．言い換えると，面積 $S(X)$ は，微分すると $f(X)$ となる関数である，ということである．

面積についての以上の議論は，ほとんどそのまま，体積に適用するように修正できる．こうして，2次元の図形の面積 vs. 3次元の立体の体積といった古典的な区別は意味を喪い，面積と体積を並列的に**測度**（尺度）として論ずる立ち場が浮かび上がってくる．一方，測度の1次元版は，曲線の長さ（弧長）と考えるのが自然であるが，これを計算的に論ずることには意外な難しさがあることも，数学の研究の中で判明する．弧長は初等的な部分は教科書でも扱われているのに，少しでも超えようとすると高校レベルを飛び越えてしまう，意外な難問である．

それはさておき，以上の説明には，論理的には，いくつかひどい飛躍がある．しかし，このような論理的な飛躍をあえて犯しながらも，具体的な場面にこの考え方を適用すると，計算して得られる結果が，他の数学的方法で求めてきたものと一致するだけでなく，従来の方法では求めることのできなかった問題も容易に解けることが分かる．これが微積分創成期の数学者を微積分法の研究への駆り立てる駆動力となった．

中学生，高校生でも分かる微積分の関係は，半径 r の円の周長 $2\pi r$ と円の囲む面積 πr^2 の関係，半径 r の球の表面積 $4\pi r^2$ と球の囲む体積 $\dfrac{4\pi}{3}r^3$ の関係に現れている．いずれか一方が分かっていれば，他方は微分，あるいは積分という機械的な計算で導かれるということである．また，錐体の体積が (底面積) × (高さ) × $\dfrac{1}{3}$ で計算できるというような小学生の時代からの不思議が，じつは軸に垂直な切断面の面積は，頂点から面までの距離の 2 乗に比例することの自明な結果である，というような理解の深化が容易に待っているのである．その意味でも，体積を含む，少しでも本格的な積分学習を数学 II から大幅に軽減する傾向となっているのは，数学の勉強から喜びを減らすようで，哀しく思う．積分は，数学学習の最終ゴールではないとしても，最終ゴールに到達したような喜びに触れるとてもよいチャンスだからである．

じつは，定積分 $\displaystyle\int_a^b f(x)dx$ は，定数 a, b (ただし，$a < b$) を両端とする積分区間を

$$a = x_0 < x_1 < x_2 < \cdots < x_{n-1} < x_n = b$$

となる $n-1$ 個の点 $x_1, x_2, \cdots, x_{n-1}$ で n 個の小区間に分割し，それぞれの小区間の幅 $x_{i+1} - x_i$ を Δ_i と表し，それぞれの小区間から代表点 x_i' を選んで作った細い長方形の面積の和

$$\sum_{i=1}^n f(x_i')\Delta_i$$

において，区間の細分を限りなく細かくしていったときの極限値として定義するのが現代数学の標準的な流儀である．したがって，この流儀では不定積分を経ること

なしに定積分が定義される．すなわち連続関数 $f(x)$ について定積分 $\int_a^b f(x)dx$ が定義され，これを積分区間の上端の関数と見なすと，この関数は微分可能であって

$$\frac{d}{dt}\int_a^t f(x)dx = f(t)$$

が成り立つ(微積分学の基本定理)．そして原始関数という，不定積分より鮮明な，不定積分に相当する概念が定義される，という流れになる．

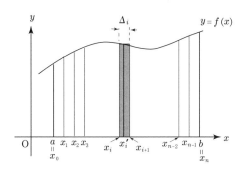

だが，高校数学では，小区間への分割を扱うのは，等分点による等分割の場合だけなのだが，それも「積分の応用」のように積分の学習が一通り終わったところである．せめて最初にここから積分に入ればいいのに，と筆者は思うのだが，入試で最も頻繁に出題される積分の問題が解けるようになることにしか目標を見ない人に，その種の定型的問題の解法は九九の計算と同じような単純作業の反復でしかないことを理解してもらうのは容易でない．

　なお，積分記号 $\int (x)dx$ は，上の和の記号で $\sum$ を sum の頭文字 S を縦に延ばし，Δ_i を dx としたものである．

　微積分創始者の一人ライプニッツ (G.W.Leibniz) によるといわれているこの記号は，微分記号 $\frac{dy}{dx}$ と並んで，少し進んだ微積分の計算でさらに力を発揮する《よくできた記号》の代表格である．

XI

大学数学への第一歩

第1回
大学微積分でなぜつまずくか

> **表の心**

　理系の大学生諸君にとって，大学微積分は最も重要な科目だ．数物系の学生諸君にとっては，大学で学ぶ専門科目の出発点ともいうべき基礎であるし，工学系の学生諸君にとっては，微積分の各種技法はそれぞれの専門で必須の道具であるからだ！

1. なぜ難しいのか (1) —— 基本を疎かにしている

　その微積分がなぜ難しいといわれるかというと，まず理由の第一は，疑いなく学生の不勉強だな．「受験が終わってやれやれ」というのだろうか，勉強のやる気というか，自分が分かっていないということに対する《緊張感》がなくなって，やれバイトだとか，やれサークルだとか，やれ……だとかに打ち込んでしまうんだな．その結果，大切な勉強で脱落してしまう．

　大学数学では複雑で本格的な公式や専門用語が次々に出てくるのに，こんな状況では，きちんと重要公式や定理を憶えていない人が多いのも無理からぬ話なんだな．

　ひどい場合には「受験のときまでは憶えていた基本公式すら忘れている」者さえいる．高校のときに学んだ公式を，受験が一段落した途端に忘れてしまうというのでは情けない！　不正入試で合格したようなものじゃないか．恥を知るべき

だね.

たしかに

$$(\sin x)' = \cos x, \qquad (\cos x)' = -\sin x$$

のような, よく似た公式をきちんといえない人が少なくない. 中には,

$$\frac{d}{dx}\left(\frac{1}{x}\right) \quad \text{と} \quad \int \frac{1}{x}\,dx$$

の区別すら怪しい人もいる. こんな大学生ではその辺にいるちょっとましな高校生以下だな.

高校レベルの公式はいえるけれど, ちょっと進んだだけでできなくなる人もいる.

$$\frac{d}{dx}\sinh x \quad \text{や} \quad \int \operatorname{arcsin} x\,dx \quad \text{あるいは} \quad \int \sinh x\,dx$$

のような基本的なもので躓いていてはどうしようもない.

たしかに, 高校レベルとは少し違う

$$\frac{d}{dx}\operatorname{arcsin} x \quad \text{や} \quad \int \operatorname{arcsin} x\,dx$$

のように少し難しいものもあるにはある. 正しくはどうなるか, いえるだろうか? きちんと憶えていれば何でもないはずだ! 第一, 諸君は, 憶えるのは得意なんだろう!

2. なぜ難しいのか (2)——記号の複雑さに付いてこられない

大学の微積分になると高校のときの微積分と違って, 定理の内容と現れる数式が一段と複雑になる. たとえば最も基本的なテイラーの定理にしても, この典型だろうな.

関数 $f(x)$ が区間 $[a, b]$ で連続, 区間 (a, b) で n 回微分可能であるならば,

$$f(b) = f(a) + f'(a)(b-a) + \frac{f''(a)}{2}(b-a)^2 + \cdots\cdots$$

$$+ \frac{f^{(n-1)}(a)}{(n-1)!}(b-a)^{n-1} + \frac{f^{(n)}(a+\theta(b-a))}{n!}(b-a)^n$$

となる $\theta\,(0 < \theta < 1)$ が存在する.

なんていう具合いだ．このくらい煩雑になると，いい加減な甘ったれた勉強態度
では，これを完璧に憶えるのは容易ではあるまい．

　しかし，何事によらず，一生懸命勉強すれば次第に身につくものだ．数学だっ
て同じなんだ．数学の複雑な公式の場合には，公式を自分で何回も何回も繰り返
して証明を読むのがいいんじゃないかな．「複雑すぎて憶えられない」なんて悲鳴
をあげる学生に限って，悲鳴に値する努力をしていないんだな．こんな甘めた態
度では高等数学は到底マスターできないに決まっているな．「習うより慣れろ」と
いう言葉もあるだろう．まずは頑張って慣れることが大切だ！　せっかく入試を
通って晴れて大学生になったんだから，慣れる努力を惜しんでここで落ちこぼれ
になっては，情けない．

3. なぜ難しいのか (3) —— 高校の延長で考えると当惑する

　微分や積分の記号が高校数学のときとちょっと違う．高校では最初の微分の定義

$$y = f(x) \text{ について } \frac{dy}{dx} = f'(x)$$

において「dy, dx は分数の分子，分母と考えてはならない」，「分母を払って $dy = f'(x)dx$ とすることは単なる便宜にすぎない」と繰り返し教わったはずである．置
換積分などで，

$$dy = f'(x)dx$$

という形への変形がとてもありがたいことはずいぶんと経験しているはずだけれ
ど，あくまで計算のための便宜であると理解していただろう．

　しかし，このような高校のときの理解の延長で理解しようとすると，無理があ
るものがたくさんある．その典型が多変数関数の全微分ではないだろうか．2 変
数で考えよう．$x = f(x, y)$ の全微分とは，一番の基本型でいえば，

$$z = f(x, y) \text{ について } dz = \frac{\partial z}{\partial x}dx + \frac{\partial z}{\partial y}dy$$

というものである．これは，多変数関数の微積分の基本中の基本であるが，これを
高校数学の延長で，微分の定義本来の分数形にしようとするとまったくできない．

1変数から2変数へのほんのちょっとした違いのように見えるけれど，英語の単数形と複数形の違い以上に重大なのだ．これを曖昧にしておくと，もうすぐに訳が分からないという状況になる．偏微分の計算は難しくないけれど，大学の微積分をちゃんと勉強していかないと，ここで述べた全微分のように，高校の理解があるとかえって邪魔になるという要注意箇所が結構たくさんある．そこで躓くとどうしようもない．

裏の心

大学微積分は，理系の大学生諸君にとってほとんど一様に必修科目として設定されている．しかし，理系といっても，数物系から，電気・機械系，航空・船舶系，土木・建築系，化学・生物系，生命・医学系と極めて広範囲に広がっており，必要とされる微積分の内容も大きく変わる．微積分が理系学生の共通のリテラシーである，という理解が，そもそも現代の理系諸分野の実情を理解していないといわなければならない．大袈裟にいえば，数物系のための微積分から，電気・機械系の微積分，etc., etc. の多種多様な微積分があるということである．言い換えれば「理工系の微積分」は，その現実においては，どの専門にとっても《多くの無駄》を含み，《必要な部分を軽視した》微積分になっているというのが現実である．しかしこの現実は意外に知られていない．せせこましい今風の専門教育の「理想」からいえば，それぞれの専門に合った微積分のカリキュラムがあるべきである．

もちろん，これとは正反対に，「基礎となるものくらい，無駄を含めてしっかりした基盤的，体系的な理解をもつべきである」という「高い見識」もあり得る．たしかに，手近な目標設定は，一般に，いじましく，知的な趣とはいえない．

しかし，短絡的な目標設定のアンチテーゼが長期的な目標と，気軽に考えるのはもちろん甘い．しばしば甘さを超えて無責任である．

4. なぜ難しいのか (1) ── 勉強する時間がない？

　数学系の学生ではなく，まず昨今の学生一般について述べよう．

　「日本の大学生の多くが，入学後，突然，不勉強になる」という現象は国際的にも珍しいので，社会科学的・人文科学的な考察対象として慎重な分析をなすべきである．極度の緊張と禁欲を要した受験勉強から解放された「受験明け」の解放感は，想像することは容易であるが，日本の若者の現状を見ると，彼らが受験の「成功」によって「解放」も「開放」もされているようには見えない，むしろ，「**解放**」が直ちに「**次の隷従**」に**接続**している，というおぞましい状況を推定しなくてはならないように見える．

　「バイト」やら「サークル」とかに《時間を空費する背景》に，「自分の好きな生活」を成り立たせるために，コストをかけて手に入れようとしている本来の目標達成を犠牲にしても小銭を稼がなければならない，という現代の**貧困問題**と，「群れる」ことで生きる不安を忘れようとしている，日本社会全般に見られる**成人の幼稚性**を見なくてはならない．そして，本来の目標から疎外され，自分の問題として深刻化させないために，「バイト」，「サークル」による学習時間の不足のせいにしているように見える．

　特に，若い世代の間にある，文化 (言語，趣味，関心，行動様式) についての異様なまでの一様性は，《反個性主義》といってよいほど徹底しているように映るが，これは彼らが高校以下で強いられてきた，そして大学入学後も強いられている隷従の証しではないだろうか．「就活」についての狂おしいほどの熱心さと一様性は，自由人の気風とはかけ離れたものである．

　そのように若者を「調教」してきた教育が問われなければならない．「考えない若者」を生み出した責任はひとえに教育にある．まず教員こそ，猛省し，責任をもって変革に向かって知恵を絞るべきである．ありきたりの「分析」を「開陳」して「いまどきの風潮」を悲憤慷慨していても，その原因を自分の外に求めている限り，現状は変化しないだろう．まずは「貧困」対策の立案，そして「隷従解放」政策である．ここでは後者に絞りたい．

　若者を隷従から解放し，一人前の人間として育てるために，教員はいま何がで

きるだろうか．この問題もそれ自身としては広すぎて答えるには困難であるが，数学を通じてならできること，数学を学ぶ学生に対してならできることが少しあるように思う．それは，数学を真に理解することが他の分野と比べて圧倒的に難しいからである．「わかった！」「できた！」という最小限の経験をもつものには「なんとなくわかる」ことに甘んずることが不快であるからである．反対に，「高校時代とは違う難解な数学がとてもよくわかった」という経験が隷従の鎖を解き放つ鍵となるからである．

　しかし，その経験を実現することは容易でない．

5. なぜ難しいのか (2) —— パラダイムの違い

　大学であらたに登場する術語や概念はいくつもあるが，それが理解できないのは，《同時に》《たくさん》のものが論理的な《階梯性》をもって登場する，という自明な困難が内包されていることの他に，新しい概念や方法の**理解のために必須のパラダイム・シフト (paradigm shift)** ができないため，というべきであろう．学習の困難の理由を単なる「不勉強」や学生の能力の不足に求めると，学生に新たな隷属を強いるだけである．

　たとえば，arcsin のように，単なる既知の関数の逆関数が難しいのは，

- sin, cos, log のような歴史的な関数記号が最初に紹介されたときと同様の，しかし記号の文字数が増えた分だけより大きな履修の困難がある．

ということ以外に

- その微積分の公式が sin, cos に対しても繁雑で，しかも sin, cos と似ている．

などの理由があるためであるが，一番の問題点は，逆関数の定義の中にある．言い換えれば，そのままでは無限多価になってしまう対応を，通常のような関数 (写像) の定義域の制限 (restriction) とは反対に，値域を制限するという荒技をやっていること，しかも，「理論的に極めて重要」でないために，素早くさっと履修してすましていること (少なくとも $\arcsin 0, \arcsin \frac{1}{2}, \arcsin \frac{-\sqrt{3}}{2}$ の値を求める練

習問題のような「つまらない」ことに多くの時間が割かれることはない．このようなものに時間を割くのはそもそも大学数学教育として失敗している) である．

ここで重要なポイントは，高校以下における「公式や解法の憶え方」，より広くは「数学の勉強法」の《硬直性》を忘れてはならないことである．ほとんど飛躍のないように組み立てられた (したがって考えるに値しない) 練習問題を従順に反復することを通じて，見様見まねで習得するというスタイルを 12 年間も続けてきた若者の中に息づく，巨大な慣性の力を無視してはならない．相手の力を利用して投げる柔道の知恵が求められているのである．実際，上のような主題は自分でちょっとでも勉強すれば大きな困難なく理解できるものである．唯一の困難 (もし存在するとして) は，逆関数の概念 (高校数学！) と値域を制限するという特有の技だけである．そのことさえしっかり講義で伝えれば，学生に《自習》させればよい．逆三角関数，双曲線三角関数のようなものは，高校的な受験勉強の習慣と大学的な学習との橋渡しという意味で，恰好の素材となるのではないだろうか．教員はこのようなものに貴重な講義時間の多くを無駄に使うことなく，相手の力を利用して，できるだけ早く，じっくりと，学生にパラダイム・シフトを体験させてやりたい．

6. なぜ難しいのか (3) —— 単なる記号の複雑さではない

微積分に限らず，大学で学ぶ数学では記号が複雑化する．"バイト数が多い" 以下のようなテイラーの定理

$$f(b) = f(a) + f'(a)(b-a) + \frac{f''(a)}{2}(b-a)^2 + \cdots\cdots$$
$$+ \frac{f^{(n-1)}(a)}{(n-1)!}(b-a)^{n-1} + \frac{f^{(n)}(a+\theta(b-a))}{n!}(b-a)^n$$

にしても，本当に長いのは‥‥‥で略されている部分である．そうしなくてすむように最小個数の場合を書けば，単に，

$$f(b) = f(a) + f'(a)(b-a) + \frac{f''(a+\theta(b-a))}{2!}(b-a)^2$$

である．これ以上短い場合は高校数学の守備範囲にあった平均値の定理である．

とはいえ，高校数学では，平均値の定理が解析学の基本定理としてきちんと教えられているとは思えない．おそらくテイラーの定理を理解できない学生は，存在定理としての平均値の定理が分かっていないからであろう．重要なポイントは「となる $\theta\,(0<\theta<1)$ が存在する」の部分にあるのだが，述語論理を避ける学校数学では，特に存在定理の理解が犠牲になっていることに，大学教員は，もっと注意を向けてほしい．

述語論理は，∃や∀の記号が難しい $\overset{\cdot\cdot\cdot}{だ}\overset{\cdot}{け}$ ではないことも重要である．技術的な問題より思想的，方法論的な問題である．実際，高校数学と大学数学との最初の大きなパラダイム・シフトは，「存在すること」(存在しないとすると矛盾すること) と「見出すことができること」(有限的な手順で構成できること) の区別に対する姿勢の変化ではないだろうか．見つけることができないものを「存在する」と主張する《上から目線》の《厚顔ぶり》の《方法論的面白さ》＝《実用的無意味さ》が伝わらないといけないだろう．

と同時に，じつはテイラーの定理においては，任意の自然数 n について主張されるのであるから，述語論理のもう一つの量子化 ∀ が隠されていることにも配慮されるべきであろう．述語論理の果たす役割の重大さは，高校数学から大学数学へのパラダイム・シフトの象徴である．

7. なぜ難しいのか (4) —— 高校の知識が邪魔になる

$$y = f(x) \quad \text{について} \quad \frac{dy}{dx} = f'(x)$$

において「dy, dx は分数の分子，分母と考えてはならない」と教育されてきていることがわかっているなら，最初に，分母を払った式

$$dy = f'(x)dx$$

が

$$y - y_0 = f'(x_0)(x - x_0)$$

という接線の方程式を表すことを教えるべきであろう．dx, dy に無限小 (infinitesimal) 以外の意味が与えられ，接線は無限小の延長としてとらえられることを強調

すべきではないか．「過去を引きずっている」若者には，過去との決別の意味を語るだけで，感動してもらえるのではないだろうか．

$$z = f(x, y) \quad \text{について} \quad dz = \frac{\partial z}{\partial x}dx + \frac{\partial z}{\partial y}dy$$

を全微分という言葉から入るから深遠な謎に見えるだけで，点 (x_0, y_0, z_0) における曲面 $z = f(x, y)$ の接平面の方程式

$$z - z_0 = a(x - x_0) + b(y - y_0)$$

を求めてみよう，というような問題設定，問題提起をしたら，困惑は少しは減るであろう．それだけでなく，無限小の変化を 1 変数関数では接線で，2 変数関数では接平面でとらえるという《線型近似の思想》を伝えることすら夢でない．

　点 x, y が時刻 t の関数なら，

$$dx = x'(t)dt, \qquad dy = y'(t)dt$$

を媒介して

$$dz = f_x(x_0, y_0)x'(t)dt + f_y(x_0, y_0)y'(t)dt$$

から，わかりにくさで悪名高き (?) 基本公式を

$$\frac{dz}{dt} = \frac{\partial z}{\partial x}\frac{dx}{dt} + \frac{\partial z}{\partial y}\frac{dy}{dt}$$

のようにして，学生が自ら「発見」することも不可能ではないのではないか．

　学生が躓く箇所が分かっているのであれば，そこは教育のチャンスでもある！

第2回
大学線型代数でなぜつまずくか

> ## 表の心

　大学生諸君にとって線型代数は微積分と並んで，最も重要な科目だ．微積分の重要性は理系の諸君に偏っている面もあるが，線型代数の重要さは，文理を問わない．

1. なぜ難しいのか (1)——高校数学が薄くなっている

　空間図形が苦手という学生が多いが，最近は高校数学で空間図形や行列・一次変換を勉強してきていないことを考えると，やむを得ない面がある．たしかに大学生向けの線型代数の教科書では，そのような初歩的な知識を飛ばして書かれるものが多いのは，著者たちが高校生の現状を理解していないからではないだろうか．

　だから，大学生諸君は，従来は高校で勉強してきた「空間における直線，平面の方程式」と，「2次正方行列に関する基本性質と2次正方行列が表す1次変換の基本性質」を習得するのが，線型代数をマスターする最初の前提条件だろう．高校数学で薄くなった内容をきちんと理解すれば，その後の線型代数はよく分かるはずなんだ．

　まず，3次元空間における図形として，平面の方程式

$$a(x - x_0) + b(y - y_0) + c(z - z_0) = 0$$

や直線の方程式

$$\frac{x - x_0}{\alpha} = \frac{y - y_0}{\beta} = \frac{z - z_0}{\gamma}$$

などを，きちんと理解すべきだね．ここで，$a, b, c, \alpha, \beta, \gamma$ は実数の定数で，ベクトル (a, b, c) は平面の法線ベクトル，他方，ベクトル (α, β, γ) は，直線の方向ベクトルというものだ．いずれも $\vec{0}$ ではないという条件が重要だ．

空間における平面と直線の方程式はこのように少し複雑だけれども，平面の傾き加減はその法線ベクトルで決まり，直線の方向は方向ベクトルで決まるということを考えれば，憶えるのは難しくない．(x_0, y_0, z_0) は平面や直線が通る点の座標である．

1 次変換についても，次のような急所をきちんと押さえるだけでよい．

- 行列 $\begin{pmatrix} a & b \\ c & d \end{pmatrix}$ の表す 1 次変換では点 $\mathrm{P}(x, y)$ が $x' = ax + by$, $y' = cx + dy$ となる点 $\mathrm{P}'(x', y')$ に移される．

- 行列 $\begin{pmatrix} a & b \\ c & d \end{pmatrix}$ の表す 1 次変換では基本ベクトル $\vec{e_1} = \begin{pmatrix} 1 \\ 0 \end{pmatrix}$, $\vec{e_2} = \begin{pmatrix} 0 \\ 1 \end{pmatrix}$ がそれぞれ $\vec{u} = \begin{pmatrix} a \\ c \end{pmatrix}$, $\vec{v} = \begin{pmatrix} b \\ d \end{pmatrix}$ に移される．

- 行列 $\begin{pmatrix} a & b \\ c & d \end{pmatrix}$ の表す 1 次変換 f で平面ベクトル $\vec{u}$ が移る先を $f(\vec{u})$ と表すと，任意の実数 λ, μ，任意のベクトル $\vec{u}, \vec{v}$ に対して，

$$f(\lambda \vec{u} + \mu \vec{v}) = \lambda f(\vec{u}) + \mu f(\vec{v})$$

が成り立つ．

- 行列 $A = \begin{pmatrix} a & b \\ c & d \end{pmatrix}$ の表す 1 次変換 f と行列 $B = \begin{pmatrix} a' & b' \\ c' & d' \end{pmatrix}$ の表す 1 次変換 g に対して，合成写像 $f \circ g$ は，行列 A, B の積 AB の表す 1 次変換になる．

- 原点を中心とする回転運動は $\begin{pmatrix} \cos \theta & -\sin \theta \\ \sin \theta & \cos \theta \end{pmatrix}$，また，$x$ 軸，y 軸をはじ

め原点を通る直線に関する対称移動は $\begin{pmatrix} \cos\theta & \sin\theta \\ \sin\theta & -\cos\theta \end{pmatrix}$ という形の行列で表される.

- 行列 $A = \begin{pmatrix} a & b \\ c & d \end{pmatrix}$ の表す 1 次変換 f によって平面図形 $\mathcal{F}$ が図形 $\mathcal{F}'$ に移されたとすると, $\mathcal{F}'$ の面積は, $\mathcal{F}$ の面積に対して, A の行列式 $\det(A)$ の絶対値 $|\det(A)|$ 倍になる.

2. なぜ難しいのか (2)——式が繁雑, 定義が複雑

線型代数で最初に躓くのは, 行列と行列式の計算だろう. 行列は加法は簡単だが, 乗法ですらかなり複雑である. 乗法に関する結合法則

$$(AB)C = A(BC)$$

くらいになると, 証明は結構面倒である.

n 次の行列 $A = (a_{ij})$ の行列式の定義

$$\det(A) = \sum_{\sigma \in S_n} \mathrm{sign}(\sigma) a_{1\sigma(1)} a_{2\sigma(2)} \cdots a_{n\sigma(n)}$$

が最初の難関だ. まず気をつけたいのは, 式の繁雑さである.

高校数学までのおなじみの $\sum$ 記号であるが, 高校のときのように, k のような 1 個の文字が 1 から n まで変化するときの和と違って, 置換 σ が集合 S_n の中を隈なく動くときの和であることが最初のポイントである.

次に, $(\sigma) a_{1\sigma(1)} a_{2\sigma(2)} \cdots a_{n\sigma(n)}$ の意味が, "行列の各行から 1 個ずつの代表を, しかも同じ列から重複しないように選んで掛け合わせる" ということを意味するということが次の関門だ.

これらが分かってしまえば, 後は置換 σ によってその符号 (signature) が ± 1 のいずれかに決まるということだ. この決め方は本によっていろいろあるから, どれを憶えてもよい. 集合 $n!$ 個の要素からなる集合 S_n において, $\dfrac{n!}{2}$ 個ずつ, $+1$ のものと -1 のものがあることが大切だ.

3. なぜ難しいのか (3) —— 理論と技の共存

しかし，この定義だけで行列式を計算するのは大変だ．理論的にはこれですべての行列の行列式が計算できるのだけれど，実際にはこれでは面倒すぎて実用性に乏しい．行列の基本変形と，余因子展開という計算の技術を身に付けなければならない．これがわかっていれば，行列式は何とかなるね．

他方，行列式には，上のような計算的な定義の他に，もう一つ理論的な意味がある．まず一つは，各行 (各列) についての線型性という性質である．

$$f(s\overrightarrow{u} + t\overrightarrow{v}) = sf(\overrightarrow{u}) + tf(\overrightarrow{v})$$

という線型性が各行 (各列) について成り立つということであるが，これは難しくないだろう．

行列式の性質として，この線型性と並んで重要なのは，行 (列) について，任意の二つを交換すると符号が逆転するという交代性である．じつは，これが上に述べた行列式の簡易計算の理論的な根拠を与えている．

理屈と技と両方を憶えなければならない．これが線型代数の難しさだろう．

裏の心

必要となる微積分の内容が専門によって大きく異なることに比べると，線型代数の基本部分は，あまり専門によって異ならないといってよい．したがって，線型代数の理解しにくさは，専門分野や講義の進度にはほとんど関係ないともいえる．いかに人口に膾炙した甘口の講義，参考書であっても，学生のぶつかる困難は変わらないという面白い数学分野である．

線型代数は，大きく分けて，連立1次方程式に絡む行列，行列式の話と，線型変換，線型空間に絡む話とに分けることができるだろう．線型代数は，古くは「行列と行列式」と呼ばれてきたように，行列，行列式の計算がとりあえずは大きな

山である.

　現代数学的には，行列は，非可換な代数系の代表例として，また正比例関係 (線型関係) の高次元への最も自然な一般化である線型写像の表現として，他方，行列式は，そのような線型写像の "拡大率" の指標 (いわば比例定数) として基本的な重要性をもつものとして，これらを統合した線型代数は現代的な話題として 20 世紀に確立された重要な領域である．ブルバキ (Bourbaki) の一部には線型代数で論じられる実 n 次元計量ベクトル空間でもって，古典的な幾何 (いわゆる初等幾何) を代替しようという元気のよい意見があるというが，例外的な一部の大学の講義を除けば，わが国の大学線型代数では，普通は主として「行列と行列式」という流儀で行われてきたのではないだろうか．この立場では，行列の形式的な計算，行列式の形式的な計算がまずは強調されることが多い．

4. 何が線型代数を難しくするのか (1) —— 相互関連の見えにくさ

　線型代数が初学者にとって難解に映るのは，行列の代数の入門的な話題をすませた後，行列の基礎理論 (基本変形と階数)・連立 1 次方程式の解法・行列式論 (計算と応用) と続く，という線型代数の講義スタイルである．わかってしまえば，ごく単純なストーリーであるが，相互の関係の見えない初学者には，それぞれがバラバラに見える．

　さらに「タチが悪い」のは，その流れの中に，線型従属，線型独立など，述語論理の言葉を使って表現される現代数学的な概念が顔を出すことである．中学生のときに学習が完了していると思い込んでいる連立方程式に対して，行列の基本変形がその同値変形を与える理論的な基礎であるとは，ほとんどの学習者が思えないのではないだろうか．独立性・従属性の概念が方程式に関連して登場するのは，歴史的な理由の他に，線型空間論への準備という位置づけもあるに違いないが，「親の心子知らず」である．**親心は残念ながらしばしば親の勝手な慢心である．**

5. 何が線型代数を難しくするのか (2) ―― 高校数学とのつながりの欠如?

　線型従属の概念を理解する上で，平面幾何や空間幾何の理解が重要な役割を果たすことは確かである．といっても，そこで重要なのは，「3 点が同一直線上にある (二つの矢線ベクトルが平行である)」とか「4 点が同一平面上にある (三つの矢線ベクトルが同一平面上にある)」という直観的な理解であり，空間における直線や平面の解析的な把握 (方程式による表現) ではない．最近の高校の学習指導要領で「空間図形」の知識が重視されていないために線型代数の理解が進まないという意見を耳にするが，常識的に過ぎるのではないだろうか．そもそも高校で「空間図形」が教えられる前から大学では線型代数が教えられてきており，また「空間図形」が高校数学の学習指導要領に取り入れられるようになってから大学生の線型代数の理解が深まったという話はまったくない．

　たしかに，耳に入る「いまどきの大学生」の空間感覚の乏しさは，時として尋常でないが，彼らに欠落しているものは，空間図形に対する解析的なアプローチの知識ではなく (このような知識を大学入学以前に経験することの意義を否定するものでは決してない)，それよりはるかに根源的な，空間的な拡がりに対する素朴な感性，身体感覚ともよぶべき素朴で，それゆえに論理化することの困難な空間直観であろう．最近の若者が，この種の，近代人には常識として定着してきた空間に対する基本的な感性を失いつつあるとすれば，その原因を探り除去することは，「古典的な現代人」，つまり筆者を含む老人たちの知恵の出しどころである．その原因を安易に同定することにはあくまで慎重であるべきであるが，身体感覚を磨くために重要な時期に違いない幼少時に，空間的拡がりへの理解の発展の努力を必要としないバーチャル・リアリティ・ゲームという「子守りロボット」[1] に《外的世界の認識と内面世界の接続》という最も大切な教育を委ねてしまっている問題を軽視すべきではないだろう．

　なお，2 行 2 列に限定された「行列・1 次変換」についての知識に関していえば，学習指導要領での指定のあるなしが決定的であるという主張は反論の余地が

---

1) 　TV computer game，ケータイをこのようにとらえる人が少ないのはなぜだろう？

ない．しかしながら，2 行 2 列の「行列」についての高校数学的知識が，一般の
行列についての理解の前提になっているわけでは全くないことは，「空間図形」の
場合と同様に，過去を振り返れば明らかである．さらに，「行列」についての高校
数学的知識が，一般の行列についての理解の助けにもならないことは，高校で行
列を学んできた学生に対するこの数十年の大学初年級の線型代数教育の不成功か
らも明らかである．

　筆者の目から見ると，この不成功には**構造的な理由**がある．そのなかで最も深
刻なものは，決まった範囲内の問題をアタックするのに十分であればよいとする
《学校数学特有の学習目標の下方設定傾向》と，反対に学校数学的に下方限定され
た極端に狭い範囲内での学習内容に関連する**《「進んだ」指導での数学的技法の
「高級化」志向の傾向》**である．

　《学習目標の下方設定傾向》に由来する致命的な欠点は，「そんなことはいまは
知らなくてよい」という知的な怠慢を推奨することである．その典型的な現れの
一つは**《具体性への極端な傾斜》**であろう．2 行 2 列の行列の演算が必要とされ
るだけなら，行列の成分を添字を用いて表現する負担を学習者に強いる「教育的
な理由が存在しない」という学校数学的論理がある．しかし，添字を否定した行
列の教育[2]では，線型代数冒頭の行列の積の定義

　　$A = (a_{ij})$, $B = (b_{jk})$ に対して

　　　$C = (c_{ik})$ が $C = AB$ であるとは，$\forall i$, $\forall k$ に対して $c_{ik} = \sum_j a_{ij} b_{jk}$

ですら[3]，学校数学の「行列の積」とはまるで見掛けが異なっており，高校数学で
の行列の理解はほとんど助けにならないどころか，かえって混乱のもとになる危
険性が無視できないほど大きい．「わかりやすさを重視した教育の陥穽」の一つで
ある．

---

　2) 添字自身が線型代数的思想と不可分な関係にあるというわけではないが，行列の型やベク
トルの次元に無関係な取り扱いが線型代数の特徴であるという認識に立てば，添字に対する禁欲
はあまりに制約的すぎる自己規制である．

　3) この定義には最初の $A = (a_{ij})$, $B = (b_{jk})$ という記号の出発点からして，証明する側の
都合ばかりの優先＝論理的に教育的無理があるのであるが，この欠点はしばしば無視されてい
る．

《数学的技法の「高級化」志向の傾向》に由来する学校数学の欠点は，行列の教育において最も典型的に現れる．実際，2次の正方行列に限ったときの行列式の概念や余因子行列，あるいはハミルトン–ケイリーの定理などはその典型であろう．これらを「知っている利点」は「知っている欠点」と比べてむしろ小さいというべきではないだろうか．2次の実正方行列に限定した固有値・固有ベクトル，対角化に関する議論になると，よほど慎重な教育が指導されない限り，学習は無益どころか，かえって有害になりうる[4]．

学校段階で「発展的な」学習が自主的に取り組まれることはまことに推奨すべきことであるが，規範的な書籍を通じてでなく，奇妙な受験指導と結合して行われると，しばしば，「高級」な数学的概念や技法の表層的な知識の獲得に傾き，肝腎の理論が極端な単純化，ときには矮小化されて履修されてしまう《「高級」な数学の安売り傾向》の危険に，我々はもっと敏感であるべきではないか．行列が正規に取り上げられた時代の深刻な問題は，決して忘れ去られるべきではない．

6. 何が線型代数を難しくするのか (3) —— 高校数学とのパラダイムの違いに対する自覚の欠如

線型代数の難しさは，以上に述べてきたものも含め，多くの点と多くの意味で若者に染み着いた学校数学の学習と理解の枠組み —— 科学史の言葉を使えば「パラダイム (paradigm)」の違いに対する理解の欠落に由来しているのではないか．

パラダイムの違いを象徴するものとしていくつかを挙げるとすれば，

- 日常言語に頼ってきた学校数学と，現代数学特有の論理的表現を中核とする現代数学の言語的な相違.
- 良識を基礎として練習と反復を通じての習得を基本としていた「学校数学的数学理解」と，定義と証明を基礎として抽象的論理体系として組み立てられる現代数学の「理論的な理解」の，理解の手法と目標についての相違.

---

4) その昔，行列が高校数学のなかで重要な位置を占めていた頃，「固有方程式が異なる2実根をもつことが対角化できるための必要十分条件である」といった「進んだ受験教育」がなされていた！

である.

6.1. パラダイムの相違 —— 言語的な相違

第一の点について典型的なのは,「線型空間」という表現であろう. そもそも「集合」と「空間」という術語の違いは線型代数では決定的に重要である. 高校数学までの「集合」は,「2次元の平面」や「3次元の空間」において, ときには図式 (diagram) として, ときには図そのもの (figure) として表象されるものであり, したがって「空間」は最も広い意味での「全体集合 (universe)」とほとんど区別がつかない.

そもそも歴史的には,「空間」概念は, アリストテレス的な「場所」, デモクリトス的な「空虚 (あるいは真空)」, プトレマイオス的天文学の「秩序だった宇宙 (cosmos)」, そしてこれを否定した「等質等方に無限に広がった宇宙 (universe)」を経て, 近年のロケット工学で一般化した「無重力」でイメージされる「宇宙空間 (space)」へと《進化》してきているものである.

このような日常語としての「空間」が, その意味を無視して「純粋数学的に定義」すればすむと考えるのは楽観的すぎよう. 素朴な空間概念を基礎として「線型的空間」(linear space の正確な和訳!) を理解することの困難を理解するには, 対照すべき「非線型的空間」の不在を指摘するだけで十分であろう. 部分集合と部分空間の違いを理解していない学生たちが圧倒的に多いことは, このような言語的な相違を乗り越えるのに小さからぬ困難があることを物語っている.

6.2. パラダイムの相違 —— 理解の手法の違い

第二の点について典型的なのは,「線型従属」「線型独立」を通じて定義される「生成系」や「基底」, そして「ランク」「次元」の概念である.

まず日本語として「従属」と「独立」が英語の dependent/independent ほど対立性が自明でないことも指摘されなければならない[5]が, それが見えにくいの

---

5) わが国は「独立」国家でありながら, その外交が対米「従属」と指摘されることが多いが, これらが論理的に矛盾しているという最も基本的な指摘が稀であることが, この主張の一つの証明である.

は，一つには

$$\forall \lambda_1, \forall \lambda_2, \cdots, \forall \lambda_n \in F, \quad \lambda_1 \overrightarrow{v_1} + \lambda_2 \overrightarrow{v_2} + \cdots + \lambda_n \overrightarrow{v_n} = \overrightarrow{0}$$
$$\implies \lambda_1 = \lambda_2 = \cdots = \lambda_n = 0$$

と

$$\exists (\lambda_1, \lambda_2, \cdots, \lambda_n) \neq (0, 0, \cdots, 0) \in F^n,$$
$$\text{s.t.} \quad \lambda_1 \overrightarrow{v_1} + \lambda_2 \overrightarrow{v_2} + \cdots + \lambda_n \overrightarrow{v_n} = 0$$

が互いに互いの否定になっているという述語論理の自明の常識が学校数学の射程を抜け出していること，もう一つは，このような性質をなぜ「独立」「従属」という用語で描写するのか，という根本的な事態への理解が前提できないことである．これに関連して一昔前，関数概念の教育には，「独立変数」「従属変数」という術語が使われていたが，いまは「対応」という無機質な用語に取って代わられているという事実にも留意する必要がある．

さらに，「生成系」にしても，単に「ベクトルとしては，限られた要素ですべてが代表できる」というにすぎないこの単純な概念が，「厳密な言葉で」表現すると

G が V の生成系であるとは，

$$\forall x \in V, \exists \lambda_1, \exists \lambda_2, \cdots, \exists \lambda_n \in F, \exists \overrightarrow{v_1}, \exists \overrightarrow{v_2}, \cdots, \exists \overrightarrow{v_n} \in G,$$
$$\text{s.t.} \quad \overrightarrow{x} = \lambda_1 \overrightarrow{v_1} + \lambda_2 \overrightarrow{v_2} + \cdots + \lambda_k \overrightarrow{v_k}$$

となることである[6]．

というように，七面倒くさい繁雑さを伴うことも，深刻な問題としてより明確に自覚されてよい．

少なくとも線型代数はその入門的部分の理解にこのような《trivial な困難》を有していることに無自覚であるなら，最近の学生の怠慢を嘆くことができないのではないか．

---

6)　いうまでもなく，ここで V, G, F には線型代数の場合，単純な，しかし初学者には意味がわかりにくい制限条件が加わる．

本書を書き終えて

　全体を一応書き終えて編集者に原稿を渡したとき，「あとがきはどうするか」と問われて，まったく考えることなく，その昔，学校で習った「あやしうこそ，ものぐるほしけれ」というフレーズが突然湧いて出た．兼好法師の意図したものとも，古文の「模範解答」とも違うかも知れないが，ずっと，現代の 硯 である PC に向かって，筆者が見聞きして感じたいろいろなことを書き綴ってきたのだが，その想いが，読者とどのように共有されるか，また読者も漠然と感じているに違いない教育の現状への不安とどのように共鳴してもらえるか，期待への高揚と幻滅への不安が入り交じって，自然にその言葉が出たのであった．

　筆者は本文で，数学の「表」と「裏」という対比を用いたが，この言葉遣いについてまずここでお断りしたい．世間では，普通は，「表」が外に向かう肯定的で明るい面であり，「裏」はこっそりと隠れている，否定的で陰鬱な側面とされている．筆者の亡き母はつねづね「裏表のない人間になりなさい」と教えてきたが，おそらくは，「裏」がない「表」をすっきりと生きるのを母は理想の男性像としていたのであろうといまは思う．

　しかし，筆者は敢えて，この「裏」という言葉に新鮮な意味をもたせたいと思った．というのは，人生の古稀を越え，ようやく「表」のために「裏」こそが重要であると思うようになったからである．

　実際，政治・行政からマスコミに至るまで，最近は，「断固たる決断」「安全と安心」「実際に役立つ知識」のような耳に心地好い，しかし明るく軽い言葉ばかりが横行しているように感じられて強い危機感を感じている．先進国の少子化と開発途上国の人口爆発，先進国における政治の大衆迎合主義の潮流と開発途上国の政治の専制化と不安定化の揺れ，先進国における高度情報技術の一層の先進化とそれに伴う社会的格差の増大，……．これら，私たちが直面する極めて深刻な事態

は，その背景に，従来の社会設計の想定速度を上回る社会の変容という歴史的な要因をもつものであり，社会の「発展」，すなわち生産と消費の拡大という「表」については，ロボティクスの普及＝人間的人間の不必要化という先が見えてきて，しかもその流れを支えてきたエネルギーについては，すでに，資源の枯渇化と生命環境の悪化という，最も分かりやすい形で「裏」が明確に登場してしてきているのに，「太陽光エネルギー」といった明るい言葉に社会は浮かれている．**明るい言葉は，このような現実社会の直面している未来の暗さから目を背けている結果に映る．**

人々が表層の情報で愚民として操作され，文化の平板化，一様化が進行し，それに伴って，人々が自分の気に入る「類」へと集結するばかりで，大きな世界からは孤立，断絶する，という傾向が一層顕著に進行する中で，残される唯一の希望は，《教育》であるはずである．教育を通じてこそ，自己と他者のより深い理解が達成できるからである．

しかし，その教育にも，この「軽薄な明るさ」の波が押し寄せているのではないかと筆者がはじめて危機感をもったのは，愚かにも，齢五十に手が届きそうな頃であった．それでも，いまから見ると，だいぶ良かった．というのも，「誰もが勉強が得意になる教え方の上手な教師」，「いかなる問題にも通用する解法の発想法」といったキャッチフレーズが恥知らずに喧伝されていた当時は，ウソと真実の見分けが付けやすく，「甘い言葉に騙されるのも一つの夢」ともいえる牧歌的な時代であったからである．最近のように，「合格を約束する必修問題とそのベストな解法」とか「決して減点されて損しない答案の書き方の指導」となると，もはや夢どころの話ではなく，教育が，幻想・妄想を掻き立てる悪徳商法のレベルにまで堕落してしまっているように感ずる．そして，数学教育がそのような低俗な「教育ビジネス」の尖兵になっているような現状になんとか警鐘を発したいと思って書きはじめたのが本書である．

本書の最初のアイデアとなったものは，本書の冒頭に「第0回」として挿入させていただいた「分かりやすいより大切なこと」というエッセイである．これは，いまから二十年以上も前に，この危機感を感じはじめた頃に，高校の先生方向けの講演の際の参考資料として，「難解な数学を分かりやすく教える」ということが

理想的であると信じて疑わない，当時勃興してきた新風潮を揶揄することで，真剣な実力ある教員に声援を送りたいと願って書いたものである．

しかし，時代はさらに悪い方向へと進展してしまった．「合格すること」，そのために「点を取ること」が若者の無条件の目標と見なされ，若者たちの口から，幼い理想や遥かな夢が消えた．「近頃の若者」は，幼い頃から，厳しい「現実」に直面し，その「現実」に「現実的に」対処する以外に自分の道がないことを，学校教育，特に数学教育を通じて叩き込まれているかのようである．

しかるに，唯一の救いは，数学にはそのようにいくら「現実的」に考えても，それだけでは到達できない世界があり，他方，ほんのわずかでも，より深い《真実》に迫ろうと真正に努力すれば，それまで重く厚く見えていた「現実」の壁が軽々と吹き飛ばされる，という驚くべき経験に満ち満ちていることである．数学を勉強したことのある人間には自明なこの《真実》がひた隠しにされている現状に鑑みて，「現実」と《真実》の違いを対比的に描こうと思ったわけである．

もちろん，《真実》がわずかな紙数で描ききれるはずもなく，ここに述べたのはあくまでも筆者を突き動かした動機の素描にすぎない．ここで論じた話題は具体化すればするほど，多くの詳細化，綿密化を要し，本書では，このような方向への努力は，放棄せざるを得なかった．これについては別の機会，そしてまた，別の若い論者の登場に期待したい．

末筆ながら，アイデアばかりで，実際の原稿の進まない筆者をつねに励まし，辛抱強く次の原稿を待ってくださった亀書房の亀井哲治郎氏，筆者のラフなアイデアからときに素敵なスケッチ，ときに精密な図版を作ってくださった亀井英子氏，眞木貴也氏に深く感謝する．

困難な時代にあって未来を啓（ひら）くために苦闘している人にとって，筆者は一介の素浪人ならぬ「素老人（いっかい）」にすぎないが，本書を通じて，力の限りの声援を送り，これからの《共闘》を提案したい．

2017 年 8 月 18 日

亡き母の十三回忌を前にして

長岡亮介

第 2 刷に寄せて

　2017 年 9 月に,『数学の二つの心』という聞きなれないタイトルの, 見方によってはいささか挑発的な本を出して, 幸いちょうど 1 年で重版がかかるという光栄に浴した. この本に込められた筆者の祈りに似た気持ちに共感してくださる読者がそれなりにいらっしゃることは, 筆者にとって大きな希望であり,「高齢や老体を口実に現状の追認勢力になるな」という激励として感謝している.

　ここで, 少々付言したいことは, 筆者が本書の中で,「表の心はすべて虚偽, 真実は裏の心にこそある」と主張しているかに映るであろうが, それは「表」ばかりが目立つ世情に逆らって,「裏」のもつ力 (威力と魅力) を強調したいためであり, 教育の現場において一様一律に「裏」こそが正しいと主張したいのではないことである. 単純化していえば,「現代数学的な厳密さこそが理想であって, 学校数学は虚偽に満ちている」というような非寛容な原理主義的「現代数学一神教」の主張とは正反対に, 数学, とりわけ学校数学には, いわば楕円の焦点のように《二つの心》があり, 少なくとも教える側は, それらの間の緊張感を忘れないようにしたい, ということである.

　本書を上梓したときに次世代のためにと思って始めた「プロジェクト TECUM」(http://www.tecum.world/) は, 1 年近く経って法人化の目処が立ち, ようやく離陸しつつあるが, ここにそのロゴを紹介させていただきたい.

　数学教育に携わる人間の《知的なネットワーク》が《二つの心の周り》に《手と手を取り合って結合する》ことで生まれる《数学教育の新しい力の場》を創出することを願ってデザインしたものである.

JCOPY ＜(社)出版者著作権管理機構 委託出版物＞

本書の無断複写は著作権法上での例外を除き禁じられています.
複写される場合は，そのつど事前に，
　(社) 出版者著作権管理機構
　TEL：03-3513-6969，FAX：03-3513-6979，E-mail：info@jcopy.or.jp
の許諾を得てください.
また，本書を代行業者等の第三者に依頼してスキャニング等の行為によりデジタル化することは，
個人の家庭内の利用であっても，一切認められておりません.

長岡亮介（ながおか・りょうすけ）

略歴
　1947 年　長野県長野市に生まれる.
　1966 年　東京大学理科 1 類に入学.
　1972 年　東京大学理学部数学科を卒業.
　1977 年　東京大学大学院理学研究科博士課程を満期退学.
　　　　　数理哲学，数学史を専攻
　　　　　その後，津田塾大学講師・助教授，大東文化大学教授，放送大学教授，明治大学理工学部特任教授.
　2017 年　明治大学を退職.
　現在　　意欲ある若手数学教育者を支援する組織 TECUM (http://www.tecum.world/) を主宰.

主な著書
　『長岡亮介 線型代数入門講義——現代数学の "技法" と "心"』東京図書，2010
　『数学者の哲学・哲学者の数学——歴史を通じ現代を生きる思索』砂田利一・野家啓一と共著，東京図書，2011
　『総合的研究 数学 I ＋ A』『総合的研究 数学 II ＋ B』『総合的研究 数学 III』旺文社，2012, 2013, 2014
　『長岡の教科書 数学 I ＋ A 全解説』『長岡の教科書 数学 II ＋ B 全解説』『長岡の教科書 数学 III 全解説』旺文
　　社，2013
　『東大の数学入試問題を楽しむ——数学のクラシック鑑賞』日本評論社，2013
　『数学再入門——心に染みこむ数学の考え方』日本評論社，2014
　『数学の森——大学必須数学の鳥瞰図』岡本和夫と共著，東京図書，2015
　『新しい微積分 (上下)』渡辺浩・矢崎成俊・宮部賢志と共著，講談社，2017
　『総合的研究 論理学で学ぶ数学——思考ルーツとしてのロジック』旺文社，2017

すうがく　ふた　　こころ
数学の二つの心
●——2017 年 9 月 30 日　第 1 版第 1 刷発行
　　　2018 年 10 月 10 日　第 1 版第 2 刷発行

著　者　　　長岡亮介
発行者　　　串崎　浩
発行所　　　株式会社　日本評論社
　　　　　　〒 170-8474　東京都豊島区南大塚 3-12-4
　　　　　　TEL：03-3987-8621 [営業部販売課]　　https://www.nippyo.co.jp/

企画・制作　亀書房 [代表：亀井哲治郎]
　　　　　　〒 264-0032　千葉市若葉区みつわ台 5-3-13-2
　　　　　　TEL ＆ FAX：043-255-5676　　E-mail：kame-shobo@nifty.com

印刷所　　　三美印刷株式会社
製本所　　　株式会社難波製本
装　釘　　　駒井佑二
組　版　　　亀書房編集室

ISBN978-4-535-78594-6　Printed in Japan　ⒸRyosuke Nagaoka 2017

東大の数学入試問題を楽しむ
数学のクラシック鑑賞
長岡亮介[著]

東大の入試問題は、数学的奥行き・広がりをもった良問が多い。すなわち"古典"である。単に解法を知るのでなく、入試の古典から「之を知る者は之を楽しむ者に如かず」の精神を学び、真の"数学力"を身につけよう。◆本体2,200円+税

数学再入門
心に染みこむ数学の考え方
長岡亮介[著]
数学が見えてくる感動!
面白さを再発見!

中学・高校でまなんだ数学を、もう一度、より高い立場から、総合的にまなびなおす、大人のための本。　　　　　　　◆本体2,200円+税

日本評論社
https://www.nippyo.co.jp/